突发环境事件应急管理
试题分类选编

毛国辉　薛丽洋　魏　斌 / 著

中国环境出版集团·北京

图书在版编目（CIP）数据

突发环境事件应急管理试题分类选编 / 毛国辉，薛丽洋，魏斌著. -- 北京：中国环境出版集团，2024.12. -- ISBN 978-7-5111-6062-1

Ⅰ. X507

中国国家版本馆 CIP 数据核字第 2024GR5635 号

责任编辑	曹　玮
封面设计	岳　帅

出版发行	中国环境出版集团
	（100062　北京市东城区广渠门内大街 16 号）
	网　　　址：http://www.cesp.com.cn
	电子邮箱：bjgl@cesp.com.cn
	联系电话：010-67112765（编辑管理部）
	发行热线：010-67125803，010-67113405（传真）
印　　刷	北京鑫益晖印刷有限公司
经　　销	各地新华书店
版　　次	2024 年 12 月第 1 版
印　　次	2024 年 12 月第 1 次印刷
开　　本	787×1092　1/16
印　　张	15.75
字　　数	360 千字
定　　价	78.00 元

中国环境出版集团郑重承诺：
中国环境出版集团合作的印刷单位、材料单位均具有中国环境标志产品认证。

编委会

主　任：毛国辉

成　员：薛丽洋　魏　斌　王亚变　刘　宇

　　　　何　敏　刘金涛

前　言

　　习近平总书记指出，实现新时代新征程的目标任务，对党领导社会主义现代化建设能力提出了新的更高要求，对各级领导干部的精神状态、能力素质、作风形象提出了新的更高要求。党的二十大报告强调，全面建设社会主义现代化国家，必须有一支政治过硬、适应新时代要求、具备领导现代化建设能力的干部队伍。我们要按照习近平总书记提出的"理论修养是干部综合素质的核心，理论上的成熟是政治上成熟的基础，政治上的坚定源于理论上的清醒"的总要求，把活学活用党的创新理论真正变成我们的看家本领，转化为建设人与自然和谐共生现代化的生动实践。对生态环境应急干部队伍而言，首先要对"国之大者"胸中有数，关注党中央在关心什么、强调什么；增强学习新知识、掌握新本领的自觉性和紧迫感，缺什么补什么，注重在干中学、学中干，弥补知识缺陷、能力短板、经验弱项，全面增强履职尽责所必需的各方面知识和能力。

　　突发环境事件应急管理主要包括常态管理与非常态管理两个阶段，根据突发环境事件的特点和应对实际，又可将其划分为事前、事中、事后的管理，贯穿于风险预防、应急准备、应急处置及事后恢复4个环节。按照事件风险管控发展顺序，突发环境事件预防与应急准备、监测与预警、应急处置与救援、事后恢复与重建等应急管理活动又组成了环境应急管理的主线,每个环节的任务各不相同又密切相关,共同构成了环境应急管理工作动态的循环改进过程。

突发环境事件应急管理的主线内容总体表现为应急管理体系的理论框架,它是应对突发环境事件时的组织、制度、行为、资源等相关应急要素及相互关系的总和,是一种在政府领导下,以法律为准绳,全面整合各种资源,制定科学规范的应急机制和应急预案,建立以政府为核心、全社会共同参与的组织网络,预防和应对各类突发环境事件,保障公众生命财产和环境安全,保证社会秩序正常运转的工作系统。环境应急管理体系以事前预防—应急准备—应急响应—事后管理"四阶段"全过程管理为主线,围绕应急预案,以及应急管理体制、机制、法治建设,构建"一案三制"的核心框架,该体系包括风险防控、应急预案、指挥协调、恢复评估"四大核心要素",以及政策法律、组织管理、应急资源"三大保障要素",它们相互联系、相互作用,形成有机整体,是一个不断发展的开放体系。

为了普及和强化生态环境风险防控基本知识,加强对各种风险源的调查研判,提高动态监测、实时预警能力,推进风险防控工作科学化、精细化,本书以突发环境事件应急管理全过程理念为基础,按照风险管控"四阶段"任务,筛选汇编典型试题,突出"一案三制""四大核心要素""三大保障要素"等应急管理重点内容,采用分类汇编的方式呈现不同环节、不同阶段突发环境事件应急管理工作重点内容。本书包括 6 章内容,其中薛丽洋主编了第 2 章风险防控、第 3 章应急准备,共计 12 万字;魏斌主编了第 1 章突发环境事件应急管理概论、第 4 章应急响应,共计 12 万字;王亚变主编了第 5 章事后恢复、第 6 章环境污染强制责任保险,共计 12 万字;何敏配合编写了第 6 章环境污染强制责任保险,共计 4 万余字。毛国辉负责统稿,共计 36 万余字;刘宇、刘金涛负责校稿。

　　本书作者立足"严密防控环境风险对统筹推进生态环境高水平保护和经济高质量发展具有重要意义"这个历史逻辑，以践行习近平生态文明思想为指引，在巩固提升生态环境应急理论素养这个背景下，条分缕析编写了环境应急理论知识试题库，试题涵盖了与建设"美丽"和"中国式现代化"相适应的环境风险防控体系主干业务知识点，这将对进一步提升全省生态环境应急干部队伍能力素养、加快实现环境风险常态化管理起到很好的促进作用。相信在习近平生态文明思想的指导下，经过大家的共同努力，我们一定能够顺利达成筑牢西部生态环境安全屏障这个总目标，最终实现环境风险常态、精准、高效防控。

编　者

2024 年 8 月

目　录

第1章 突发环境事件应急管理概论

突发环境事件应急管理是一门全新的学科，它既是政府的核心职能之一，也是媒体和公众关注的焦点问题。近年来，社会各界对突发环境事件应急管理的研究方兴未艾，取得了一系列引人注目的成果。本章从厘清环境应急管理的基本知识和基本概念出发，从突发环境事件定义、分类及其特征入手，编制了相关基础试题。

1.1 基本概念

1.1.1 名词解释

1.1.1.1 突发环境事件

答案：指由于污染物排放或自然灾害、生产安全事故等因素，导致污染物或放射性物质等有毒有害物质进入大气、水体、土壤等环境介质，突然造成或可能造成环境质量下降，危及公众身体健康和财产安全，或造成生态环境破坏，或造成重大社会影响，需要采取紧急措施予以应对的事件。主要包括大气污染、水体污染、土壤污染等突发环境污染事件和辐射污染事件。

依据：《突发环境事件应急管理办法》。

1.1.1.2 环境风险受体

答案：指在突发环境事件中可能受到危害的企业外部人群、具有一定社会价值或生态环境功能的单位或区域等。

依据：《企业突发环境事件风险分级方法》（HJ 941—2018）。

1.1.2　单项选择题

1.1.2.1　（　）是国家安全的重要组成部分，是经济社会持续健康发展的重要保障。

A．环境风险有效防控　　　　　B．生态环境安全

C．生态环境保护　　　　　　　D．生态环境质量

答案： B

依据： 2018 年习近平总书记在全国生态环境保护大会上的讲话：生态环境安全是国家安全的重要组成部分，是经济社会持续健康发展的重要保障。

1.1.2.2　突发环境事件应急管理应强调对潜在突发环境事件实施事前、事中、事后的管理，也可以分为（　）、应急准备、应急处置及事后恢复四个阶段。

A．风险控制　　　　　　　　　B．预防预警

C．应急处置　　　　　　　　　D．风险评估

答案： A

依据：《突发环境事件应急管理办法》第二条：各级环境保护主管部门和企业事业单位组织开展的突发环境事件风险控制、应急准备、应急处置、事后恢复等工作，适用本办法。

1.1.2.3　突发环境事件分类中，以下属于重大环境事件的是（　）。

A．发生 30 人以上死亡，或中毒（重伤）100 人以上

B．因环境污染需疏散、转移群众 1 万人以上、5 万人以下

C．致使永久基本农田 50 亩以上基本功能丧失或者遭受永久性破坏的

D．发生 3 人以下死亡

答案： B

依据：《国家突发环境事件应急预案》。

1.1.2.4　根据《中华人民共和国环境保护法》，各级人民政府及其有关部门和企业事业单位，应当依照《中华人民共和国突发事件应对法》的规定，做好突发环境事件的（　）、应急准备、应急处置和事后恢复等工作。

A．影响评估　　　　　　　　　B．风险评估

C．风险控制　　　　　　　　　D．预防预警

答案： C

依据：《中华人民共和国环境保护法》第四十七条。

1.1.2.5　根据《突发环境事件应急管理办法》规定，突发环境事件应对，应在各级政府的统一领导下，建立分类管理、分级负责、（　　）的应急管理体制。

　　A．预防为主　　　　　　　　　　B．属地管理为主

　　C．政府主导　　　　　　　　　　D．应急为主

　　答案：B

　　依据：《突发环境事件应急管理办法》第四条：突发环境事件应对，应当在县级以上地方人民政府的统一领导下，建立分类管理、分级负责、属地管理为主的应急管理体制。县级以上环境保护主管部门应当在本级人民政府的统一领导下，对突发环境事件应急管理日常工作实施监督管理，指导、协助、督促下级人民政府及其有关部门做好突发环境事件应对工作。

1.1.2.6　突发环境事件应急管理工作坚持（　　）的原则。

　　A．安全第一，预防为主　　　　　　B．预防为主、预防与应急相结合

　　C．预防为主，防控结合　　　　　　D．预防为主、损害担责

　　答案：B

　　依据：《突发环境事件应急管理办法》第三条。

1.1.2.7　《突发环境事件应急管理办法》在应急准备方面规定，县级以上地方环境保护主管部门应当建立健全（　　）制度。

　　A．定期开展应急演练　　　　　　　B．环境污染公共监测预警

　　C．突发环境事件信息收集　　　　　D．环境应急值守

　　答案：D

　　依据：《突发环境事件应急管理办法》第十八条。

1.1.3　多项选择题

1.1.3.1　突发环境事件是指由于（　　）等因素，导致污染物或放射性物质等有毒有害物质进入大气、水体、土壤等环境介质，突然造成或可能造成环境质量下降，危及公众身体健康和财产安全，或造成生态环境破坏，或造成重大社会影响，需要采取紧急措施予以应对的事件，主要包括大气污染、水体污染、土壤污染等突发性环境污染事件和辐射污染事件。

　　A．污染物排放　　　　　　　　　　B．违法排污

　　C．自然灾害　　　　　　　　　　　D．生产安全事故

答案： ACD

依据：《国家突发环境事件应急预案》。

1.1.3.2 企业事业单位应当按照相关法律法规和标准规范的要求，履行下列哪些义务？
（ ）

    A．开展突发环境事件风险评估

    B．完善突发环境事件风险防控措施，排查治理环境安全隐患

    C．制定突发环境事件应急预案并备案、演练

    D．加强环境应急能力保障建设

答案： ABCD

依据：《突发环境事件应急管理办法》第六条。

1.1.4 填空题

1.1.4.1 《突发环境事件应急管理办法》适用于各级生态环境主管部门和企业事业单位组织开展的突发环境事件风险控制、（ ）、应急处置、事后恢复等工作。

答案： 应急准备

依据：《突发环境事件应急管理办法》第二条。

1.1.4.2 突发环境事件应急管理工作坚持（ ）、预防与应急相结合的原则。

答案： 预防为主

依据：《突发环境事件应急管理办法》第三条。

1.1.4.3 国家建立（ ）、分级负责、属地管理为主的应急管理体制。

答案： 分类管理

依据：《突发环境事件应急管理办法》第四条。

1.1.5 简答题

1.1.5.1 《中华人民共和国环境保护法》所称的环境是指什么？

答案： 指影响人类生存和发展的各种天然的和经过人工改造的自然因素的总体，包括大气、水、海洋、土地、矿藏、森林、草原、湿地、野生生物、自然遗迹、人文遗迹、自然保护区、风景名胜区、城市和乡村等。

依据：《中华人民共和国环境保护法》第二条。

1.1.5.2 应对突发环境事件，应当建立怎样的应急管理体制？

答案： 在县级以上地方人民政府的统一领导下，建立分类管理、分级负责、属地管理为主的应急管理体制。县级以上生态环境主管部门应当在本级人民政府的统一领导下，对突发环境事件应急管理日常工作实施监督管理，指导、协助、督促下级人民政府及其有关部门做好突发环境事件应对工作。

依据：《突发环境事件应急管理办法》第四条。

1.1.5.3　跨部门和跨区域的突发环境事件应急管理工作应当如何组织？

答案： 县级以上生态环境主管部门应当在本级人民政府的统一领导下，对突发环境事件应急管理日常工作实施监督管理，指导、协助、督促下级人民政府及其有关部门做好突发环境事件应对工作；相邻区域地方生态环境主管部门应当开展跨行政区域的突发环境事件应急合作，共同防范、互通信息，协力应对突发环境事件。

依据：《突发环境事件应急管理办法》第五条。

1.1.5.4　《中华人民共和国环境保护法》涉及突发环境事件的主要内容有哪些？

答案：《中华人民共和国环境保护法》已由中华人民共和国第十二届全国人民代表大会常务委员会第八次会议于 2014 年 4 月 24 日修订通过，自 2015 年 1 月 1 日起施行。该法共 7 章 70 条。其中，第四十七条规定各级人民政府及其有关部门和企业事业单位，应当依照《中华人民共和国突发事件应对法》的规定，做好突发环境事件的风险控制、应急准备、应急处置和事后恢复等工作。县级以上人民政府应当建立环境污染公共监测预警机制，组织制定预警方案；环境受到污染，可能影响公众健康和环境安全时，依法及时公布预警信息，启动应急措施。企业事业单位应当按照国家有关规定制定突发环境事件应急预案，报生态环境主管部门和有关部门备案。在发生或者可能发生突发环境事件时，企业事业单位应当立即采取措施处理，及时通报可能受到危害的单位和居民，并向环境保护主管部门和有关部门报告。突发环境事件应急处置工作结束后，有关人民政府应当立即组织评估事件造成的环境影响和损失，并及时将评估结果向社会公布。

依据：《中华人民共和国环境保护法》。

1.1.5.5　《中华人民共和国水污染防治法》涉及突发环境事件的主要内容有哪些？

答案：《中华人民共和国水污染防治法》共 8 章 103 条。其中，第六章"水污染事故处置"中，第七十六条规定，各级人民政府及其有关部门，可能发生水污染事故的企业事业单位，应当依照《中华人民共和国突发事件应对法》的规定，做好突发水污染事故的应急准备、应急处置和事后恢复等工作。第七十七条规定，可能发生水污染事故的企业事业单位，应当制定有关水污染事故的应急方案，做好应急准备，并定期进行演练。生产、储存危险化学品的企业事业单位，应当采取措施，防止在处理安全生产事故过程中产生的可能严重污染水体的消防废水、废液直接排入水体。第七十八条规定，企业事业单位发生事故或者其他突发性事件，造成或者可能造成水污染事故的，应当立即启动本单位的应急方案，采取隔离等应急措施，防止水污染物进入水体，并向事故发生地的县级以上地方人民政府或者环境保护主管部门报告。环境保护主管部门接到报告后，应当及时向本级人民政府报告，并抄送有关部门。造成渔业污染事故或者渔业船舶造成水污染事故的，应当向事故发生地的渔业主管部门报告，接受调查处理。其他船舶造成水污染事故的，应当向事故发生地的海事管理机构报告，接受调查处理；给渔业造成损害的，海事管理机构应当通知渔业主管部门参与调查处理。第七十九条规定，市、县级人民政府应当组织编制饮用水安全突发事件应急预案。饮用水供水单位应当根据所在地饮用水安全突发事件应急预案，制定相应的突发事件应急方案，报所在地市、县级人民政府备案，并定期进行演练。饮用水水源发生水污染事故，或者发生其他可能影响饮用水安全的突发性事件，饮用水供水单位应当采取应急处理措施，向所在地市、县级人民政府报告，并向社会公开。有关人民政府应当根据情况及时启动应急预案，采取有效措施，保障供水安全。

依据：《中华人民共和国水污染防治法》。

1.1.5.6 《中华人民共和国土壤污染防治法》涉及突发环境事件的主要内容有哪些？

答案：《中华人民共和国土壤污染防治法》自 2019 年 1 月 1 日起施行。该法共 7 章 99 条，其中，第四十四条规定，发生突发事件可能造成土壤污染的，地方人民政府及其有关部门和相关企业事业单位以及其他生产经营者应当立即采取应急措施，防止土壤污染，并依照本法规定做好土壤污染状况监测、调查和土壤污染风险评估、风险管控、修复等工作。

依据：《中华人民共和国土壤污染防治法》。

1.1.5.7 《中华人民共和国固体废物污染环境防治法》涉及突发环境事件的主要内容有哪些？

答案：《中华人民共和国固体废物污染环境防治法》自 2020 年 9 月 1 日起施行。该法共 9 章 126 条，其中，第八十五条规定，产生、收集、贮存、运输、利用、处置危险废物的单位，应当依法制定意外事故的防范措施和应急预案，并向所在地生态环境主管部门和其他负有固体废物污染环境防治监督管理职责的部门备案；生态环境主管部门和其他负有固体废物污染环境防治监督管理职责的部门应当进行检查。第八十六条规定，因发生事故或者其他突发性事件，造成危险废物严重污染环境的单位，应当立即采取有效措施消除或者减轻对环境的污染危害，及时通报可能受到污染危害的单位和居民，并向所在地生态环境主管部门和有关部门报告，接受调查处理。第八十七条规定，在发生或者有证据证明可能发生危险废物严重污染环境、威胁居民生命财产安全时，生态环境主管部门或者其他负有固体废物污染环境防治监督管理职责的部门应当立即向本级人民政府和上一级人民政府有关部门报告，由人民政府采取防止或者减轻危害的有效措施。有关人民政府可以根据需要责令停止导致或者可能导致环境污染事故的作业。

依据：《中华人民共和国固体废物污染环境防治法》。

1.2　基本特征

1.2.1　单项选择题

1.2.1.1　党的十六届六中全会通过《关于构建社会主义和谐社会若干重大问题的决定》，正式提出了我国按照"一案三制"的总体要求建设应急管理体系。其中，"三制"不包括（　　）。

A．应急预案　　　　　　　　B．应急法制

C．应急机制　　　　　　　　D．应急体制

答案： A

依据："一案三制"是指应急管理中的预案、体制、机制和法制。"一案"指的是应急预案，即根据可能发生的突发事件，事先研究制定的应对计划和方案。三制则包括：体制，建立健全集中统一、坚强有力的组织指挥机构，形成强大的社会动员体系；机制，建立健全监测预警机制、信息报告机制、应急决策和协调机制、分级责任和响应机制、公众的沟通与动员机制、资源的配置与征用机制等；法制，加强应急管理的法制化建设，确保应急管理工作纳入法治和制度的轨道，依法行政，依法实施应急处置工作。

1.2.1.2　2023 年，生态环境部印发《关于加强地方生态环境部门突发环境事件应急能力建设的指导意见》，提出坚持底线思维、系统观念、问题导向，贯彻精准、科学、依法治污工作方针，以有效应对突发环境事件为主线，着力提升突发环境事件（　　）、应急准备和响应处置水平，为坚决守牢生态环境安全底线，促进经济社会高质量发展提供坚实保障。

A．应急预案　　　　　　　　B．应急保障

C．应急演练　　　　　　　　D．应急管理

答案：B

依据：《关于加强地方生态环境部门突发环境事件应急能力建设的指导意见》。

1.2.2 简答题

1.2.2.1 突发环境事件主要特点是什么？

答案：（1）污染事故爆发突然，无固定的排污方式，突然发生，来势凶猛，在很短时间内往往难以控制，防不胜防；（2）污染事故危害大，瞬时性的一次大量排污，其破坏性大，会直接影响一定区域内人群正常生活和生产秩序，还可能造成人员伤亡和社会财富损失；（3）污染事故影响周期长，一旦发生环境污染，需要花费大量人力、物力、财力，进行长期整治才能逐步恢复，部分污染损害是不可逆转的。

依据：《突发环境事件典型案例选编（第二辑）》。

1.3 主要分类

1.3.1 名词解释

1.3.1.1 饮用水水源地突发环境事件

答案：指由于污染物排放或自然灾害、生产安全事故、交通运输事故等因素，导致水源地风险物质进入水源保护区或其上游的连接水体，突然造成或可能造成水源地水质超标，影响或可能影响饮用水供水单位正常取水，危及公众身体健康和财产安全，需要采取紧急措施予以应对的事件。

依据：《集中式地表水饮用水水源地突发环境事件应急预案编制指南（试行）》。

1.3.1.2 水质超标

答案：水质超过《地表水环境质量标准》规定的Ⅲ类水质标准或标准限值的要求。《地表水环境质量标准》未包括的项目，可根据物质本身的危害特性和有关供水单位的净化能力，参考国外有关标准（如世界卫生组织、美国国家环境保护局等）规定的浓度值，由市、县级人民政府组织有关部门会商或依据应急专家组意见确定。

依据：《地表水环境质量评价办法（试行）》。

1.3.1.3 地表水生态环境事件

答案：由于人类活动或各类突发事件引起污染物进入水环境，或由于非法捕捞、非法采砂、违规工程建设、侵占围垦、物种入侵等生态破坏，造成地表水和沉积物环境质量下降、水生态服务功能减弱甚至丧失的事件。根据事件原因的不同分为水环境污染事件和水生态破坏事件。

依据：《生态环境损害鉴定评估技术指南　环境要素　第2部分：地表水和沉积物》（GB/T 39792.2—2020）。

1.3.2　单项选择题

1.3.2.1 根据突发环境事件的发生过程、性质和机理，突发环境事件不包括（　）

A. 突发环境污染事件　　　　　　　B. 重污染天气

C. 生物物种安全环境事件　　　　　D. 辐射环境污染事件

答案：B

依据：《国家突发环境事件应急预案》。

1.3.3　多项选择题

1.3.3.1 加快构建生态文明体系，必须加快建立健全以（　）为重点的生态安全体系。

A. 生态价值观念为准则　　　　　　B. 治理体系和治理能力现代化为保障

C. 环境风险有效防控　　　　　　　D. 生态系统良性循环

答案：CD

依据：2018年习近平总书记在全国生态环境保护大会上的讲话：要加快构建生态文明体系，加快建立健全以生态价值观念为准则的生态文化体系，以产业生态化和生态产业化为主体的生态经济体系，以改善生态环境质量为核心的目标责任体系，以治理体系和治理能力现代化为保障的生态文明制度体系，以生态系统良性循环和环境风险有效防控为重点的生态安全体系。

1.3.3.2 要把生态环境风险纳入常态化管理，系统构建（　）生态环境风险防范体系。

A. 全过程　　　　　　　　　　　　B. 全流程

C. 多层级　　　　　　　　　　　　D. 多部门

答案：AC

依据：2018年习近平总书记在全国生态环境保护大会上的讲话：要把生态环境风险纳入常态化管理，系统构建全过程、多层级生态环境风险防范体系。

1.3.3.3 各级人民政府及其有关部门和企业事业单位，应当依照《中华人民共和国突发事件应对法》的规定，做好突发环境事件的（ ）等工作。

    A．风险控制   B．应急准备

    C．应急处置   D．事后恢复

    答案：ABCD

    依据：《中华人民共和国环境保护法》第四十七条。

1.3.3.4 按照事件严重程度，突发环境事件分为（ ）四级。

    A．特别重大   B．重大

    C．较大   D．一般

    答案：ABCD

    依据：《国家突发环境事件应急预案》。

1.3.4　判断题

1.3.4.1 突发环境事件主要包括大气污染、水体污染、土壤污染等突发性环境污染事件和辐射污染事件。

    答案：√

    依据：《国家突发环境事件应急预案》。

1.3.4.2 县级以上地方环境保护主管部门应当加强环境应急能力标准化建设，配备应急监测仪器设备和装备，提高重点流域区域水、大气突发环境事件预警能力。

    答案：√

    依据：《突发环境事件应急管理办法》。

1.3.5　填空题

1.3.5.1 《中华人民共和国突发事件应对法》所称突发事件，是指突然发生，造成或者可能造成严重社会危害，需要采取应急处置措施予以应对的自然灾害、（ ）、公共卫生事件和社会安全事件。

    答案：事故灾难

    依据：《中华人民共和国突发事件应对法》。

1.3.5.2 突发环境事件可划分为（ ）、水体污染、土壤污染等突发性环境污染事件和辐射污染事件。

    答案：大气污染

依据：《国家突发环境事件应急预案》。

1.3.6　简答题

各级人民政府及其有关部门和企业事业单位，应当如何做好突发环境事件的风险控制、应急准备、应急处置和事后恢复等工作？

答案：各级人民政府及其有关部门和企业事业单位，应当依照《中华人民共和国突发事件应对法》的规定，做好突发环境事件的风险控制、应急准备、应急处置和事后恢复等工作。县级以上人民政府应当建立环境污染公共监测预警机制，组织制定预警方案；环境受到污染，可能影响公众健康和环境安全时，依法及时公布预警信息，启动应急措施。企业事业单位应当按照国家有关规定制定突发环境事件应急预案，报生态环境主管部门和有关部门备案。在发生或者可能发生突发环境事件时，企业事业单位应当立即采取措施处理，及时通报可能受到危害的单位和居民，并向生态环境主管部门和有关部门报告。突发环境事件应急处置工作结束后，有关人民政府应当立即组织评估事件造成的环境影响和损失，并及时将评估结果向社会公布。

依据：《中华人民共和国环境保护法》。

第2章 风险防控

风险防控包括风险评估与预防预警两方面内容，属于针对突发环境事件风险隐患所采取的识别评估与风险防范等措施。前者主要包括建设项目、环境风险源、行政区域（流域）突发环境事件风险评估，旨在量化识别环境风险；后者是为了减少和降低环境风险，避免突发环境事件发生而实施的各项预防措施，包括风险预警监控、环境风险隐患排查监管等内容。

2.1 风险评估

2.1.1 名词解释

2.1.1.1 环境风险

答案： 指发生突发环境事件的可能性及突发环境事件造成的危害程度。

依据：《企业突发环境事件风险评估指南（试行）》。

2.1.1.2 清净废水

答案： 指未受污染或受较轻微污染以及水温稍有升高，不经处理即符合排放标准的废水。

依据：《企业突发环境事件风险分级方法》（HJ 941—2018）。

2.1.1.3 突发环境事件风险物质

答案： 指具有有毒、有害、易燃易爆、易扩散等特性，在意外释放条件下可能对企业外部人群和环境造成伤害、污染的化学物质，简称为"风险物质"。

依据：《企业突发环境事件风险分级方法》（HJ 941—2018）。

2.1.1.4 环境风险潜势

答案：对建设项目潜在环境危害程度的概化分析表达，是基于建设项目涉及的物质和工艺系统危险性及其所在地环境敏感程度的综合表征。

依据：《建设项目环境风险评价技术导则》（HJ 169—2018）。

2.1.1.5 重大危险源

答案：是指长期地或者临时地生产、搬运、使用或者储存危险物品，且危险物品的数量等于或者超过临界量的单元。

依据：《中华人民共和国安全生产法》。

2.1.1.6 环境风险单元

答案：指长期或临时生产、加工、使用或储存环境风险物质的一个（套）生产装置、设施或场所或同属一个企业且边缘距离小于 500 m 的几个（套）生产装置、设施或场所。

依据：《企业突发环境事件风险评估指南（试行）》。

2.1.1.7 环境风险受体

答案：指在突发环境事件中可能受到危害的企业外部人群、具有一定社会价值或生态环境功能的单位或区域等。

依据：《企业突发环境事件风险分级方法》（HJ 941—2018）。

2.1.1.8 清净下水

答案：指装置区排出的未被污染的废水，如间接冷却水的排水、溢流水等。

依据：《企业突发环境事件风险评估指南（试行）》。

2.1.1.9 事故排水

答案：指事故状态下排出的含有泄漏物，以及施救过程中产生其他物质的生产废水、清净下水、雨水或消防水等。

依据：《企业突发环境事件风险评估指南（试行）》。

2.1.1.10 风险物质的临界量

答案：根据物质毒性、环境危害性以及易扩散特性，对某种或某类突发环境事件风险物质规定的数量。

依据：《企业突发环境事件风险分级方法》（HJ 941—2018）。

2.1.1.11 最大可信事故

答案：是基于经验统计分析，在一定可能性区间内发生的事故中，造成环境危害最严重的事故。

依据：《建设项目环境风险评价技术导则》（HJ 169—2018）。

2.1.1.12 大气毒性终点浓度

答案：人员短期暴露可能会导致出现健康影响或死亡的大气污染物浓度，用于判断周边环境风险影响程度。

依据：《建设项目环境风险评价技术导则》（HJ 169—2018）。

2.1.1.13 行政区域环境风险源

答案：指行政区域内可能造成突发环境事件的各类环境风险源。包括生产、使用、存储或释放涉及突发环境事件风险物质的企业，存储和装卸环境风险物质的港口码头，环境风险物质内陆水运及道路运输载具，尾矿库，石油天然气开采设施，集中式污水处理厂，危险废物经营单位，集中式垃圾处理设施，加油站，加气站，石油天然气及成品油长输管道等。

依据：《行政区域突发环境事件风险评估推荐方法》。

2.1.1.14 行政区域环境风险受体

答案：指在突发环境事件中可能受到危害的企业外部人群、企业内部人群集中生活区、具有一定社会价值或生态环境功能的单位或区域等。环境风险受体分为水环境风险受体、大气环境风险受体。

依据：《行政区域突发环境事件风险评估推荐方法》。

2.1.1.15 人口集中区

答案：指人口密度超过评估区域平均人口密度的区域，重点关注以居住、医疗卫生、文化教育、科研和行政办公为主要功能的区域。

依据：《行政区域突发环境事件风险评估推荐方法》。

2.1.1.16 生态保护红线

答案：指在生态空间范围内具有特殊重要生态功能、必须强制性严格保护的区域，是保障和维护国家生态安全的底线和生命线，通常包括具有重要水源涵养、生物多样性维护、水土保持、防风固沙、海岸生态稳定等功能的生态功能重要区域，以及水土流失、土地沙化、石漠化、盐渍化等生态环境敏感脆弱区域。

依据：《行政区域突发环境事件风险评估推荐方法》。

2.1.1.17 水环境风险源

答案：是指可能向水环境释放环境风险物质的各类环境风险源。

依据：《行政区域突发环境事件风险评估推荐方法》。

2.1.1.18　大气环境风险源

答案：是指可能向大气环境释放环境风险物质的各类环境风险源。

依据：《行政区域突发环境事件风险评估推荐方法》。

2.1.1.19　环境质量底线

答案：指按照水、大气、土壤环境质量不断优化的原则，结合环境质量现状和相关规划、功能区划要求，考虑环境质量改善潜力，确定的分区域分阶段环境质量目标及相应的环境管控、污染物排放控制等要求。

依据：《规划环境影响评价技术导则　总纲》（HJ 130—2019）。

2.1.1.20　资源利用上限

答案：以保障生态安全和改善环境质量为目的，结合自然资源开发管控，提出的分区域分阶段的资源开发利用总量、强度、效率等管控要求。

依据：《规划环境影响评价技术导则　总纲》（HJ 130—2019）。

2.1.1.21　化学物质环境风险评估

答案：通过分析化学物质的固有危害属性及其在生产、加工、使用和废弃处置全生命周期过程中进入生态环境及向人体暴露等方面的信息，科学确定化学物质对生态环境和人体健康的风险程度，为有针对性地制定和实施风险控制措施提供决策依据。

依据：《化学物质环境风险评估技术方法框架性指南（试行）》。

2.1.2　单项选择题

2.1.2.1　对未按规定开展突发环境事件风险评估工作，确定风险等级的企业事业单位，由县级以上环境保护主管部门责令改正，可以处（　）罚款。

　　A．一万元以上三万元以下　　　　B．两万元以上三万元以下

　　C．一万元以上两万元以下　　　　D．两万元以上五万元以下

答案：A

依据：《突发环境事件应急管理办法》第三十八条规定，企业事业单位有下列情形之一的，由县级以上环境保护主管部门责令改正，可以处一万元以上三万元以下罚款：（一）未按规定开展突发环境事件风险评估工作，确定风险等级的。

2.1.2.2　企业进行环境风险评级时，对生产工艺过程含有风险工艺和设备情况进行评估时，其他高温或高压、涉及易燃易爆等物质的工艺过程中高温指的是工艺温度不小于（　）℃，高压指压力容器的设计压力不小于（　）MPa。

A．300，20　　　　　　　　　　B．200，10

C．200，20　　　　　　　　　　D．300，10

答案：D

依据：《企业突发环境事件风险分级方法》（HJ 941—2018）。

2.1.2.3　大气环境风险受体敏感程度类型按照企业周边（　）或（　）范围内人口数进行划分。

A．5 km，500 m　　　　　　　B．3 km，500 m

C．3 km，5 km　　　　　　　　D．1 km，5 km

答案：A

依据：《企业突发环境事件风险分级方法》（HJ 941—2018）。

2.1.2.4　《企业突发环境事件风险分级方法》（HJ 941—2018）中风险评估分析的 M 值是指（　）。

A．突发环境事件风险物质数量

B．突发环境事件风险物质临界量

C．生产工艺过程与环境风险控制水平

D．环境风险受体敏感程度

答案：C

依据：《企业突发环境事件风险分级方法》（HJ 941—2018）。

2.1.2.5　根据《企业突发环境事件风险分级方法》（HJ 941—2018）对涉气风险物质进行风险评估，当 $Q<1$ 时，企业风险等级应评为（　）。

A．一般环境风险等级　　　　　B．较大环境风险等级

C．重大环境风险等级　　　　　D．无法判断

答案：A

依据：《企业突发环境事件风险分级方法》（HJ 941—2018）。

2.1.2.6　环境风险受体指在突发环境事件中可能受到危害的（　）、具有一定社会价值或生态环境功能的单位或区域等。

A．企业内部人群　　　　　　　B．企业外部人群

C．环境保护区　　　　　　　　D．周边居民

答案：B

依据：《企业突发环境事件风险分级方法》（HJ 941—2018）。

2.1.2.7 《行政区域突发环境事件风险评估推荐方法》中规定，生态保护红线是指在生态空间范围内具有特殊重要生态功能、必须强制性严格保护的区域，是保障和维护国家生态安全的底线和生命线，通常包括具有重要水源涵养、生物多样性维护、水土保持、防风固沙、海岸生态稳定等功能的生态功能重要区域，以及水土流失、土地沙化、石漠化、盐渍化等（　　）。

  A．生态保护重点区域　　　　　　B．生态环境敏感脆弱区域

  C．生态涵养区域　　　　　　　　D．生态恢复区域

  答案：B

  依据：《行政区域突发环境事件风险评估推荐方法》。

2.1.2.8 行政区域环境风险受体分为（　　）、大气环境风险受体。

  A．河流环境风险受体　　　　　　B．湖泊环境风险受体

  C．城市环境风险受体　　　　　　D．水环境风险受体

  答案：D

  依据：《行政区域突发环境事件风险评估推荐方法》。

2.1.2.9 《集中式地表水饮用水水源地突发环境事件应急预案编制指南（试行）》中规定，集中式地表水饮用水水源地指供水人口一般大于（　　）人的在用、备用和规划的地表水饮用水水源地。

  A．500　　　　　　　　　　　　B．1 000

  C．5 000　　　　　　　　　　　D．20 000

  答案：B

  依据：《集中式地表水饮用水水源地突发环境事件应急预案编制指南（试行）》。

2.1.2.10 在企业大气环境风险防控措施与突发大气环境事件发生情况评估过程中，评估内容主要包括（　　）、符合防护距离情况、近3年内突发大气环境事件发生情况。

  A．毒性气体泄漏监控预警措施　　B．应急物资完备性

  C．应急疏散方案　　　　　　　　D．以上都是

  答案：A

  依据：《企业突发环境事件风险分级方法》（HJ 941—2018）。

2.1.2.11 水源地基础状况调查范围针对水华灾害事件情景，调查范围为湖泊（水库）型水源地多年（　　）的全部水域。

  A．丰水期水位　　　　　　　　　B．平均水位线以下

  C．平水期水位　　　　　　　　　D．以上均不对

答案：B

依据：《集中式地表水饮用水水源地突发环境事件应急预案编制指南（试行）》附 1 针对水华灾害事件情景，调查范围为湖泊（水库）型水源地多年平均水位线以下的全部水域。针对其他事件情景，调查范围为水源保护区，以及从保护区边界向上游连接水体及周边汇水区域上溯 24 h 流程范围内的水域及分水岭内的陆域，最大不超过汇水区域的范围。

2.1.2.12 水源地基础情况调查内容包括（ ）、历史突发环境事件调查、应急资源调查、应急工程设施调查、应急预案调查等 5 个方面内容。

  A．敏感目标调查   B．风险源调查

  C．基础环境特征调查   D．以上均不对

答案：C

依据：《集中式地表水饮用水水源地突发环境事件应急预案编制指南（试行）》。

2.1.3　多项选择题

2.1.3.1 县级以上地方人民政府应当组织环境保护等部门，对（ ）周边区域的环境状况和污染风险进行调查评估，筛查可能存在的污染风险因素，并采取相应的风险防范措施。

  A．地下水型饮用水水源的补给区 B．集中式地表水饮用水水源地

  C．饮用水水源保护区   D．供水单位

答案：ACD

依据：《中华人民共和国水污染防治法》第六十九条。

2.1.3.2 《突发环境事件应急管理办法》规定，企业事业单位应当按照相关法律法规和标准规范的要求，履行下列义务（ ）。发生或者可能发生突发环境事件时，企业事业单位应当依法进行处理，并对所造成的损害承担责任。

  A．开展突发环境事件风险评估

  B．完善突发环境事件风险防控措施

  C．排查治理环境安全隐患

  D．制定突发环境事件应急预案并备案、演练

  E．加强环境应急能力保障建设

答案：ABCDE

依据：《突发环境事件应急管理办法》第六条。

2.1.3.3 企业事业单位有下列情形之一的，由县级以上环境保护主管部门责令改正，可以

处一万元以上三万元以下罚款（　　）。

　　A．未按规定开展突发环境事件风险评估工作，确定风险等级的

　　B．未按规定开展环境安全隐患排查治理工作，建立隐患排查治理档案的

　　C．未按规定将突发环境事件应急预案备案的

　　D．未按规定开展突发环境事件应急培训，如实记录培训情况的

　　E．未按规定储备必要的环境应急装备和物资的

　　F．未按规定公开突发环境事件相关信息的

　　答案： ABCDEF

　　依据：《突发环境事件应急管理办法》第三十八条。

2.1.3.4　有下列情形之一的，建议及时评估或重新评估行政区域突发环境事件风险（　　）。

　　A．未开展行政区域突发环境事件风险评估或评估已满五年的

　　B．有关行政区域突发环境事件风险评估标准或规范发生变化的

　　C．行政区域发生重大及以上突发环境事件的

　　D．行政区域内部环境风险源、环境风险受体类型、数量、分布以及环境风险防控与应急能力发生重大变化，初步判断可能致使区域环境风险等级发生变化的

　　答案： ABCD

　　依据：《行政区域突发环境事件风险评估推荐方法》。

2.1.3.5　关于企业应当及时划定或重新划定本企业环境风险等级，编制或修订本企业的环境风险评估报告，下列说法正确的是（　　）。

　　A．未划定环境风险等级或划定环境风险等级已满二年的

　　B．涉及环境风险物质的种类或数量、生产工艺过程与环境风险防范措施或周边可能受影响的环境风险受体发生变化，导致企业环境风险等级变化的

　　C．发生突发环境事件并造成环境污染的

　　D．有关企业环境风险评估标准或规范性文件发生变化的

　　答案： BCD

　　依据：《企业突发环境事件风险评估指南（试行）》。

2.1.3.6　根据《企业突发环境事件风险评估指南（试行）》，风险评估需同时考虑 3 个方面，分别为（　　）。

　　A．环境风险受体敏感性　　　　　　B．行业类型

　　C．生产工艺和风险控制水平　　　　D．环境风险物质与临界量的比值

答案： ACD

依据： 《企业突发环境事件风险评估指南（试行）》附录 A 企业突发环境事件风险等级划分方法。

2.1.3.7 根据《企业突发环境事件风险评估指南（试行）》，企业在收集相关资料的基础上，开展环境风险识别，以下属于风险识别内容的是（　　）。

A. 废水和清净下水排放去向

B. 企业所处区域大气环境质量功能类别

C. 企业日常监督管理记录

D. 周边环境保护目标的名称、规模、级别、相对企业位置方位、距企业距离

答案： ABD

依据： 《企业突发环境事件风险评估指南（试行）》。

2.1.3.8 根据《建设项目环境风险评价技术导则》（HJ 169—2018），环境风险类型包括（　　）。

A. 爆炸　　　　　　　　　　　　B. 危险物质泄漏

C. 洪灾　　　　　　　　　　　　D. 火灾

答案： ABD

依据： 《建设项目环境风险评价技术导则》（HJ 169—2018）。

2.1.3.9 在环境风险防控与应急措施差距分析中，对于环境风险管理制度应从（　　）方面进行分析。

A. 环境风险防控和应急措施制度是否建立，环境风险防控重点岗位的责任人或责任机构是否明确，定期巡检和维护责任制度是否落实

B. 环评及批复文件的各项环境风险防控和应急措施要求是否落实

C. 是否经常对职工开展环境风险和环境应急管理宣传和培训

D. 是否建立突发环境事件信息报告制度，并有效执行

答案： ABCD

依据： 《企业突发环境事件风险评估指南（试行）》。

2.1.3.10 根据企业生产、使用、存储和释放的突发环境事件风险物质数量与其临界量的比值（Q），评估生产工艺过程与环境风险控制水平（M）以及环境风险受体敏感程度（E）的评估分析结果，分别评估企业（　　）。同时涉及突发大气环境事件和水环境事件风险的企业，以等级高者确定企业突发环境事件风险等级。

A. 突发大气环境事件风险　　　　B. 突发水环境事件风险

C．环境风险物质　　　　　　　　D．应急能力水平

答案： AB

依据： 《企业突发环境事件风险分级方法》（HJ 941—2018）。

2.1.3.11　企业存在下列哪些情况时，应当及时划定或重新划定环境风险等级，编制或修订环境风险评估报告？（　　）

A．未划定环境风险等级或划定环境风险等级已满三年的

B．涉及环境风险物质的种类或数量、生产工艺过程与环境风险防范措施或周边可能受影响的环境风险受体发生变化，导致企业环境风险等级变化的

C．发生突发环境事件并造成环境污染的

D．有关企业环境风险评估标准或规范性文件发生变化的

答案： ABCD

依据： 《企业突发环境事件风险评估指南（试行）》。

2.1.3.12　建设项目环境风险识别内容包括（　　）。

A．物质危险性识别，包括主要原辅材料、燃料、中间产品、副产品、最终产品、污染物、火灾和爆炸伴生/次生物等

B．生产系统危险性识别，包括主要生产装置、储运设施、公用工程和辅助生产设施，以及环境保护设施等

C．危险物质向环境转移的途径识别，包括分析危险物质特性及可能的环境风险类型，识别危险物质影响环境的途径，分析可能影响的环境敏感目标

D．环境敏感目标识别

答案： ABC

依据： 《建设项目环境风险评价技术导则》（HJ 169—2018）。

2.1.4　判断题

2.1.4.1　县级以上地方环境保护主管部门应当按照本级人民政府的统一要求，开展本行政区域突发环境事件风险评估工作，分析可能发生的突发环境事件，提高区域环境风险防范能力。

答案： √

依据： 《突发环境事件应急管理办法》。

2.1.4.2　企业可以自行编制环境风险评估报告，也可以委托相关专业技术服务机构编制。

答案： √

依据：《企业突发环境事件风险评估指南（试行）》。

2.1.4.3 突发环境事件情景源强分析，主要包括释放环境风险物质的种类、物理化学性质、最小和最大释放量、扩散范围、浓度分布、持续时间、危害程度。

答案： √

依据：《企业突发环境事件风险评估指南（试行）》。

2.1.4.4 企业下设位置毗邻的多个独立厂区，可按厂区分别评估风险等级，以等级高者确定企业突发环境事件风险等级并进行表征，也可分别表征为企业（某厂区）突发环境事件风险等级。

答案： √

依据：《企业突发环境事件风险分级方法》（HJ 941—2018）。

2.1.4.5 企业下设位置距离较远的多个独立厂区，分别评估确定各厂区风险等级，表征为企业（某厂区）突发环境事件风险等级。

答案： √

依据：《企业突发环境事件风险分级方法》（HJ 941—2018）。

2.1.4.6 大气环境风险受体敏感程度类型按照企业周边 3 km 或 500 m 范围内人口数将大气环境风险受体敏感程度划分为类型 1、类型 2 和类型 3 三种类型。

答案： ×

依据：《企业突发环境事件风险分级方法》（HJ 941—2018）要求，大气环境风险受体敏感程度（E）评估过程中，大气环境风险受体敏感程度类型划分要按照企业周边人口数进行划分。按照企业周边 5 km 或 500 m 范围内人口数将大气环境风险受体敏感程度划分为类型 1、类型 2 和类型 3 三种类型，分别以 $E1$、$E2$ 和 $E3$ 表示。大气环境风险受体敏感程度按类型 1、类型 2 和类型 3 顺序依次降低。若企业周边存在多种敏感程度类型的大气环境风险受体，则按敏感程度高者确定企业大气环境风险受体敏感程度类型。

2.1.4.7 生产工艺过程与水环境风险控制水平（M）评估，采用评分法对企业生产工艺过程、水环境风险防控措施及突发水环境事件发生情况进行评估，将各项分值累加，确定企业生产工艺过程与水环境风险控制水平（M）。

答案： √

依据：《企业突发环境事件风险分级方法》（HJ 941—2018）。

2.1.4.8 企业水环境风险防控措施及突发水环境事件发生情况评估指标，主要包括截流措施、事故废水收集措施、清净废水系统风险防控措施、雨水排水系统风险防控措施、生产废水处理系统风险防控措施、废水排放去向、厂内危险废物环境管理、近 3 年内突发水环境事件发生情况。

答案： √

依据：《企业突发环境事件风险分级方法》（HJ 941—2018）。

2.1.4.9 企业雨水排口、清净废水排口、污水排口下游 5 km 流经范围内有如下一类或多类环境风险受体：集中式地表水、地下水饮用水水源保护区（包括一级保护区、二级保护区及准保护区）；农村及分散式饮用水水源保护区的，受体敏感程度应划定为 E1。

答案： ×

依据：《企业突发环境事件风险分级方法》（HJ 941—2018）规定，符合下列情况应将敏感受体类型划定为 E1：（1）企业雨水排口、清净废水排口、污水排口下游 10 km 流经范围内有如下一类或多类环境风险受体：集中式地表水、地下水饮用水水源保护区（包括一级保护区、二级保护区及准保护区）；农村及分散式饮用水水源保护区。（2）废水排入受纳水体后 24 h 流经范围（按受纳河流最大日均流速计算）内涉及跨国界的。

2.1.4.10 企业雨水排口、清净废水排口、污水排口下游 10 km 流经范围内涉及跨省界的，水环境敏感受体类型划定为 E3。

答案： ×

依据：《企业突发环境事件风险分级方法》（HJ 941—2018）规定，符合下列情况应将敏感受体类型划定为 E2：（1）企业雨水排口、清净废水排口、污水排口下游 10 km 流经范围内有生态保护红线划定的或具有水生态服务功能的其他水生态环境敏感区和脆弱区，如国家公园，国家级和省级水产种质资源保护区，水产养殖区，天然渔场，海水浴场，盐场保护区，国家重要湿地，国家级和地方级海洋特别保护区，国家级和地方级海洋自然保护区，生物多样性保护优先区域，国家级和地方级自然保护区，国家级和省级风景名胜区，世界文化和自然遗产地，国家级和省级森林公园，世界、国家和省级地质公园，基本农田保护区，基本草原；（2）企业雨水排口、清净废水排口、污水排口下游 10 km 流经范围内涉及跨省界的；（3）企业位于熔岩地貌、泄洪区、泥石流多发等地区的。

2.1.4.11 企业可以自行编制环境风险评估报告，也可以委托相关专业技术服务机构编制。新建、改建、扩建相关项目的环境影响评价报告中的环境风险评价内容，可作为所属企业编制环境风险评估报告的重要内容。

答案： √

依据：《企业突发环境事件风险评估指南（试行）》。

2.1.4.12 环境风险评价应以突发性事故导致的危险物质环境急性损害防控为目标，对建设项目的环境风险进行分析、预测和评估，提出环境风险预防、控制、减缓措施，明确环境风险监控及应急建议要求，为建设项目环境风险防控提供科学依据。

答案： √

依据：《建设项目环境风险评价技术导则》（HJ 169—2018）。

2.1.4.13 环境风险评价工作等级划分为一级、二级、三级。

答案： √

依据：《建设项目环境风险评价技术导则》（HJ 169—2018）。

2.1.4.14 根据建设项目涉及的物质及工艺系统危险性和所在地的环境敏感性确定环境风险潜势。

答案： √

依据：《建设项目环境风险评价技术导则》（HJ 169—2018）。

2.1.4.15 风险潜势为Ⅳ及以上，进行一级评价；风险潜势为Ⅲ，进行二级评价；风险潜势为Ⅱ，进行三级评价；风险潜势为Ⅰ，可开展简单分析。

答案： √

依据：《建设项目环境风险评价技术导则》（HJ 169—2018）。

2.1.4.16 风险识别及风险事故情形分析应明确危险物质在生产系统中的主要分布，筛选具有代表性的风险事故情形，合理设定事故源项。

答案： √

依据：《建设项目环境风险评价技术导则》（HJ 169—2018）。

2.1.4.17 大气环境风险预测一级评价，需选取最不利气象条件和事故发生地的最常见气象条件，选择适用的数值方法进行分析预测，给出风险事故情形下危险物质释放可能造成的大气环境影响范围与程度。对于存在极高大气环境风险的项目，应进一步开展关心点概率分析。

答案： √

依据：《建设项目环境风险评价技术导则》（HJ 169—2018）。

2.1.4.18 源项分析中对于泄漏时间设定，应结合建设项目探测和隔离系统的设计原则确定。一般情况下，设置紧急隔离系统的单元，泄漏时间可设定为 10 min；未设置紧急隔离系统的单元，泄漏时间可设定为 30 min。

答案：√

依据：《建设项目环境风险评价技术导则》（HJ 169—2018）。

2.1.4.19 泄漏液体的蒸发速率计算中，蒸发时间应结合物质特性、气象条件、工况等综合考虑，一般情况下，可按 15～30 min 计算。

答案：√

依据：《建设项目环境风险评价技术导则》（HJ 169—2018）。

2.1.4.20 装卸事故，泄漏量按装卸物质流速和管径及失控时间计算，失控时间一般可按 5～30 min 计。

答案：√

依据：《建设项目环境风险评价技术导则》（HJ 169—2018）。

2.1.4.21 油气长输管线泄漏事故，按管道截面 100%断裂估算泄漏量，应考虑截断阀启动前、后的泄漏量。截断阀启动前，泄漏量按实际工况确定；截断阀启动后，泄漏量以管道泄压至与环境压力平衡所需要时间计。

答案：√

依据：《建设项目环境风险评价技术导则》（HJ 169—2018）。

2.1.4.22 水体污染事故源强应结合污染物释放量、消防用水量及雨水量等因素综合确定。

答案：√

依据：《建设项目环境风险评价技术导则》（HJ 169—2018）。

2.1.4.23 对于存在极高大气环境风险的建设项目，应开展关心点概率分析。

答案：√

依据：《建设项目环境风险评价技术导则》（HJ 169—2018）。

2.1.4.24 对于资料数据充分、环境风险源和受体地理坐标较为精确的行政区域，可以按照地理空间将评估区域划分为若干网格区域，以网格为单元进行区域环境风险分析。

答案：√

依据：《行政区域突发环境事件风险评估推荐方法》。

2.1.4.25 环境风险场强度与环境风险物质的危害性和释放量以及与风险源的距离有关，可视为环境风险源的环境风险物质最大存在量与临界量的比值、计算点与风险源距离的函数。

答案：√

依据：《行政区域突发环境事件风险评估推荐方法》。

2.1.4.26 受多个环境风险源影响的环境风险受体,在进行行政区域突发环境事件情景筛选分析时,应汇总分析可能发生的突发环境事件情景。

答案:√

依据:《行政区域突发环境事件风险评估推荐方法》。

2.1.4.27 对于涉及重大环境风险源的规划,应进行风险源及源强、风险源叠加、风险源与受体响应关系等方面的分析,开展环境风险评价。

答案:√

依据:《规划环境影响评价技术导则 总纲》(HJ 130—2019)。

2.1.5 填空题

2.1.5.1 企业环境风险分为一般环境风险、较大环境风险和( )环境风险。

答案:重大

依据:《企业突发环境事件风险分级方法》(HJ 941—2018)。

2.1.5.2 企业环境风险评估,按照资料准备与环境风险识别、可能发生突发环境事件及其后果分析、现有环境风险防控和环境应急管理差距分析、制定完善环境风险防控和应急措施的实施计划、( )5个步骤实施。

答案:划定突发环境事件风险等级

依据:《企业突发环境事件风险评估指南(试行)》。

2.1.5.3 县级以上地方环境保护主管部门应当按照本级人民政府的统一要求,开展( ),分析可能发生的突发环境事件,提高区域环境风险防范能力。

答案:行政区域突发环境事件风险评估工作

依据:《突发环境事件应急管理办法》。

2.1.5.4 判断企业生产原料、产品、中间产品、副产品、催化剂、辅助生产物料、燃料、"三废"污染物等是否涉及( ),计算涉气风险物质在厂界内的存在量。

答案:环境风险物质

依据:《企业突发环境事件风险分级方法》(HJ 941—2018)。

2.1.5.5 企业生产工艺过程中,涉及高温指工艺温度≥( ),高压指压力容器的设计压力(P)≥10.0 MPa。

答案:300℃

依据:《企业突发环境事件风险分级方法》(HJ 941—2018)。

2.1.5.6 将企业生产工艺过程、大气环境风险防控措施及突发大气环境事件发生情况各项指标评估分值累加，得出生产工艺过程与大气环境风险控制水平值 M。其中，$25 \leqslant M < 45$ 属于（ ）风险水平类型。

答案：$M2$

依据：《企业突发环境事件风险分级方法》（HJ 941—2018）。

2.1.5.7 突发环境事件风险物质及临界量清单将现有可能风险物质划分为八大类别，分别是有毒气态物质、易燃易爆气态物质、有毒液态物质、易燃液态物质、其他有毒物质、（ ）、重金属及其化合物、其他类物质及污染物。

答案：遇水生成有毒气体的物质

依据：《企业突发环境事件风险分级方法》（HJ 941—2018）。

2.1.5.8 环境风险评价基本内容包括风险调查、（ ）、风险识别、风险事故情形分析、风险预测与评价、环境风险管理等。

答案：环境风险潜势初判

依据：《建设项目环境风险评价技术导则》（HJ 169—2018）。

2.1.5.9 基于风险调查，分析建设项目物质及工艺系统危险性和（ ），进行风险潜势的判断，确定风险评价等级。

答案：环境敏感性

依据：《建设项目环境风险评价技术导则》（HJ 169—2018）。

2.1.5.10 地表水环境风险预测（ ）评价，应选择适用的数值方法预测地表水环境风险，给出风险事故情形下可能造成的影响范围与程度。

答案：一级、二级

依据：《建设项目环境风险评价技术导则》（HJ 169—2018）。

2.1.5.11 地下水环境风险预测（ ）评价，应优先选择适用的数值方法预测地下水环境风险，给出风险事故情形下可能造成的影响范围与程度。

答案：一级

依据：《建设项目环境风险评价技术导则》（HJ 169—2018）。

2.1.5.12 大气环境风险评价范围：一级、二级评价距建设项目边界一般不低于（ ）km；三级评价距建设项目边界一般不低于 3 km。

答案：5

依据：《建设项目环境风险评价技术导则》（HJ 169—2018）。

2.1.5.13 油气、化学品输送管线项目一级、二级评价距管道中心线两侧一般均不低于200 m；三级评价距管道中心线两侧一般均不低于（　　）m。

答案：100

依据：《建设项目环境风险评价技术导则》（HJ 169—2018）。

2.1.5.14 典型突发环境事件情景分析包括源强分析、（　　）、后果分析。

答案：释放途径分析

依据：《行政区域突发环境事件风险评估推荐方法》。

2.1.5.15 关于尾矿库环境风险受体调查评估范围，涉及水环境风险受体的调查评估范围是尾矿库下游不小于（　　）km；山谷型、傍山型、截河型尾矿库为尾矿库下游不小于（　　）倍坝高；其他类型尾矿库为尾矿库下游不小于 40 倍坝高。实际操作时可根据实际情况适当扩大评估范围。

答案：10，80

依据：《尾矿库环境风险评估技术导则（试行）》（HJ 740—2015）。

2.1.5.16 尾矿库环境风险评估工作程序，由尾矿库环境风险评估准备、（　　）、尾矿库环境风险等级划分、尾矿库环境风险分析与报告编制四个阶段组成。

答案：尾矿库环境风险预判

依据：《尾矿库环境风险评估技术导则（试行）》（HJ 740—2015）。

2.1.5.17 从类型、规模、（　　）、安全性、历史事件与环境违法情况 5 个方面，对尾矿库环境风险进行预判，判断是否属于重点环境监管尾矿库、是否需要进一步开展环境风险评估。

答案：周边环境敏感性

依据：《尾矿库环境风险评估技术导则（试行）》（HJ 740—2015）。

2.1.5.18 利用层次分析法，从尾矿库的环境危害性（H）、周边环境敏感性（S）、（　　）3 个方面进行评分，采用环境风险等级划分模型，将重点环境监管尾矿库环境风险划分为重大、较大、一般三个等级。

答案：控制机制可靠性（R）

依据：《尾矿库环境风险评估技术导则（试行）》（HJ 740—2015）。

2.1.6　简答题

2.1.6.1 简述企业环境风险评估一般工作程序。

答案：企业环境风险评估，按照资料准备与环境风险识别、可能发生突发环境事件及其后果分析、现有环境风险防控和环境应急管理差距分析、制订完善环境风险防控和应急措施的实施计划、划定突发环境事件风险等级五个步骤实施。

依据：《企业突发环境事件风险评估指南（试行）》。

2.1.6.2　企业突发环境事件风险评估中，对于环境风险识别有哪些要求？

答案：在收集相关资料的基础上，开展环境风险识别。环境风险识别对象包括：（1）企业基本信息；（2）周边环境风险受体；（3）涉及环境风险物质和数量；（4）生产工艺；（5）安全生产管理；（6）环境风险单元及现有环境风险防控与应急措施；（7）现有应急资源等。对于上述（2）至（6）的内容，应当按照相关技术规范要求，并综合考虑环境风险企业、环境风险传播途径及环境风险受体进行环境风险识别。同时，制作企业地理位置图、厂区平面布置图、周边环境风险受体分布图，企业雨水、清净下水收集和排放管网图，污水收集和排放管网图以及所有排水最终去向图，并作为评估报告附件。

依据：《企业突发环境事件风险评估指南（试行）》。

2.1.6.3　调查企业现有环境应急资源，主要包括哪些方面？

答案：现有应急资源是指第一时间可以使用的企业内部应急物资、应急装备和应急救援队伍情况，以及企业外部可以请求援助的应急资源，包括与其他组织或单位签订应急救援协议或互救协议情况等。

调查应急物资的重点内容包括处理、消解和吸收污染物（泄漏物）的各种絮凝剂、吸附剂、中和剂、解毒剂、氧化还原剂等；应急装备主要包括个人防护装备、应急监测能力、应急通信系统、电源（包括应急电源）、照明等。

应按照应急物资、装备和救援队伍，分别列表说明下列内容：名称、类型（指物资、装备或队伍）、数量（或人数）、有效期（指物资）、外部供应单位名称、外部供应单位联系人、外部供应单位联系电话等。

依据：《企业突发环境事件风险评估指南（试行）》。

2.1.6.4　突发环境事件情景设定至少应从哪几个方面进行分析评估？

答案：突发环境事件情景设定至少包括以下内容：（1）火灾、爆炸、泄漏等生产安全事故及可能引起的次生、衍生厂外环境污染及人员伤亡事故（例如，因生产安全事故导致有毒有害气体扩散出厂界，消防水、物料泄漏物及反应生成物，从雨水排口、清净下水排口、污水排口、厂门或围墙排出厂界，污染环境等）；（2）环境风险防控设施失灵或非正常操作（如雨水阀门不能正常关闭，化工行业火炬意外灭火；（3）非正常工况（如开、停车等）；（4）污染治理设施非正常运行；（5）违法排污；（6）停电、断水、停气等；（7）通信或运输系统故障；（8）各种自然灾害、极端天气或不利气象条件；（9）其他可能的情景。

依据：《企业突发环境事件风险评估指南（试行）》。

2.1.6.5 突发环境事件情景分析针对环境风险物质释放途径评估重点包括哪些方面？

答案：对于可能造成地表水、地下水和土壤污染的，分析环境风险物质从释放源头（环境风险单元），经厂界内到厂界外，最终影响环境风险受体的可能性、释放条件、排放途径，涉及环境风险与应急措施的关键环节，需要应急物资、应急装备和应急救援队伍情况。对于可能造成大气污染的，依据风向、风速等分析环境风险物质少量泄漏和大量泄漏情况下，白天和夜间可能影响的范围，包括事故发生点周边的紧急隔离距离、事故发生地下风向人员防护距离。

依据：《企业突发环境事件风险评估指南（试行）》。

2.1.6.6 如何进行突发环境事件情景可能产生的直接、次生和衍生后果分析？

答案：从地表水、地下水、土壤、大气、人口、财产乃至社会等方面考虑并给出突发环境事件对环境风险受体的影响程度和范围，包括需要疏散的人口数量，是否影响饮用水水源地取水，是否造成跨界影响，是否影响生态敏感区生态功能，预估可能发生的突发环境事件级别等。

依据：《企业突发环境事件风险评估指南（试行）》。

2.1.6.7 企业环境风险评估的内容有哪些？

答案：（1）资料准备与环境风险识别，包括企业基本信息和现有应急资源情况；（2）可能发生的突发环境事件及其后果情景分析，包括收集国内外同类企业突发环境事件资料，提出所有可能发生突发环境事件情景，每种情景源强分析，每种情景环境风险物质释放途径、涉及环境风险防控与应急措施、应急资源情况分析，每种情景可能产生的直接、次生和衍生后果分析等。

依据：《企业突发环境事件风险评估指南（试行）》。

2.1.6.8 企业环境风险评估有哪些制度要求？

答案：（1）环境风险防控和应急措施制度是否建立，环境风险防控重点岗位的责任人或责任机构是否明确，定期巡检和维护责任制度是否落实；（2）环评及批复文件的各项环境风险防控和应急措施要求是否落实；（3）是否经常对职工开展环境风险和环境应急管理宣传和培训；（4）是否建立突发环境事件信息报告制度，并有效执行。

依据：《企业突发环境事件风险评估指南（试行）》。

2.1.6.9　**企业环境风险评估对需要整改的短期、中期和长期项目内容有何规定？**

答案：针对上述排查的每一项差距和隐患，根据其危害性、紧迫性和治理时间的长短，提出需要完成整改的期限，分别按短期（3 个月以内）、中期（3～6 个月）和长期（6 个月以上）列表说明需要整改的项目内容，包括整改涉及的环境风险单元、环境风险物质、目前存在的问题（环境风险管理制度、环境风险防控与应急措施、应急资源）、可能影响的环境风险受体。

依据：《企业突发环境事件风险评估指南（试行）》。

2.1.6.10　**企业如何完善环境风险防控与应急措施的实施计划？**

答案：针对需要整改的短期、中期和长期项目，分别制订完善环境风险防控和应急措施的实施计划。实施计划应明确环境风险管理制度、环境风险防控措施、环境应急能力建设等内容，逐项制定加强环境风险防控措施和应急管理的目标、责任人及完成时限。每完成一次实施计划，都应将计划完成情况登记建档备查。对于因外部因素致使企业不能排除或完善的情况，如环境风险受体的距离和防护等问题，应及时向所在地县级以上人民政府及其有关部门报告，并配合采取措施消除隐患。

依据：《企业突发环境事件风险评估指南（试行）》。

2.1.6.11　**企业突发环境事件风险等级的确定和调整有哪些规定？**

答案：以企业突发大气环境事件风险和突发水环境事件风险等级高者确定企业突发环境事件风险等级。近 3 年内因违法排放污染物、非法转移处置危险废物等行为受到生态环境主管部门处罚的企业，在已评定的突发环境事件风险等级基础上调高一级，最高等级为重大。

依据：《企业突发环境事件风险分级方法》（HJ 941—2018）。

2.1.6.12　**建设项目环境风险识别方法有哪些？**

答案：（1）资料收集和准备。根据危险物质泄漏、火灾、爆炸等突发性事故可能造成的环境风险类型，收集和准备建设项目工程资料，周边环境资料，国内外同行业、同类型事故统计分析及典型事故案例资料。对已建工程应收集环境管理制度，操作和维护手册，突发环境事件应急预案，应急培训、演练记录，历史突发环境事件及生产安全事故调查资料，设备失效统计数据等。（2）物质危险性识别。按相关技术规范识别出的危险物质，以图表的方式给出其易燃易爆、有毒有害危险特性，明确危险物质的分布。（3）生产系统危险性识别。包括：①按工艺流程和平面布置功能区划，结合物质危险性识别，以图表的方式给出危险单元划分结果及单元内危险物质的最大存在量。按生产工艺流程分析危险单元内潜在的风险源。②按危险单元分析风险源的危险性、存在条件和转化为事故的触发因素。③采用定性或定量分析方法筛选确定重点风险源。（4）环境风险类型及危害分析。包括：①环境风险类型包括危险物质泄漏，以及火灾、爆炸等引发的伴生/次生污染物排放。②根据物质及生产系统危险性识别结果，分析环境风险类型、危险物质向环境转移的可能途径和影响方式。

依据：《建设项目环境风险评价技术导则》（HJ 169—2018）。

2.1.6.13 建设项目环境风险事故情形设定包括哪些内容？

答案： 在风险识别的基础上，选择对环境影响较大并具有代表性的事故类型，设定风险事故情形。风险事故情形设定内容应包括环境风险类型、风险源、危险单元、危险物质和影响途径等。

依据：《建设项目环境风险评价技术导则》（HJ 169—2018）。

2.1.6.14 简述建设项目环境风险事故情形设定原则。

答案：（1）同一种危险物质可能有多种环境风险类型。风险事故情形应包括危险物质泄漏，以及火灾、爆炸等引发的伴生/次生污染物排放情形。对不同环境要素产生影响的风险事故情形，应分别进行设定。（2）对于火灾、爆炸事故，需将事故中未完全燃烧的危险物质在高温下迅速挥发释放至大气，以及燃烧过程中产生的伴生/次生污染物对环境的影响作为风险事故情形设定的内容。（3）设定的风险事故情形发生可能性应处于合理的区间，并与经济技术发展水平相适应。一般而言，发生频率小于 10^{-6}/年的事件是极小概率事件，可作为代表性事故情形中最大可信事故设定的参考。（4）风险事故情形设定的不确定性与筛选。由于事故触发因素具有不确定性，因此事故情形的设定并不能包含全部可能的环境风险，但通过具有代表性的事故情形分析可为风险管理提供科学依据。事故情形的设定应在环境风险识别的基础上筛选，设定的事故情形应具有危险物质、环境危害、影响途径等方面的代表性。

依据：《建设项目环境风险评价技术导则》（HJ 169—2018）。

2.1.6.15 结合风险评估要求，简述水源地突发环境事件主要情景类型。

答案：（1）固定源突发环境事件。可能发生突发环境事件的排放污染物企业事业单位，生产、储存、运输、使用危险化学品的企业，产生、收集、贮存、运输、利用、处置危险废物的企业，以及尾矿库等固定源，因自然灾害、生产安全事故、违法排污等原因，导致水源地风险物质直接或间接排入水源保护区或其上游连接水体，造成水质污染的事件。（2）流动源突发环境事件。在公路或水路运输过程中，由于交通事故等原因，导致油品、化学品或其他有毒有害物质进入水源保护区或其上游连接水体，造成水质污染的事件。（3）非点源突发环境事件。主要包括以下两种情形：一是暴雨冲刷畜禽养殖废物、农田或果园土壤，导致大量细菌、农药、化肥等随地表或地下径流进入水源保护区或其上游连接水体，造成水质污染的事件；二是闸坝调控等原因，导致坝前污水短期内集中排放造成水源保护区或其上游连接水体水质污染的事件。（4）水华灾害事件。封闭型或半封闭型的水域（湖泊、水库）在营养条件、水动力条件、光热条件等适宜情况下，浮游藻类大量繁殖并聚集，使得水体色度发生变化、水体溶氧降低、藻类厌氧分解产生异味或毒性物质，导致水华灾害的事件。（5）其他事件情景。主要为上述四种事件情景中一种或多种同时出现的情形。根据需要，还可考虑汛期、枯水期、雨雪冰冻或台风等特殊时期可能造成水源地水质污染的情景。

依据：《集中式地表水饮用水水源地突发环境事件应急预案编制指南（试行）》。

2.1.6.16　水源地突发环境事件基础环境特征调查内容有哪些？

答案：（1）一般性调查内容。包括：①水源地基本状况。包括取水口位置和日取水量、日供水量和供水服务人口、水源保护区范围和规范化建设情况、备用水源名称、位置和日供水量等。②自然地理特征。包括水文、气象、水系组成、闸坝分布等。③社会经济状况。包括行政区划、人口及分布、产业规模和结构等。④水环境监测状况。包括断面名称、断面位置、断面属性、监测频次、监测指标和富营养化指标等。⑤水环境质量状况。包括水质现状、主要污染物、富营养化状况、水生生物等。（2）固定源调查。包括固定源各类排放口的位置、排放方式、排放去向，水源地风险物质类型及存量、主要风险环节及其风险防范措施等。其中，对于地下油气管线固定源，其排放口位置主要考虑油气管线穿越环境敏感点位置的情况。（3）流动源调查。包括跨越水体或沿江、沿湖泊（水库）建设的县级及以上公路、铁路和桥梁及其现有环境风险防控措施，危险化学品管理制度建设和危险化学品运输车辆监管等情况。包括公路、铁路和桥梁的位置、长度、宽度，公路、铁路、桥梁和水源保护区及取水口的位置关系，公路、铁路的车流量，桥梁可承受的最大载重量，公路、铁路和桥梁现有环境风险防控措施，危险化学品运输种类、运载量、运输车辆的安全防护措施等。水源地连接水体的航道分布、航道与取水口的位置关系、船舶运输油品化学品种类和规模、船舶运输登记监管、水上交通运输安全防护措施等情况。（4）非点源调查。包括：①水土流失状况。包括不同强度的水土流失面积、年平均侵蚀总量、年平均侵蚀模数。②土地利用状况。包括土地利用类型、面积、分布及变化态势等。③农田径流污染状况。包括耕地（不同坡度的坡耕地）分布及比例，种植作物种类、农药化肥施用情况（农药化肥种类、施用量、施用时间）、不同类型肥料施用的比例及营养物质比例、农药施用比例及污染物比例、氮磷或农药流失情况。④畜禽养殖污染状况。包括分散式畜禽养殖数量、粪便污染物排泄量、处理情况及污染物平均流失情况。⑤农村生活污染状况。包括农村人口、农村生活污水及垃圾产生情况、污染物含量、处理处置情况及污染物流失情况。⑥闸坝调控状况。包括闸坝工程位置及分布、闸门开启及运行调度情况，最大下泄水量、闸坝前水质状况等情况。
（5）水华灾害调查。封闭型或半封闭型的水域（湖泊、水库）水生生态状况及时空变化特征，包括浮游植物（藻类）数量及种类组成、浮游动物数量及种类组成、底栖动物数量及种类组成、沉水植被分布与种类组成等。

依据：《集中式地表水饮用水水源地突发环境事件应急预案编制指南（试行）》。

2.1.6.17 简述化学物质环境风险评估的基本步骤。

答案： 化学物质环境风险评估通常包括危害识别、剂量（浓度）－反应（效应）评估、暴露评估和风险表征四个步骤。（1）危害识别。危害识别是确定化学物质具有的固有危害属性，主要包括生态毒理学和健康毒理学属性两部分。（2）剂量（浓度）－反应（效应）评估。剂量（浓度）－反应（效应）评估是确定化学物质暴露浓度、剂量与毒性效应之间的关系。（3）暴露评估。暴露评估是估算化学物质对生态环境或人体的暴露程度。环境风险评估中，通常以环境中化学物质的浓度表示；健康风险评估中，通常以人体的化学物质总暴露量表示。（4）风险表征。风险表征是在化学物质危害识别、剂量（浓度）-反应（效应）评估及暴露评估基础上，定性或定量分析判别化学物质对生态环境和人体健康造成风险的概率和程度。风险评估并不都需要经过上述完整的四个步骤。如危害识别和剂量（浓度）-反应（效应）评估表明该化学物质对生态环境和人体健康的危害极低，则无须开展后续风险评估；暴露评估表明某暴露途径不存在，则该暴露途径下的后续风险评估就可终止。此外，为提高风险评估效率和降低评估成本，开展风险评估通常首先基于现有数据，以相对保守的方式对合理最坏情形下的风险进行评估，若未发现化学物质存在不合理风险，则评估过程终止；若风险值得关注，则收集更详尽的数据信息，开展进一步的详细风险评估。

化学物质环境风险评估通常有以下三种结论：（1）未发现存在不合理风险，评估结论基于现有资料得出，在未掌握新的信息之前，暂不需要采取新的风险防控措施。（2）存在不合理风险，需要采取进一步的风险防控措施来降低风险。（3）风险无法确定，需要补充化学物质的信息（包括进一步的毒性测试），并再次进行风险评估。

依据：《化学物质环境风险评估技术方法框架性指南（试行）》。

2.2 隐患排查

2.2.1 名词解释

2.2.1.1 突发环境事件风险防控措施

答案：突发环境事件风险防控措施，应当包括有效防止泄漏物质、消防水、污染雨水等扩散至外环境的收集、导流、拦截、降污等措施。

依据：《突发环境事件应急管理办法》。

2.2.1.2 重点环境监管尾矿库

答案：是指通过尾矿库环境风险评估的环境风险预判别环节，识别出的环境风险大、需要环境保护主管部门重点监管、督促尾矿库企业深入开展环境风险评估、环境安全隐患排查治理、环境应急预案编制等环境应急管理工作的尾矿库。

依据：《尾矿库环境应急预案编制指南》。

2.2.1.3 尾矿库污染隐患

答案：由于环境保护及相关措施不到位，导致尾矿库及其附属设施存在发生污染物渗漏、扬散、流失等风险，可能对地表水、地下水、大气、土壤造成潜在的污染。

依据：《尾矿库污染隐患排查治理工作指南（试行）》。

2.2.1.4 土壤污染重点监管单位

答案：设区的市级以上地方人民政府生态环境主管部门按照国务院生态环境主管部门的规定，根据有毒有害物质排放等情况，确定纳入本行政区域土壤污染重点监管单位名录的单位。

依据：《重点监管单位土壤污染隐患排查指南（试行）》。

2.2.1.5 土壤污染隐患

答案：重点监管单位某一特定场所或者设施设备存在发生有毒有害物质渗漏、流失、扬散的风险，可能对土壤造成污染。

依据：《重点监管单位土壤污染隐患排查指南（试行）》。

2.2.1.6 土壤污染隐患排查制度

答案：重点监管单位为保障土壤污染隐患排查工作有效实施而建立的一种管理制度，包括建立相应机构和人员队伍、确定组织实施形式，制订并实施排查工作计划，制定并实施隐患整改方案，建立隐患排查档案并按要求保存和上报等。

依据：《重点监管单位土壤污染隐患排查指南（试行）》。

2.2.1.7　有毒有害物质

答案：（1）列入《中华人民共和国水污染防治法》规定的有毒有害水污染物名录的污染物；（2）列入《中华人民共和国大气污染防治法》规定的有毒有害大气污染物名录的污染物；（3）《中华人民共和国固体废物污染环境防治法》规定的危险废物；（4）国家和地方建设用地土壤污染风险管控标准管控的污染物；（5）列入优先控制化学品名录内的物质；（6）其他根据国家法律法规有关规定应当纳入有毒有害物质管理的物质。

依据：《重点监管单位土壤污染隐患排查指南（试行）》。

2.2.1.8　普通阻隔设施

答案：重点场所、重点设施设备周围设置的，可起到临时阻隔污染物进入土壤的设施。

依据：《重点监管单位土壤污染隐患排查指南（试行）》。

2.2.1.9　防渗阻隔系统

答案：经系统防渗设计和建设，能长期有效阻隔污染物进入土壤的防渗系统。

依据：《重点监管单位土壤污染隐患排查指南（试行）》。

2.2.1.10　尾矿库环境安全隐患

答案：指在尾矿库运行期间，因不符合相关法律法规、规章、标准、规程和管理制度等的规定，或者可发展为不符合相关规定，而可能导致突发环境事件的不安全状态或缺陷。

依据：《尾矿库环境风险评估技术导则（试行）》（HJ 740—2015）。

2.2.2　单项选择题

2.2.2.1　《企业突发环境事件隐患排查和治理工作指南（试行）》明确，隐患排查治理档案应至少留存（　　），以备环境保护主管部门抽查。

A. 二年　　　　　　　　　　B　三年

C. 四年　　　　　　　　　　D. 五年

答案：D

依据：《企业突发环境事件隐患排查和治理工作指南（试行）》"5.6 建立档案"。

2.2.2.2　县级以上地方环境保护主管部门应当对企业事业单位环境风险防范和环境安全

隐患排查治理工作进行（　　）。

    A．全面检查
        B．定期排查

    C．抽查或突击检查
    D．不定期排查

    答案：C

    依据：《突发环境事件应急管理办法》。

2.2.2.3　将存在重大环境安全隐患且整治不力的企业信息纳入社会诚信档案，不属于可以通报的部门是（　　）。

    A．环境风险评估机构
    B．行业主管部门

    C．投资主管部门
        D．证券监督管理机构

    答案：A

    依据：《突发环境事件应急管理办法》第十二条：县级以上地方环境保护主管部门应当对企业事业单位环境风险防范和环境安全隐患排查治理工作进行抽查或者突击检查，将存在重大环境安全隐患且整治不力的企业信息纳入社会诚信档案，并可以通报行业主管部门、投资主管部门、证券监督管理机构以及有关金融机构。

2.2.2.4　企业事业单位和其他生产经营者超过污染物排放标准或者超过重点污染物排放总量控制指标排放污染物的，县级以上人民政府环境保护主管部门可以责令其采取（　　）等措施。

    A．限制生产、停产整治
    B．限制生产、责令停业

    C．停产整治、责令关闭
    D．限制生产、责令关闭

    答案：A

    依据：《环境保护主管部门实施限制生产、停产整治办法》。

2.2.2.5　违反《中华人民共和国环境保护法》规定，重点排污单位不公开或者不如实公开环境信息的，由县级以上地方人民政府环境保护主管部门责令公开，（　　），并予以公告。

    A．停产整治
        B．处以罚款

    C．限期整改
        D．通报批评

    答案：B

    依据：《中华人民共和国环境保护法》第六十二条。

2.2.2.6　企业事业单位和其他生产经营者违反法律法规规定排放污染物，造成或者可能造成严重污染的，县级以上人民政府环境保护主管部门和其他负有环境保护监督管理职责的部门，可以（　　）造成污染物排放的设施、设备。

A．关停、查封　　　　　　　　B．关停、扣押

C．查封、扣押　　　　　　　　D．查封、拆除

答案：C

依据：《中华人民共和国环境保护法》。

2.2.2.7 按照安全监管部门相关规定，将尾矿库分为（　　）等别，并根据尾矿库防洪能力和尾矿坝坝体稳定性确定尾矿库安全度。

A．三个　　　　　　　　　　　B．四个

C．五个　　　　　　　　　　　D．六个

答案：C

依据：《尾矿库安全规程》。

2.2.2.8 《企业突发环境事件隐患排查和治理工作指南（试行）》规定的隐患等级分为（　　）。

A．重大突发环境事件隐患，一般突发环境事件隐患

B．企业自查的突发环境事件隐患，生态环境部门检查督察发现的突发环境事件隐患

C．特殊突发环境事件隐患，较大突发环境事件隐患，一般突发环境事件隐患

D．重大突发环境事件隐患，较大突发环境事件隐患，一般突发环境事件隐患

答案：A

依据：《企业突发环境事件隐患排查和治理工作指南（试行）》隐患分级原则指出，根据可能造成的危害程度、治理难度及企业突发环境事件风险等级，隐患分为重大突发环境事件隐患和一般突发环境事件隐患。

2.2.2.9 尾矿库环境应急管理工作要求尾矿库建立三级防控体系，指在（　　）（　　）和（　　）三个层级设防布控，防止尾矿库企业发生污染事件。

A．班组、车间和厂区　　　　　B．车间、厂区和外环境

C．车间、厂区和流域　　　　　D．尾矿库、厂区和公司

答案：C

依据：《尾矿库环境应急管理工作指南（试行）》。

2.2.3　多项选择题

2.2.3.1 国务院环境保护主管部门应当会同国务院卫生主管部门，根据对公众健康和生态环境的危害和影响程度，公布有毒有害水污染物名录，实行风险管理。排放前款规定名录中所列有毒有害水污染物的企业事业单位和其他生产经营者，应当（　　）。

A．对排污口和周边环境进行监测

B．评估环境风险

C．排查环境安全隐患

D．公开有毒有害水污染物信息

E．采取有效措施防范环境风险

答案： ABCDE

依据：《中华人民共和国水污染防治法》第三十二条。

2.2.3.2　国务院环境保护主管部门应当会同国务院卫生行政部门，根据大气污染物对公众健康和生态环境的危害和影响程度，公布有毒有害大气污染物名录，实行风险管理。排放前款规定名录中所列有毒有害大气污染物的企业事业单位，应当按照国家有关规定（　　）。

A．建设环境风险预警体系

B．对排放口和周边环境进行定期监测

C．评估环境风险

D．排查环境安全隐患

E．采取有效措施防范环境风险

答案： ABCDE

依据：《中华人民共和国大气污染防治法》第七十八条。

2.2.3.3　排放有毒有害大气污染物名录中所列有毒有害大气污染物的企业事业单位，未按照规定（　　）由县级以上人民政府环境保护等主管部门按照职责责令改正，处一万元以上十万元以下的罚款；拒不改正的，责令停工整治或者停业整治。

A．建设环境风险预警体系

B．对排放口和周边环境进行定期监测

C．评估环境风险

D．排查环境安全隐患

E．采取有效措施防范环境风险

答案： ABCDE

依据：《中华人民共和国大气污染防治法》第一百一十七条：违反本法规定，有下列行为之一的，由县级以上人民政府环境保护等主管部门按照职责责令改正，处一万元以上十万元以下的罚款；拒不改正的，责令停工整治或者停业整治：……（六）排放有毒有害大气污染物名录中所列有毒有害大气污染物的企业事业单位，未按照规定建设环境风险预警体系或者对排放口和周边环境进行定期监测、排查环境安全隐患并采取有效措施防范环境风险的。

2.2.3.4 《突发环境事件应急管理办法》规定，企业事业单位应当按照有关规定（　　）。

    A．建立健全环境安全隐患排查治理制度

    B．记录隐患排查治理台账

    C．建立隐患排查治理档案

    D．及时发现并消除环境安全隐患

    答案：ACD

    依据：《突发环境事件应急管理办法》第十条。

2.2.3.5 企业事业单位应当按照有关规定，采取便于公众知晓和查询的方式公开本单位（　　）等环境信息。

    A．环境风险防范工作开展情况

    B．突发环境事件应急预案及演练情况

    C．突发环境事件发生及处置情况

    D．落实整改要求情况

    答案：ABCD

    依据：《突发环境事件应急管理办法》第三十四条。

2.2.3.6 《企业突发环境事件隐患排查和治理工作指南（试行）》明确，从（　　）两大方面排查可能直接导致或次生突发环境事件的隐患。

    A．突发环境事件隐患排查治理制度

    B．环境应急管理

    C．突发环境事件风险防控措施

    D．突发环境事件风险防控设施

    答案：BC

    依据：《企业突发环境事件隐患排查和治理工作指南（试行）》"3 隐患排查内容"。

2.2.3.7 《企业突发环境事件隐患排查和治理工作指南（试行）》明确，根据可能造成的危害程度、治理难度及企业突发环境事件风险等级，隐患分为（　　）。

    A．特别重大　　　　　　　　　B．重大

    C．较大　　　　　　　　　　　D．一般

答案：BD

依据：《企业突发环境事件隐患排查和治理工作指南（试行）》"4.1 分级原则"。

2.2.3.8　企业事业单位应当按照有关规定，采取便于公众知晓和查询的方式公开的环境信息有（　　）。

　　A．本单位环境风险防范工作开展情况

　　B．突发环境事件应急预案及演练情况

　　C．突发环境事件发生及应急处置情况

　　D．环境风险隐患落实整改要求情况

　　答案：ABCD

　　依据：《突发环境事件应急管理办法》第三十四条。

2.2.3.9　明确隐患排查方式和频次，根据排查频次、排查规模、排查项目不同，排查可分为（　　）等方式。

　　A．综合排查　　　　　　　　B．日常排查

　　C．专项排查　　　　　　　　D．抽查

　　答案：ABCD

　　依据：《企业突发环境事件隐患排查和治理工作指南（试行）》。

2.2.3.10　企业隐患排查治理的基本要求有哪些？（　　）

　　A．建立完善隐患排查治理管理机构

　　B．建立隐患排查治理制度

　　C．明确隐患排查方式和频次

　　D．明确整改措施经费来源

　　答案：ABC

　　依据：《企业突发环境事件隐患排查和治理工作指南（试行）》。

2.2.3.11　尾矿库的环境应急管理是一个全过程的管理，具体包括（　　）。

　　A．日常预防和预警

　　B．环境应急准备

　　C．环境应急响应与处置

　　D．突发环境事件应急终止后的环境管理

　　答案：ABCD

　　依据：《尾矿库环境应急管理工作指南（试行）》第 1.6 条。

2.2.4 判断题

2.2.4.1 企业组织对隐患问题的自验时，在重大隐患治理结束后企业应组织技术人员和专家对治理效果进行评估和验收，编制重大隐患治理验收报告，由企业相关负责人签字确认，予以销号。

　　答案：√

　　依据：《企业突发环境事件隐患排查和治理工作指南（试行）》。

2.2.4.2 企业隐患排查治理档案包括企业隐患分级标准、隐患排查治理制度、年度隐患排查治理计划、隐患排查表、隐患报告单、重大隐患治理方案、重大隐患治理验收报告、培训和演练记录以及相关会议纪要、书面报告等隐患排查治理过程中形成的各种书面材料。

　　答案：√

　　依据：《企业突发环境事件隐患排查和治理工作指南（试行）》。

2.2.4.3 企业环境风险隐患排查治理档案应至少留存三年，以备生态环境主管部门抽查。

　　答案：×

　　依据：《企业突发环境事件隐患排查和治理工作指南（试行）》明确，企业环境风险隐患排查治理档案应至少留存五年。

2.2.4.4 县级以上生态环境主管部门应当对企业事业单位环境风险防范和环境安全隐患排查治理工作进行抽查或者突击检查，将存在重大环境安全隐患且整治不力的企业信息纳入社会诚信档案，并可以通报行业主管部门、投资主管部门、证券监督管理机构以及有关金融机构。

　　答案：√

　　依据：《企业突发环境事件隐患排查和治理工作指南（试行）》。

2.2.4.5 省级生态环境部门统筹协调推进尾矿库污染隐患摸底排查和常态化排查治理工作，建立健全执法监管和指导帮扶长效机制，加强工作调度。

　　答案：√

　　依据：《尾矿库污染隐患排查治理工作指南（试行）》。

2.2.4.6 省级生态环境部门重点加强一级环境监管尾矿库的监督管理，并对排查发现存在生态环境问题多、环境风险隐患突出、群众反映强烈的尾矿库开展抽查。结合尾矿库污染隐患排查治理工作同步完善尾矿库分类分级环境监督管理清单。

答案：√

依据：《尾矿库污染隐患排查治理工作指南（试行）》。

2.2.4.7　尾矿库运营、管理单位是尾矿库污染隐患排查治理的责任主体。无主尾矿库的污染隐患排查治理由地方人民政府组织开展。

答案：×

依据：根据《尾矿库污染隐患排查治理工作指南（试行）》，尾矿库运营、管理单位是尾矿库污染隐患排查治理的责任主体。无主尾矿库的污染隐患排查治理由地方人民政府指定的尾矿库管理维护单位组织开展。

2.2.4.8　尾矿库运营单位要建立健全尾矿库污染隐患排查治理制度，强化日常排查治理工作，并在每年汛期前至少开展一次全面排查治理。根据排查问题清单，结合日常排查治理情况，制定治理方案，实施"一库一策"治理，明确具体治理措施、完成时间以及后续管理措施，消除污染隐患。

答案：√

依据：《尾矿库污染隐患排查治理工作指南（试行）》。

2.2.4.9　水源地污染源排查应明确负责开展溯源分析的部门、责任人及工作程序。根据特征污染物种类、浓度变化、释放总量、释放路径、释放时间，以及当时的水文和气象条件，迅速组织开展污染源排查。

答案：√

依据：根据《集中式地表水饮用水水源地突发环境事件应急预案编制指南（试行）》，当水质监测发现异常、污染物来源不确定时，应明确负责开展溯源分析的部门、责任人及工作程序。根据特征污染物种类、浓度变化、释放总量、释放路径、释放时间，以及当时的水文和气象条件，迅速组织开展污染源排查。针对不同类型污染物的排查重点和对象如下。（1）有机类污染：重点排查城镇生活污水处理厂、工业企业，调查污水处理设施运行、尾水排放的异常情况。（2）营养盐类污染：重点排查城镇生活污水处理厂、工业企业、畜禽养殖场（户）、农田种植户、农村居民点、医疗场所等，调查污水处理设施运行、养殖废物处理处置、农药化肥施用、农村生活污染、医疗废水处理及消毒设施的异常情况。（3）细菌类污染：重点排查城镇生活污水处理厂、畜禽养殖场（户）、农村居民点，调查污水处理设施运行、养殖废物处理处置、医疗场所、农村生活污染的异常情况。（4）农药类污染：重点排查农药制造有关的工业企业、果园种植园（户）、农田种植户、农灌退水排放口，调查农药施用和流失的异常情况。（5）石油类污染：重点排查加油站、运输车辆、港口、码头、洗舱基地、运输船舶、油气管线、石油开采、加工和存贮的工业企业，调查上述企业和单位的异常情况。（6）重金属及其他有毒有害物质污染：重点排查采矿及选矿的工业企业（含化工园区）、尾矿库、危险废物储存单位、危险品仓库和装卸码头、危险化学品运输船舶、危险化学品运输车辆等，调查上述企业和单位的异常情况。

2.2.4.10　重点监管单位开展土壤和地下水自行监测结果存在异常的，应及时开展土壤污染隐患排查。

　　答案：√

　　依据：《重点监管单位土壤污染隐患排查指南（试行）》明确，重点监管单位开展土壤和地下水自行监测结果存在异常的，应及时开展土壤污染隐患排查。生态环境部门现场检查发现存在有毒有害物质渗漏、流失、扬散等污染土壤风险的，可要求重点监管单位及时开展土壤污染隐患排查。

2.2.5　填空题

2.2.5.1　企业事业单位应当按照有关规定建立健全环境安全隐患排查治理制度，建立（　），及时发现并消除环境安全隐患。

　　答案：隐患排查治理档案

　　依据：《突发环境事件应急管理办法》。

2.2.5.2　企业排查发现的环境安全隐患中，对于情况复杂、短期内难以完成治理，可能产生较大环境危害的环境安全隐患，应当制定（　）。

　　答案：隐患治理方案

　　依据：《企业突发环境事件隐患排查和治理工作指南（试行）》规定，重大隐患要制定治理方案，治理方案应包括：治理目标、完成时间和达标要求、治理方法和措施、资金和物资、负责治理的机构和人员责任、治理过程中的风险防控和应急措施或应急预案。

2.2.5.3　针对需要整改的短期、中期和长期项目，分别制定完善环境风险防控和应急措施的实施计划。实施计划应明确（　）、（　）、环境应急能力建设等内容，逐项制定加强环境风险防控措施和应急管理的目标、责任人及（　）。

　　答案：环境风险管理制度，环境风险防控措施，完成时限

　　依据：《企业突发环境事件风险评估指南（试行）》。

2.2.5.4　企业事业单位应当按照相关法律法规和标准规范的要求，履行下列义务：（　），

完善突发环境事件风险防控措施，排查治理环境安全隐患，制定突发环境事件应急预案并备案、演练，加强环境应急能力保障建设。发生或者可能发生突发环境事件时，企业事业单位应当依法进行处理，并对所造成的损害承担责任。

答案： 开展突发环境事件风险评估

依据： 《突发环境事件应急管理办法》。

2.2.5.5　企业事业单位应当按照生态环境主管部门的有关要求和技术规范，完善突发环境事件风险防控措施，包括突发环境事件风险防控措施，有效防止泄漏物质、消防水、污染雨水等扩散至外环境的（　　）、导流、拦截、降污等措施。

答案： 收集

依据： 《突发环境事件应急管理办法》。

2.2.5.6　企业突发环境事件风险防控措施包括（　　）、突发大气环境事件风险防控措施。

答案： 突发水环境事件风险防控措施

依据： 《企业突发环境事件隐患排查和治理工作指南（试行）》。

2.2.5.7　企业隐患排查治理的实施步骤包括自查、自报、自改、（　　）四个步骤。

答案： 自验

依据： 《企业突发环境事件隐患排查和治理工作指南（试行）》。

2.2.5.8　尾矿库环境管理台账实行"一库一档"，包括尾矿库基本信息、尾矿库污染防治设施建设和运行情况、环境监测情况、污染隐患排查治理情况、（　　）等信息。

答案： 突发环境事件应急预案及其落实情况

依据： 《尾矿库污染隐患排查治理工作指南（试行）》。

2.2.5.9　尾矿库污染隐患排查治理工作方法一般包括资料收集、现场排查、（　　）等。

答案： 治理及成效核查

依据： 《尾矿库污染隐患排查治理工作指南（试行）》。

2.2.5.10　土壤污染风险隐患排查工作一般包括确定排查范围、开展现场排查、（　　）、档案建立与应用等。

答案： 落实隐患整改

依据： 《重点监管单位土壤污染隐患排查指南（试行）》明确，隐患排查工作一般包括：确定排查范围、开展现场排查、落实隐患整改、档案建立与应用等。（1）确定排查范围。通过资料收集、人员访谈，确定重点场所和重点设施设备，即可能或易发生有毒有害物质渗漏、流失、扬散的场所和设施设备。（2）开展现场排查。土壤污染隐患取决于土壤污染预防设施设备（硬件）和管理措施（软件）的组合。针对重点场所和重点设施设备，排查土壤污染预防设施设备的配备和运行情况，有关预防土壤污染管理制度建立和执行情况，分析判断是否能有效防止和及时发现有毒有害物质渗漏、流失、扬散，并形成隐患排查台账。（3）落实隐患整改。根据隐患排查台账，制定整改方案，针对每个隐患提出具体整改措施，以及计划完成时间。整改方案应包括必要的设施设备提标改造或者管理整改措施。重点监管单位应按照整改方案进行隐患整改，形成隐患整改台账。（4）档案建立与应用。隐患排查活动结束后，应建立隐患排查档案并存档备查。隐患排查成果可用于指导重点监管单位优化土壤和地下水自行监测点位布设等相关工作。

2.2.6 简答题

2.2.6.1 企业事业单位应当按照相关法律法规和标准规范的要求，在突发环境事件应急管理中履行哪些义务？

答案： （1）开展突发环境事件风险评估；（2）完善突发环境事件风险防控措施；（3）排查治理环境安全隐患；（4）制定突发环境事件应急预案并备案、演练；（5）加强环境应急能力保障建设。

依据： 《突发环境事件应急管理办法》。

2.2.6.2 根据可能造成的危害程度、治理难度及企业突发环境事件风险等级，隐患分为重大突发环境事件隐患和一般突发环境事件隐患，重大突发环境事件隐患具有哪些特征？

答案： （1）情况复杂，短期内难以完成治理并可能造成环境危害的隐患；（2）可能产生较大环境危害的隐患，如可能造成有毒有害物质进入大气、水、土壤等环境介质次生较大以上突发环境事件的隐患。

依据： 《企业突发环境事件隐患排查和治理工作指南（试行）》。

2.2.6.3 企业事业单位有哪些情形之一的，由县级以上环境保护主管部门责令改正，可以处一万元以上三万元以下罚款？

答案： （1）未按规定开展突发环境事件风险评估工作，确定风险等级的；（2）未按规定开展环境安全隐患排查治理工作，建立隐患排查治理档案的；（3）未按规定将突发环境事件应急预案备案的；（4）未按规定开展突发环境事件应急培训，如实记录培训情况的；（5）未按规定储备必要的环境应急装备和物资；（6）未按规定公开突发环境事件相关信息的。

依据： 《突发环境事件应急管理办法》。

2.2.6.4 根据《企业突发环境事件隐患排查和治理工作指南（试行）》，执法人员需要从哪几个方面对企业突发大气环境风险防控措施开展调查？

答案：（1）企业与周边重要环境风险受体的各类防护距离是否符合环境影响评价文件及批复的要求；（2）涉有毒有害大气污染名录的企业是否在厂界建设针对有毒有害特征污染物的环境风险预警体系；（3）涉有毒有害大气污染物名录的企业是否定期监测或委托监测有毒有害大气特征污染物；（4）突发环境事件信息通报机制建立情况，是否能在突发环境事件发生后及时通报可能受到污染危害的单位和居民。

依据：《企业突发环境事件隐患排查和治理工作指南》"第 4 部分隐患分级"。

2.2.6.5 针对企业现有环境风险防控与应急措施差距分析，应当从哪几个方面入手？

答案：企业可以从以下 5 个方面对现有环境风险防控与应急措施的完备性、可靠性和有效性进行分析论证，找出差距、问题，提出需要整改的短期、中期和长期项目内容：

（1）环境风险管理制度：①环境风险防控和应急措施制度是否建立，环境风险防控重点岗位的责任人或责任机构是否明确，定期巡检和维护责任制度是否落实；②环评及批复文件的各项环境风险防控和应急措施要求是否落实；③是否经常对职工开展环境风险和环境应急管理宣传和培训；④是否建立突发环境事件信息报告制度，并有效执行。

（2）环境风险防控与应急措施：①是否在废气排放口、废水、雨水和清洁下水排放口对可能排出的环境风险物质，按照物质特性、危害，设置监视、控制措施，分析每项措施的管理规定、岗位职责落实情况和措施的有效性；②是否采取防止事故排水、污染物等扩散、排出厂界的措施，包括截流措施、事故排水收集措施、清净下水系统防控措施、雨水系统防控措施、生产废水处理系统防控措施等，分析每项措施的管理规定、岗位职责落实情况和措施的有效性；③涉及毒性气体的，是否设置毒性气体泄漏紧急处置装置，是否已布置生产区域或厂界毒性气体泄漏监控预警系统，是否有提醒周边公众紧急疏散的措施和手段等，分析每项措施的管理规定、岗位责任落实情况和措施的有效性。

（3）环境应急资源：①是否配备必要的应急物资和应急装备（包括应急监测）；②是否已设置专职或兼职人员组成的应急救援队伍；③是否与其他组织或单位签订应急救援协议或互救协议（包括应急物资、应急装备和救援队伍等情况）。

（4）历史经验教训总结分析。总结历史上同类型企业或涉及相同环境风险物质的企业发生突发环境事件的经验教训，对照检查本单位是否有防止类似事件发生的措施。

（5）需要整改的短期、中期和长期项目内容。针对上述排查的每一项差距和隐患，根据其危害性、紧迫性和治理时间的长短，提出需要完成整改的期限，分别按短期（3 个月以内）、中期（3~6 个月）和长期（6 个月以上）列表说明需要整改的项目内容，包括整改涉及的环境风险单元、环境风险物质、目前存在的问题（环境风险管理制度、环境风险防控与应急措施、应急资源）、可能影响的环境风险受体。

依据：《企业突发环境事件风险评估指南（试行）》。

2.2.6.6　关于有毒有害水污染物的风险管理有哪些规定？

答案：国务院生态环境主管部门应当会同国务院卫生主管部门，根据对公众健康和生态环境的危害和影响程度，公布有毒有害水污染物名录，实行风险管理。排放前款规定名录中所列有毒有害水污染物的企业事业单位和其他生产经营者，应当对排污口和周边环境进行监测，评估环境风险，排查环境安全隐患，并公开有毒有害水污染物信息，采取有效措施防范环境风险。

依据：《中华人民共和国水污染防治法》第三十二条。

2.2.6.7　企业事业单位应当按照有关规定建立健全环境安全隐患排查治理制度，建立隐患排查治理档案，及时发现并消除环境安全隐患，具体应如何实施？

答案：对于发现后能够立即治理的环境安全隐患，企业事业单位应当立即采取措施，消除环境安全隐患；对于情况复杂、短期内难以完成治理，可能产生较大环境危害的环境安全隐患，应当制定隐患治理方案，落实整改措施、责任、资金、时限和现场应急预案，及时消除隐患。

依据：《突发环境事件应急管理办法》。

2.2.6.8　县级以上生态环境主管部门如何对企业事业单位环境风险防范和环境安全隐患排查治理工作进行管理？

答案：县级以上生态环境主管部门应当对企业事业单位环境风险防范和环境安全隐患排查治理工作进行抽查或者突击检查，将存在重大环境安全隐患且整治不力的企业信息纳入社会诚信档案，并可以通报行业主管部门、投资主管部门、证券监督管理机构以及有关金融机构。

依据：《突发环境事件应急管理办法》。

2.2.6.9　《突发环境事件应急管理办法》中，有哪些情形可对企业事业单位处以罚款？

答案：企业事业单位有下列情形之一的，由县级以上生态环境主管部门责令改正，可以处一万元以上三万元以下罚款：（1）未按规定开展突发环境事件风险评估工作，确定风险等级的；（2）未按规定开展环境安全隐患排查治理工作，建立隐患排查治理档案的；（3）未按规定将突发环境事件应急预案备案的；（4）未按规定开展突发环境事件应急培训，如实记录培训情况的；（5）未按规定储备必要的环境应急装备和物资；（6）未按规定公开突发环境事件相关信息的。

依据：《突发环境事件应急管理办法》。

2.2.6.10 突发水环境事件风险防控措施的排查内容是什么？

答案：（1）是否设置中间事故缓冲设施、事故应急水池或事故存液池等各类应急池；应急池容积是否满足环评文件及批复等相关文件要求；应急池位置是否合理，是否能确保所有受污染的雨水、消防水和泄漏物等通过排水系统接入应急池或全部收集；是否通过厂区内部管线或协议单位，将所收集的废（污）水送至污水处理设施处理。（2）正常情况下厂区内涉危险化学品或其他有毒有害物质的各个生产装置、罐区、装卸区、作业场所和危险废物贮存设施（场所）的排水管道（如围堰、防火堤、装卸区污水收集池）接入雨水或清净下水系统的阀（闸）是否关闭，通向应急池或废水处理系统的阀（闸）是否打开；受污染的冷却水和上述场所的墙壁、地面冲洗水和受污染的雨水（初期雨水）、消防水等是否都能排入生产废水处理系统或独立的处理系统；有排洪沟（排洪涵洞）或河道穿过厂区时，排洪沟（排洪涵洞）是否与渗漏观察井、生产废水、清净下水排放管道连通。（3）雨水系统、清净下水系统、生产废（污）水系统的总排放口是否设置监视及关闭闸（阀），是否设专人负责在紧急情况下关闭总排口，确保受污染的雨水、消防水和泄漏物等全部收集。

依据：《企业突发环境事件隐患排查和治理工作指南（试行）》。

2.2.6.11 突发大气环境事件风险防控措施的排查内容是什么？

答案：（1）企业与周边重要环境风险受体的各类防护距离是否符合环境影响评价文件及批复的要求；（2）涉有毒有害大气污染物名录的企业是否在厂界建设针对有毒有害特征污染物的环境风险预警体系；（3）涉有毒有害大气污染物名录的企业是否定期监测或委托监测有毒有害大气特征污染物；（4）突发环境事件信息通报机制建立情况，是否能在突发环境事件发生后及时通报可能受到污染危害的单位和居民。

依据：《企业突发环境事件隐患排查和治理工作指南（试行）》。

2.2.6.12 企业突发环境事件隐患的分级原则是什么？

答案：根据可能造成的危害程度、治理难度及企业突发环境事件风险等级，隐患分为重大突发环境事件隐患（以下简称重大隐患）和一般突发环境事件隐患（以下简称一般隐患）。具有以下特征之一的可认定为重大隐患，除此之外的隐患可认定为一般隐患：（1）情况复杂，短期内难以完成治理并可能造成环境危害的隐患；（2）可能产生较大环境危害的隐患，如可能造成有毒有害物质进入大气、水、土壤等环境介质次生较大以上突发环境事件的隐患。

依据：《企业突发环境事件隐患排查和治理工作指南（试行）》。

2.2.6.13 企业应当如何建立隐患排查治理制度？

答案：企业应当按照下列要求建立健全隐患排查治理制度：（1）建立隐患排查治理责任制；（2）制定突发环境事件风险防控设施的操作规程和检查、运行、维修与维护等规定，保证资金投入，确保各设施处于正常完好状态；（3）建立自查、自报、自改、自验的隐患排查治理组织实施制度；（4）如实记录隐患排查治理情况，形成档案文件并做好存档；（5）及时修订企业突发环境事件应急预案、完善相关突发环境事件风险防控措施；（6）定期对员工进行隐患排查治理相关知识的宣传和培训；（7）有条件的企业应当建立与企业相关信息化管理系统联网的突发环境事件隐患排查治理信息系统。

依据：《企业突发环境事件隐患排查和治理工作指南（试行）》。

2.2.6.14 企业隐患排查方式和频次有哪些要求？

答案：企业应当综合考虑企业自身突发环境事件风险等级、生产工况等因素合理制订年度工作计划，明确排查频次、排查规模、排查项目等内容。根据排查频次、排查规模、排查项目不同，排查可分为综合排查、日常排查、专项排查及抽查等方式。企业应建立以日常排查为主的隐患排查工作机制，及时发现并治理隐患。综合排查是指企业以厂区为单位开展全面排查，一年应不少于一次。日常排查是指以班组、工段、车间为单位，组织的对单个或几个项目采取日常的、巡视性的排查工作，其频次根据具体排查项目确定。一个月应不少于一次。专项排查是在特定时间或对特定区域、设备、措施进行的专门性排查。其频次根据实际需要确定。企业可根据自身管理流程，采取抽查方式排查隐患。

依据：《企业突发环境事件隐患排查和治理工作指南（试行）》。

2.2.6.15 企业在完成年度排查计划的基础上，在哪些情况下还应当组织隐患排查？

答案：当企业出现下列情况时，应当及时组织隐患排查：（1）出现不符合新颁布、修订的相关法律法规、标准、产业政策等情况的；（2）企业有新建、改建、扩建项目的；（3）企业突发环境事件风险物质发生重大变化导致突发环境事件风险等级发生变化的；（4）企业管理组织应急指挥体系机构、人员与职责发生重大变化的；（5）企业生产废水系统、雨水系统、清净下水系统、事故排水系统发生变化的；（6）企业废水总排口、雨水排口、清净下水排口与水环境风险受体连接通道发生变化的；（7）企业周边大气和水环境风险受体发生变化的；（8）季节转换或发布气象灾害预警、地质地震灾害预报的；（9）敏感时期、重大节假日或重大活动前；（10）突发环境事件发生后或本地区其他同类企业发生突发环境事件的；（11）发生生产安全事故或自然灾害的；（12）企业停产后恢复生产前。

依据：《企业突发环境事件隐患排查和治理工作指南（试行）》。

2.2.6.16　企业自查发现的问题如何进行自报？

答案：企业的非管理人员发现隐患应当立即向现场管理人员或者本单位有关负责人报告；管理人员在检查中发现隐患应当向本单位有关负责人报告。接到报告的人员应当及时予以处理。在日常交接班过程中，做好隐患治理情况交接工作；隐患治理过程中，明确每一工作节点的责任人。

依据：《企业突发环境事件隐患排查和治理工作指南（试行）》。

2.2.6.17　企业如何进行隐患问题的自改？

答案：一般隐患必须确定责任人，立即组织治理并确定完成时限，治理完成情况要由企业相关负责人签字确认，予以销号。重大隐患要制定治理方案，治理方案应包括治理目标、完成时间和达标要求、治理方法和措施、资金和物资、负责治理的机构和人员责任、治理过程中的风险防控和应急措施或应急预案。重大隐患治理方案应报企业相关负责人签发，抄送企业相关部门落实治理。企业负责人要及时掌握重大隐患治理进度，可指定专门负责人对治理进度进行跟踪监控，对不能按期完成治理的重大隐患，及时发出督办通知，加大治理力度。

依据：《企业突发环境事件隐患排查和治理工作指南（试行）》。

2.2.6.18　企业环境风险防控与应急措施有哪些要求？

答案：（1）在废气排放口、废水、雨水和清洁下水排放口对可能排出的环境风险物质，按照物质特性、危害，设置监视、控制措施，分析每项措施的管理规定、岗位职责落实情况和措施的有效性；（2）采取防止事故排水、污染物等扩散、排出厂界的措施，包括截流措施、事故排水收集措施、清净下水系统防控措施、雨水系统防控措施、生产废水处理系统防控措施等，分析每项措施的管理规定、岗位职责落实情况和措施的有效性；（3）涉及毒性气体的，设置毒性气体泄漏紧急处置装置，布置生产区域或厂界毒性气体泄漏监控预警系统，有提醒周边公众紧急疏散的措施和手段等，分析每项措施的管理规定、岗位责任落实情况和措施的有效性。

依据：《企业突发环境事件风险评估指南（试行）》。

2.2.6.19　可以从哪些方面对行政区域环境风险管理措施进行优化设计？

答案：（1）列举优先管理对象清单。根据识别分析结果，筛选建立包括重点环境风险源、重点环境风险受体以及重点管控区域在内的优先管理对象清单，对清单中风险源、风险受体以及区域实施重点监管。①重点环境风险源清单。例如，重大环境风险等级企业、尾矿库，处在敏感区域的较大环境风险等级企业、尾矿库，连续发生突发环境事件的企业。②重点环境风险受体清单。例如，处于高、较高等级水环境风险区域的集中式饮用水水源保护区，处于高、较高等级大气环境风险区域的人口集中区。③重点管控区域清单。环境风险源集中的区域，例如，化工园区、工业聚集区；环境风险源与风险受体交错的区域，例如，不符合安全、环保距离要求的企业与居民混居区，危险化学品运输路线经过的人口集中区、饮用水水源保护区等区域。

（2）区域环境风险空间布局优化。根据区域环境风险分布特点，按照相关法律法规、规划要求，从保护人口集中区、集中式饮用水水源保护区等重要环境风险受体角度出发，按照源头防控的原则，提出区域环境风险空间布局优化建议。①环境风险源。例如，对于评估为高风险等级的区域，不再新建、改建、扩建增大环境风险的建设项目；推进工业园区外的高风险企业入园，逐步淘汰重污染、高环境风险企业，对不符合防护距离要求的涉危、涉重企业实施搬迁，鼓励企业减少环境风险物质使用；合理调整危险化学品运输路线，避开人口集中区、集中式饮用水水源保护区等。②环境风险受体。例如，严格集中式饮用水水源保护区监管，取缔集中式饮用水水源一级保护区内与供水设施和保护水源无关的建设项目，及时纠正环境违法行为；若高环境风险区域内的环境风险源短时间无法搬迁，对受影响的人口实施必要的搬迁、转移。

（3）区域环境风险防控和应急救援能力建设。根据区域环境风险水平和能力差距分析结果，重点从环境监测预警、应急防护工程、队伍建设、物资储备以及联动机制等方面，提出区域环境风险防控和应急救援能力建设建议。①环境监测预警。例如，根据相关标准规范，加强基础环境监测分析能力，强化重点特征污染物应急监测能力；在饮用水水源保护区取水口和连接水体、涉及有毒有害气体的化工园区或工业聚集区，建设监控预警设施及研判预警平台，提高水和大气环境应急监测预警能力。②环境应急防护工程。例如，针对环境风险等级为较高以上的区域及可能的污染物扩散通道，加强污染物拦截、导流、稀释和物理化学处理能力建设，建设取水口应急防护工程，针对道路和桥梁建设导流槽、应急池。③环境应急队伍建设。例如，建立健全环境应急管理机构，提高人员业务能力；加强环境应急专家库建设；设立专职或兼职的环境应急救援队伍，提高专业化、社会化水平。④环境应急物资储备。例如，建立健全政府专门储备、企业代储备等多种形式的环境应急物资储备模式，建设环境应急资源信息数据库，提高区域综合保障能力；针对化工园区等重点区域，就近设置环境应急物资储备库。⑤环境应急联动机制建设。例如，存在跨界影响的相邻区域，签订应急联动协议，制定跨区域、流域环境应急预案，定期会商、联合演练、联合应对。

（4）区域突发环境事件应急预案管理。以提高环境应急预案针对性、实用性为目标，重点从企业、政府两个方面提出环境应急预案管理建议。①企业环境应急预案。加强企业环境风险评估与环境应急预案备案管理，督促企业做好环境应急预案培训、演练，落实主体责任。②政府环境应急预案。根据典型突发环境事件情景分析结果，编制、修订政府环境应急预案，明确应急指挥机构、职责分工、预警、应对响应流程，重点针对各种典型事件情景，细化应急处置方案及人员、物资调配流程，针对高、较高环境风险区域编制专项环境应急预案或实施方案。

依据：《行政区域突发环境事件风险评估推荐方法》。

2.2.6.20　地市级生态环境部门在尾矿库污染隐患排查工作方面的要求是什么？

答案：地市级生态环境部门应做好以下工作：一是组织开展摸底排查，对辖区内尾矿库组织开展污染隐患全面排查工作，对排查发现的尾矿库环境风险问题分类梳理，建立排查问题清单；同时指导尾矿库运营、管理单位建立尾矿库环境管理台账。二是督促问题整改。督促尾矿库运营、管理单位对照排查问题清单及时实施治理，消除污染隐患。对未按照要求开展问题整改的，责令限期完成；对问题整改不到位或拒不整改的，依照有关环境保护法律法规进行处罚。三是建立常态化执法监管机制。结合摸底排查工作，进一步建立完善常态化执法监管机制，并督促指导尾矿库运营、管理单位建立健全污染隐患排查治理制度。在企业自查的基础上，及时对尾矿库运营、管理单位开展尾矿库污染隐患排查治理情况进行常态化监督指导。对行政区域内一级环境监管尾矿库监督指导每年不少于一次，并至少在汛期前开展一次；对二级环境监管尾矿库每年不少于一次；对三级环境监管尾矿库随机开展抽查，优先抽查生态环境问题多、环境风险隐患突出、群众反映强烈的尾矿库。在汛期、重大活动等重要时段，加大监督检查力度和频次。对于重大环境风险隐患问题，应及时主动逐级上报。地方生态环境部门在污染隐患排查治理工作过程中若发现尾矿库安全设施存在或可能存在安全风险隐患，应及时通报应急管理部门并做好记录，同时提醒尾矿库运营、管理单位主动向应急管理部门报告，自觉接受监管。

依据：《尾矿库污染隐患排查治理工作指南（试行）》。

2.2.6.21　重点监管单位土壤污染隐患排查重点有哪些?

答案: 重点监管单位应当结合生产实际开展排查,重点排查:(1)重点场所和重点设施设备是否具有基本的防渗漏、流失、扬散的土壤污染预防功能(如具有腐蚀控制及防护的钢制储罐;设施能防止雨水进入,或者能及时有效排出雨水),以及有关预防土壤污染管理制度建立和执行情况。(2)在发生渗漏、流失、扬散的情况下,是否具有防止污染物进入土壤的设施,包括普通阻隔设施、防滴漏设施(如原料桶采用托盘盛放),以及防渗阻隔系统等。(3)是否有能有效、及时发现并处理泄漏、渗漏或者土壤污染的设施或者措施。如泄漏检测设施、土壤和地下水环境定期监测、应急措施和应急物资储备等。普通阻隔设施需要更严格的管理措施,防渗阻隔系统需要定期检测防渗性能。

依据:《重点监管单位土壤污染隐患排查指南(试行)》。

2.3　预防预警

2.3.1　单项选择题

2.3.1.1　根据《国家突发环境事件应急预案》,对可以预警的突发环境事件,按照事件发生的可能性大小、紧急程度和可能造成的危害程度,将预警级别分别用( )表示。

　　A. 蓝色、黄色、橙色和红色　　　　B. 黄色、橙色和红色

　　C. 绿色、黄色、橙色和红色　　　　D. 蓝色、橙色和红色

答案: A

依据:《国家突发环境事件应急预案》。

2.3.1.2　尾矿库企业要建立预警监测制度并制定预警监测工作方案。预警监测工作方案包括对关键环节的现场检查和重点点位的环境监测,主要明确预警监测( )、监测频次、监测因子、监测方法、预警信息核实方法以及相关工作责任人等内容。

　　A. 点位布设　　　　　　　　　　　B. 人员安排

　　C. 指标设定　　　　　　　　　　　D. 特征分析

答案: A

依据:《尾矿库环境应急预案编制指南》。

2.3.1.3　通常情况下,至少在尾矿库总排口、溢洪塔、排洪斜槽、沉淀池前后、输送回水管线、( )等布置预警监测点位,有条件的可以在下游地表水断面布置环境监测点位。

A. 坝底处   B. 排洪沟

C. 地下水监测井   D. 下游河道

答案：B

依据：《尾矿库环境应急预案编制指南》。

2.3.1.4 企业应建立有效的水体环境风险综合预防与控制体系，确保全部事故排水处于（ ），并进行妥善处置。

A. 封闭状态   B. 自流状态

C. 受控状态   D. 以上均不对

答案：C

依据：《石化企业水体环境风险防控技术要求》（Q/SH 0729—2018）规定，企业应建立有效的水体环境风险综合预防与控制体系，确保全部事故排水处于受控状态，并进行妥善处置。同时，至少每三年开展一次水体环境风险评估，环境风险发生重大变更时应及时重新评估，根据评估和排查结果采取必要的预防与控制措施，有效控制水体环境风险。

2.3.2 多项选择题

2.3.2.1 饮用水水源受到污染可能威胁供水安全的，环境保护主管部门应当责令有关企业事业单位和其他生产经营者采取停止排放水污染物等措施，并通报（ ）等部门；跨行政区域的，还应当通报相关地方人民政府。

A. 饮用水供水单位   B. 供水

C. 卫生   D. 水行政

答案：ABCD

依据：《中华人民共和国水污染防治法》第六十九条第二款。

2.3.2.2 企业宜结合当地地形、厂区平面布置、道路、雨水系统等因素综合考虑，以（ ）为原则，对厂区进行合理的事故排水汇水区划分，尽量减少汇入事故排水的（ ）量。

A. 阶梯排放   B. 自流排放

C. 清净雨水   D. 事故排水

答案：BC

依据：《石化企业水体环境风险防控技术要求》（Q/SH 0729—2018）规定，企业宜结合当地地形、厂区平面布置、道路、雨水系统等因素综合考虑，以自流排放为原则，对厂区进行合理的事故排水汇水区划分，尽量减少汇入事故排水的清净雨水量。事故状态下，企业应避免事故排水进入外环境。第一，把事故排水控制在围堰和罐区防火堤内；第二，把事故排水控制在排水系统范围内；第三，把事故排水控制在厂区范围内；第四，利用环境通道避免大量事故排水进入敏感水体。企业宜与周边企业建立联防联控机制，在确保安全的前提下可将事故排水储存设施互联互通，提高防控能力。

2.3.2.3 化工企业罐区排水宜至少划分（　　）和（　　）两个排水系统，原油等需要收集浮盘初期雨水的罐区还应设置初期雨水系统。

　　A．生产污水　　　　　　　　　　B．清净下水

　　C．清净雨水　　　　　　　　　　D．事故排水

　　答案： AC

　　依据： 《石化企业水体环境风险防控技术要求》（Q/SH 0729—2018）。罐区排水宜至少划分生产污水和清净雨水两个排水系统，原油等需要收集浮盘初期雨水的罐区还应设置初期雨水系统。清净雨水出罐区时应设置切换设施，必要时可将罐区初期雨水或事故排水切换到生产污水系统或初期雨水系统进行收集、储存、转运。

2.3.2.4 企业罐区或多个罐区区域应设置（　　），原油等需要收集浮盘初期雨水的罐区还应设置（　　），生产污水储存池和初期雨水储存池宜分别设置，提升后去污水处理厂。

　　A．生产污水储存池　　　　　　　B．初期雨水储存池

　　C．事故应急池　　　　　　　　　D．以上均不对

　　答案： AB

　　依据： 《石化企业水体环境风险防控技术要求》（Q/SH 0729—2018）。罐区或多个罐区区域应设置生产污水储存池，原油等需要收集浮盘初期雨水的罐区还应设置初期雨水储存池，生产污水储存池和初期雨水储存池宜分别设置，提升后去污水处理厂；对于罐区受到条件限制时，生产污水与初期雨水可合并设置生产污水储存池，生产污水与初期雨水一并提升后去污水处理厂；在条件允许情况下，罐区生产污水、初期雨水可通过生产污水管道系统收集重力输送到污水处理厂，但应符合 GB/T 50934 的防渗要求。

2.3.3　判断题

2.3.3.1 地方各级人民政府应当建立环境污染公共监测预警机制，组织制定预警方案；环境受到污染，可能影响公众健康和环境安全时，依法及时公布预警信息，启动应急措施。

　　答案： ×

依据：《中华人民共和国环境保护法》第四十七条第二款：县级以上人民政府应当建立环境污染公共监测预警机制，组织制定预警方案；环境受到污染，可能影响公众健康和环境安全时，依法及时公布预警信息，启动应急措施。

2.3.3.2　水源地突发环境事件预警启动，应根据信息获取方式，综合考虑突发事件类型、发生地点、污染物质种类和数量等情况，制定不同级别预警的启动条件。

答案：√

依据：以红色预警为例，下列情形均可作为预警启动条件：（1）通过信息报告发现，在一级、二级保护区内发生突发环境事件。（2）通过信息报告发现，在二级保护区上游汇水区域 4 h 流程范围内发生固定源或流动源突发环境事件，或污染物已扩散至距水源保护区上游连接水体的直线距离不足 100 m 的陆域或水域。（3）通过信息报告发现，在二级保护区上游汇水区域 8 h 流程范围内发生固定源或流动源突发环境事件，或污染物已扩散至距水源保护区上游连接水体的直线距离不足 200 m 的陆域或水域，经水质监测和信息研判，判断污染物迁移至取水口位置时，相应指标浓度仍会超标的。（4）通过监测发现，水源保护区或其上游连接水体理化指标异常。（5）通过监测发现，水源保护区或其上游连接水体感官性状异常，即水体出现异常颜色或气味的。（6）通过监测发现，水源保护区或其上游连接水体生态指标异常，即水面出现大面积死鱼或生物综合毒性异常并经实验室监测后确认的。

2.3.3.3　化工企业装置区应设置装置区小围堰或大围堰（或收集明沟）；围堰区内初期雨水收集后通过初期雨水管道收集到初期雨水储存池或切换到生产污水系统收集。

答案：√

依据：《石化企业水体环境风险防控技术要求》（Q/SH 0729—2018）规定，装置区应设置装置区小围堰或大围堰（或收集明沟），小围堰应满足 GB 50160 的设计要求；围堰区内初期雨水收集后通过初期雨水管道收集到初期雨水储存池或切换到生产污水系统收集。

2.3.3.4　装置区排水系统宜划分且不限于生产污水、初期雨水和清净雨水三个排水系统，各排水系统宜独立设置。

答案：√

依据：《石化企业水体环境风险防控技术要求》（Q/SH 0729—2018）规定，装置区排水系统宜划分且不限于生产污水、初期雨水和清净雨水三个排水系统，各排水系统宜独立设置。当装置生产污水量少且没有连续流时，生产污水与初期雨水的排水系统可合并设置，可在围堰处设置生产污水和清净雨水的切换阀。

2.3.3.5 装置区或多个装置联合区域宜设置初期雨水储存池和生产污水储存池，生产污水与初期雨水分别提升后去污水处理厂；生产污水与初期雨水不可合并设置生产污水储存池，生产污水与初期雨水一并提升后去污水处理厂。

答案： ×

依据：《石化企业水体环境风险防控技术要求》（Q/SH 0729—2018）规定，装置区或多个装置联合区域宜设置初期雨水储存池和生产污水储存池，生产污水与初期雨水分别提升后去污水处理厂；对于装置受到条件限制时，生产污水与初期雨水可合并设置生产污水储存池，生产污水与初期雨水一并提升后去污水处理厂；在条件允许情况下，装置区生产污水、初期雨水可通过生产污水管道系统收集重力输送到污水处理厂，但应符合 GB/T 50934 的防渗要求。清净雨水出装置区时应设置切换设施，必要时可将围堰外污染雨水或事故排水切换到初期雨水系统收集或生产污水系统收集。

2.3.3.6 酸性水、碱渣、酸碱、液氨、苯等环境风险物质储罐及生产污水储罐应设置防火堤或事故存液池，泄漏时可以进入全厂事故排水系统。

答案： ×

依据：《石化企业水体环境风险防控技术要求》（Q/SH 0729—2018）规定，酸性水、碱渣、酸碱、液氨、苯等环境风险物质储罐及生产污水储罐应设置防火堤或事故存液池，泄漏时不得进入全厂事故排水系统；防火堤或事故存液池的有效容积不宜小于罐组内 1 个最大储罐的容积，并设置提升设施和固定管道，将泄漏的物料转运到相邻的同类物料储罐。

2.3.3.7 事故排水系统宜与雨水系统合建。有条件或项目环境影响评价报告要求时，可设置独立的事故排水系统。

答案： √

依据：《石化企业水体环境风险防控技术要求》（Q/SH 0729—2018）规定，事故排水系统宜与雨水系统合建。有条件或项目环境影响评价报告要求时，可设置独立的事故排水系统。事故排水系统与雨水系统合建时，事故排水系统设置宜根据地形、厂区平面布置、道路、雨水系统等因素综合考虑，以自流排放为原则，合理划分多个独立的、可切换的事故排水汇水区。

2.3.3.8 事故排水区域收集系统应设置切换设施或区域事故排水储存提升设施，将事故区域的事故排水切换、收集到全厂事故排水储存设施或通过提升泵转运到全厂事故排水储存设施，尽量减少事故区域的汇水面积。转运能力应与事故排水流量相匹配。

答案：√

依据：《石化企业水体环境风险防控技术要求》（Q/SH 0729—2018）。

2.3.3.9　清净雨水兼作事故排水收集系统时，其排水能力应按事故排水量进行校核，以满足事故排水的需要。通过装置区生产污水系统、初期雨水系统的转运量可以扣除。

答案：√

依据：《石化企业水体环境风险防控技术要求》（Q/SH 0729—2018）。

2.3.3.10　事故排水收集系统的自流管道设计可按满流管道设计。

答案：√

依据：《石化企业水体环境风险防控技术要求》（Q/SH 0729—2018）。

2.3.3.11　事故池宜单独设置，非事故状态下需占用时，占用容积不得超过 1/3，且具备在事故发生时 30 min 内紧急排空的设施。

答案：√

依据：《石化企业水体环境风险防控技术要求》（Q/SH 0729—2018）。

2.3.3.12　事故池宜采取地下式，事故排水重力流排入，事故池应根据项目选址、地质等条件，采取防渗、防腐、抗浮、抗震等措施。

答案：√

依据：《石化企业水体环境风险防控技术要求》（Q/SH 0729—2018）规定，事故池宜采取地下式，事故排水重力流排入，事故池应根据项目选址、地质等条件，采取防渗、防腐、抗浮、抗震等措施。当不具备条件时可采用事故罐，事故排水向事故罐转入能力应不小于收集区域内最大事故排水汇水区的事故排水产生量。事故池应设置转运设施，将事故排水转运到污水处理厂或其他储存、处置设施，一级供电负荷。转运能力应满足事故排水转运要求。

2.3.3.13　事故池兼作雨水监控时，进水管道、出水管道上应设置切断阀，出水管道正常情况下阀门应处于关闭状态，监测合格后打开出水阀门。

答案：√

依据：《石化企业水体环境风险防控技术要求》（Q/SH 0729—2018）。

2.3.3.14　独立设置的事故池不得设有通往外部的管道或出口。

答案：√

依据：《石化企业水体环境风险防控技术要求》（Q/SH 0729—2018）。

2.3.3.15 汽车装卸区应设事故排水收集、排放系统，用于收集公路装卸区产生的事故排水。

答案：√

依据：《石化企业水体环境风险防控技术要求》（Q/SH 0729—2018）。

2.3.3.16 企业宜在雨水排口、油品码头等可能发生溢油风险的区域设置溢油实时监测报警设施。

答案：√

依据：《石化企业水体环境风险防控技术要求》（Q/SH 0729—2018）。

2.3.4 简答题

2.3.4.1 关于排放有毒有害大气污染物的规定有哪些？

答案：国务院生态环境主管部门应当会同国务院卫生行政部门，根据大气污染物对公众健康和生态环境的危害和影响程度，公布有毒有害大气污染物名录，实行风险管理。排放有毒有害大气污染物名录中所列有毒有害大气污染物的企业事业单位，应当按照国家有关规定建设环境风险预警体系，对排放口和周边环境进行定期监测，评估环境风险，排查环境安全隐患，并采取有效措施防范环境风险。

依据：《中华人民共和国大气污染防治法》第七十八条。

2.3.4.2 未按照规定做好有毒有害大气污染物环境风险防范工作的，将如何承担法律责任？

答案：由县级以上人民政府生态环境主管部门按照职责责令改正，处一万元以上十万元以下的罚款；拒不改正的，责令停工整治或者停业整治。

依据：《中华人民共和国大气污染防治法》第一百一十七条。

2.3.4.3 简述企业大气环境风险防范措施原则性要求。

答案：应结合风险源状况明确环境风险的防范、减缓措施，提出环境风险监控要求，并结合环境风险预测分析结果、区域交通道路和安置场所位置等，提出事故状态下人员的疏散通道及安置等应急建议。

依据：《企业突发环境事件隐患排查和治理工作指南（试行）》。

2.3.4.4 简述企业事故排水环境风险防控措施。

答案：事故废水环境风险防范应明确"单元—厂区—园区/区域"的环境风险防控体系要求，设置事故废水收集（尽可能以非动力自流方式）和应急储存设施，以满足事故状态下收集泄漏物料、污染消防水和污染雨水的需要，明确并图示防止事故废水进入外环境的控制、封堵系统。应急储存设施应根据发生事故的设备容量、事故时消防用水量及可能进入应急储存设施的雨水量等因素综合确定。应急储存设施内的事故废水，应及时进行有效处置，做到回用或达标排放。结合环境风险预测分析结果，提出实施监控和启动相应的园区/区域突发环境事件应急预案的建议要求。地下水环境风险防范应重点采取源头控制和分区防渗措施，加强地下水环境的监控、预警，提出事故应急减缓措施。同时，针对主要风险源，提出设立风险监控及应急监测系统，实现事故预警和快速应急监测、跟踪，提出应急物资、人员等的管理要求。

依据：《企业突发环境事件风险评估指南（试行）》。

2.3.4.5 可以从哪几个方面考虑设置尾矿库突发环境事件预警发布条件和预警分级？

答案：（1）气象、国土等部门发布有极端天气发生或地质灾害预警时，可以根据气象和国土部门发布级别设置预警级别。（2）环境保护设施出现异常，造成或者可能造成尾矿水超标排放、尾矿砂扬散时，根据环境保护设施损坏程度和恢复正常需要的工作量设置预警级别。（3）特征污染物的浓度等超标时，根据超标倍数设置预警级别。如当超标倍数大于 10 倍的，预警级别为红色；超标倍数大于 3 倍小于 10 倍的，预警级别为橙色；超标倍数小于 3 倍的，预警级别为黄色。（4）发现重大环境安全隐患，至少设定橙色预警等级。（5）通过对尾矿输送管线的监控或检查，发现压力参数或管道状况发生异常时，根据损坏程度、恢复正常需要的工作量、泄漏量等设置预警级别。（6）通过对坝体的监控，发现安全生产指标、参数及状态等偏离正常值时，根据生产安全事故预警级别设置预警级别。（7）当尾矿库排洪设施，包括泄洪塔和排洪斜槽等功能出现异常时，根据生产安全事故预警级别设置预警级别。（8）发生其他生产安全事故或者生产安全事故可能次生突发环境事件时，根据初判生产安全事故等级确定预警级别；当分析可能对环境造成较大影响时，提高一个预警等级。（9）其他认为需要设置预警的情况。

在尾矿库关键节点或者边界处设置监控和预警装置的，要明确该监控或者装置的预警阈值和设定标准；建设有应急平台的，要说明通过应急平台发布预警、启动应急响应的具体方法和措施。

依据：《尾矿库环境应急预案编制指南》。

2.3.4.6 水源地突发环境事件红色预警行动包含哪些主要措施？

答案：（1）下达启动水源地应急预案的命令。（2）通知现场应急指挥部中的有关单位和人员做好应急准备，进入待命状态，必要时到达现场开展相关工作。（3）通知水源地对应的供水单位进入待命状态，做好停止取水、深度处理、低压供水或启动备用水源等准备。（4）加强信息监控，核实突发环境事件污染来源、进入水体的污染物种类和总量、污染扩散范围等信息。（5）开展应急监测或做好应急监测准备。（6）做好事件信息上报和通报。（7）调集所需应急物资和设备，做好应急保障。（8）在危险区域设置提示或警告标志。（9）必要时，及时通过媒体向公众发布信息。（10）加强舆情监测、引导和应对工作。

依据：《集中式地表水饮用水水源地突发环境事件应急预案编制指南》。

2.3.4.7 化工企业在什么情况下应设置水封设施？有何技术要求？

答案：在装置区、罐区防火堤、建构筑物接入事故排水系统的排出管道上，全厂性的支干管与干管交汇处的支干管上，应设置水封设施。事故排水采用暗管系统时应采用密封井盖及井座，并应与铺砌路面平齐比绿化地面高出 50 mm；采用雨水明沟时，宜考虑防止挥发性气体和火灾蔓延，在水封设施 15 m 范围内应设置密封盖板。水封设施不得设在车行道、人行道上，并应远离可能产生明火的地点，水封井水封高度不小于 250 mm。

依据：《石化企业水体环境风险防控技术要求》（Q/SH 0729—2018）。

2.3.4.8 简述事故排水储存设施总有效容积设定的考虑因素。

答案：事故排水储存设施总有效容积应根据发生事故的设备泄漏量、事故时消防用水量及可能进入事故排水的降水量等因素确定，并将厂区排放口周边与外界隔开的池塘、污染物外泄产生的影响程度等纳入综合考虑因素，综合确定。事故排水储存设施总有效容积应根据环境影响评价报告书的要求确定，且不得小于按下式计算的总有效容积：

$$V_{总} = (V_1 + V_2 - V_3)_{max} + V_4 + V_5$$

式中：$V_{总}$——事故排水储存设施的总有效容积（事故排水总量），m^3；

$(V_1 + V_2 - V_3)_{max}$——对收集系统范围内不同罐组或装置分别计算 $(V_1 + V_2 - V_3)$，取其中最大值；

V_1——收集系统范围内发生事故的一个罐组或一套装置的物料量，m^3，储存相同物料的罐组按一个最大储罐计，装置物料量按存留最大物料量的一台反应（塔）器或中间储罐计；

V_2——火灾延续时间内，事故发生区域范围内的消防用水量，m^3；

V_3——发生事故时可以储存、转运到其他设施的事故排水量，m^3；

V_4——发生事故时必须进入事故排水收集系统的生产废水量，m^3；

V_5——发生事故时可能进入该收集系统的降水量，m^3。

依据：《石化企业水体环境风险防控技术要求》（Q/SH 0729—2018）。

第3章 应急准备

应急准备是指为提高对突发环境事件快速、高效的反应能力，防止突发环境事件升级或扩大，最大限度地减小事件造成的损失和影响，针对可能发生的突发环境事件而预先进行的组织准备和应急保障。组织准备是指对环境应急机构职责、人员、技术、装备、设施（备）、物资、救援行动及其指挥与协调等方面预先有针对性地组织部署，包括环境应急预案管理与应急演练等；应急保障涉及政策法律保障、组织管理保障、应急资源保障。其中，政策法律保障突出建立完善的环境应急法制体系，组织管理保障突出建立专（兼）职环境应急管理机构，应急资源保障包括人力资源保障、装备资源保障、物资资源保障。

3.1 预案编制

3.1.1 名词解释

3.1.1.1 环境应急预案

答案：企业为了在应对各类事故、自然灾害时，采取紧急措施，避免或最大限度减少污染物或其他毒有害物质进入厂界外大气、水体、土壤等环境介质，而预先制定的工作方案。

依据：《企业事业单位突发环境事件应急预案评审工作指南（试行）》（环办应急〔2018〕8号）。

3.1.1.2 环境应急预案评审

答案：制定环境应急预案的企业，组织专家和可能受影响的居民代表、单位代表，对环境应急预案及其相关文件进行评议和审查，必要时进行现场查看核实，以发现环境应急预案中存在的缺陷，为企业审议、批准环境应急预案提供依据而进行的活动。

依据：《企业事业单位突发环境事件应急预案评审工作指南（试行）》（环办应急〔2018〕8 号）。

3.1.1.3 环境应急预案定性判断

答案：评审专家依据相关法律法规、技术文件，结合专业知识、实践经验等，对环境应急预案的针对性、实用性和可操作性整体给出定性判断结果；参与评审的居民代表、单位代表，重点评审环境应急预案能否为周边居民和单位提供事件信息、告知如何避险和参与应对，给出定性判断结果。无单独的环境风险评估报告和环境应急资源调查报告（表）、未从可能的突发环境事件情景出发或典型突发环境事件情景缺失、周边居民和单位无法获得事件信息的，评审人员可以直接判定为未通过评审。

依据：《企业事业单位突发环境事件应急预案评审工作指南（试行）》（环办应急〔2018〕8 号）。

3.1.1.4 应急处置卡

答案：指针对各种突发环境事件情景，指导现场处置措施及时有效实施，减缓或者避免有毒有害物质扩散进入环境，而对处置流程、操作步骤、应急处置措施、岗位职责、所需应急资源等内容事前规定并反复演练后公开周知的操作卡片。突发环境事件应急卡包括规定人员职责的岗位卡和按事件演变的情景卡。岗位责任人员在工作时间应携带突发环境事件应急卡。

依据：《典型行业企业突发环境事件应急预案编制指南》。

3.1.1.5 集中式地表水饮用水水源地

答案：指进入输水管网、送到用户且具有一定取水规模（供水人口一般大于 1 000 人）的在用、备用和规划的地表水饮用水水源地。依据取水口所在水体类型不同，可分为河流型水源地和湖泊（水库）型水源地。

依据：《集中式地表水饮用水水源地突发环境事件应急预案编制指南》。

3.1.2 单项选择题

3.1.2.1 企业事业单位应当按照国务院环境保护主管部门的规定，在开展（ ）的基础上制定突发环境事件应急预案，并按照分类分级管理的原则，报县级以上环境保护主管部门备案。

A．风险源调查

B．专家评估

C．突发环境事件隐患排查

D．突发环境事件风险评估和应急资源调查

答案：D

依据：《突发环境事件应急管理办法》第十三条。

3.1.2.2 《企业事业单位突发环境事件应急预案备案管理办法（试行）》（环发〔2015〕4 号）规定，受理备案的环境保护主管部门应当及时将（　　）向社会公布。

A．企业事业单位突发环境事件风险评估报告

B．企业事业单位突发环境事件应急预案

C．企业事业单位环境应急资源调查报告

D．备案的企业名单

答案：D

依据：《企业事业单位突发环境事件应急预案备案管理办法（试行）》（环发〔2015〕4 号）第七条第一款。

3.1.2.3 《企业事业单位突发环境事件应急预案备案管理办法（试行）》（环发〔2015〕4 号）规定，企业应当主动公开与周边可能受影响的居民、单位、区域环境等密切相关的（　　）信息。

A．环境风险　　　　　　　　　　B．环境风险评估报告

C．环境应急预案　　　　　　　　D．突发环境事件

答案：C

依据：《企业事业单位突发环境事件应急预案备案管理办法（试行）》（环发〔2015〕4 号）第七条第三款。

3.1.2.4 跨县级以上行政区域的企业环境应急预案，应当（　　）向备案。

A．沿线或跨域涉及的县级环境保护主管部门

B．沿线或跨域涉及的市级环境保护主管部门

C．沿线或跨域涉及的省级环境保护主管部门

D．沿线或跨域涉及的县级以上环境保护主管部门

答案：A

依据：《企业事业单位突发环境事件应急预案备案管理办法（试行）》（环发〔2015〕4 号）第十四条。

3.1.2.5 县级以上环境保护主管部门应当对备案的企业环境应急预案进行（　），指导企业持续改进环境应急预案。

　　A．检查　　　　　　　　　　B．抽查

　　C．评审　　　　　　　　　　D．复查

　　答案： B

　　依据：《企业事业单位突发环境事件应急预案备案管理办法（试行）》（环发〔2015〕4号）第二十一条。

3.1.2.6 环境应急预案评审的重点内容包括（　）。

　　A．环境应急预案的定位及与相关预案的衔接

　　B．组织指挥机构的构成及运行机制，信息传递、响应流程和措施等应对工作的方式方法，是否明确、合理、有可操作性

　　C．体现"先期处置"和"救环境"特点

　　D．以上均是

　　答案： D

　　依据：《企业事业单位突发环境事件应急预案评审工作指南（试行）》（环办应急〔2018〕8号）。

3.1.2.7 县级以上人民政府环境保护主管部门编制的环境应急预案应当包括（　）。

　　A．总则，本单位的概况、周边环境状况、环境敏感点，应急组织指挥体系与职责，预防与预警机制、应急处置、后期处置、附则附件等

　　B．总则，应急组织指挥体系与职责，预防与预警机制、应急处置、后期处置、应急保障等

　　C．总则，应急组织指挥体系与职责，预防与预警机制、应急处置、后期处置、应急物资储藏等

　　D．以上都对

　　答案： B

　　依据：《突发环境事件应急预案管理暂行办法》（环发〔2010〕113号）。

3.1.2.8 县级以上人民政府环境保护主管部门应当根据有关法律法规、规章和相关应急预案，按照相应的环境应急预案编制指南，结合本地区的实际情况，编制环境应急预案，由（　）发布实施。

　　A．当地人民政府批准　　　　　　B．评估小组评估

C．本部门主要负责人批准　　　　　D．评审专家组

答案：C

依据：《突发环境事件应急预案管理暂行办法》。

3.1.2.9　应当编制突发环境事件应急预案的组织包括（　　）。

A．向环境排放污染物的企业事业单位

B．生产、贮存、经营、使用、运输危险物品的企业事业单位

C．产生、收集、贮存、运输、利用、处置危险废物的企业事业单位

D．以上均是

答案：D

依据：《企业事业单位突发环境事件应急预案备案管理办法（试行）》（环发〔2015〕4 号）。

3.1.2.10　企业事业单位环境应急预案包括（　　）。

A．综合预案　　　　　　　　　　　B．专项预案

C．处置预案　　　　　　　　　　　D．以上都是

答案：D

依据：《企业事业单位突发环境事件应急预案备案管理办法（试行）》（环发〔2015〕4 号）。

3.1.2.11　企业事业单位环境应急预案评估小组成员包括（　　）。

A．预案涉及的相关部门应急管理人员、相关行业协会、相邻重点风险源单位代表、周边社区（乡、镇）代表、应急管理和专业技术方面的专家

B．单位主要负责人、预案涉及的相关部门应急管理人员、相邻重点风险源单位代表、周边社区（乡、镇）代表、应急管理和专业技术方面的专家

C．预案涉及的相关部门应急管理人员、所在地环境保护主管部门代表、相邻重点风险源单位代表、周边社区（乡、镇）代表、应急管理和专业技术方面的专家

D．环境保护主管部门代表、相关行业协会、相邻重点风险源单位代表、周边社区（乡、镇）代表、应急管理和专业技术方面的专家

答案：A

依据：《突发环境事件应急预案管理暂行办法》。

3.1.2.12　企业环境应急预案应当在环境应急预案签署发布之日起（　　）个工作日内，向企业所在地县级环境保护主管部门备案。

A．20   B．45

C．60   D．75

答案：A

依据：《企业事业单位突发环境事件应急预案备案管理办法（试行）》（环发〔2015〕4号）。

3.1.2.13 县级以上人民政府环境保护主管部门或者企业事业单位，应当每年至少组织一次（ ），通过各种形式，使有关人员了解环境应急预案的内容，熟悉应急职责、应急程序和岗位应急处置预案。

A．预案演练工作   B．预案培训工作

C．预案评审工作   D．以上都是

答案：B

依据：《突发环境事件应急预案管理暂行办法》（环发〔2010〕113号）。

3.1.2.14 环境应急预案应当至少（ ）年开展回顾性评估。

A．2年   B．3年

C．1年   D．4年

答案：B

依据：《企业事业单位突发环境事件应急预案备案管理办法（试行）》（环发〔2015〕4号）。

3.1.2.15 应当编制或者修订环境应急预案的企业事业单位不编制环境应急预案、不及时修订应急预案或者不按规定开展应急预案评估和备案的，由县级以上人民政府环境保护主管部门（ ）。

A．责令限期改正   B．依据有关法规给予处分

C．责令停业整顿   D．不予审批项目环评

答案：A

依据：《突发环境事件应急预案管理暂行办法》（环发〔2010〕113号）。

3.1.2.16 企业环境应急预案应当在环境应急预案签署发布之日起（ ）个工作日内，向企业所在地县级环境保护主管部门备案。受理部门应当在（ ）个工作日内进行核对。

A．10，5   B．20，10

C．20，5   D．30，10

答案：C

依据：《企业事业单位突发环境事件应急预案备案管理办法（试行）》（环发〔2015〕4号）。

3.1.2.17 县级以上地方环境保护主管部门应当根据本级人民政府突发环境事件专项应急预案，制定本部门的应急预案，报（ ）备案。

    A．本级人民政府和上一级环境保护主管部门

    B．本级人民政府和上级环境保护主管部门

    C．上级人民政府和上级环境保护主管部门

    D．上一级人民政府和上一级环境保护主管部门

    答案： B

    依据：《突发环境事件应急预案管理暂行办法》。

3.1.2.18 环境应急预案备案管理，应当遵循规范准备、属地为主、（ ）的原则。

    A．分级备案、统一管理   B．逐级备案、统一管理

    C．统一备案、分级管理   D．统一备案、逐级管理

    答案： C

    依据：《企业事业单位突发环境事件应急预案备案管理办法（试行）》（环发〔2015〕4号）。

3.1.2.19 下列说法不正确的是（ ）

    A．受理部门应当将环境应急预案备案的依据、程序、期限以及需要提供的文件目录、备案文件范例等在其办公场所或网站公示

    B．企业委托相关专业技术服务机构编制预案的，应指定有关人员全程参与

    C．企业应当主动公开与周边可能受影响的居民、单位、区域环境等密切相关的环境应急预案信息

    D．受理备案的环境保护主管部门应当及时将备案企业的备案文件向社会公布

    答案： D

    依据：《企业事业单位突发环境事件应急预案备案管理办法（试行）》（环发〔2015〕4号）。

3.1.2.20 根据《中华人民共和国固体废物污染环境防治法》，（ ）危险废物的单位，应当制定意外事故的防范措施和应急预案，并向所在地县级以上地方人民政府环境保护行政主管部门备案。

    A．收集、贮存、运输、利用、处置

B. 产生、收集、贮存、运输、处置

C. 产生、收集、运输、利用、处置

D. 以上都是

答案： D

依据：《中华人民共和国固体废物污染环境防治法》。

3.1.2.21 企业事业单位不按照规定制定水污染事故的应急方案的，由县级以上人民政府环境保护主管部门责令改正；情节严重的，处（　　）的罚款。

A. 一万元以上十万元以下

B. 二万元以上十万元以下

C. 二万元以上二十万元以下

D. 十万元以上一百万元以下

答案： B

依据：《中华人民共和国水污染防治法》第九十三条。

3.1.2.22 未制定危险废物意外事故防范措施和应急预案的，处（　　）的罚款。

A. 一万元以上十万元以下

B. 二万元以上十万元以下

C. 二万元以上二十万元以下

D. 十万元以上一百万元以下

答案： D

依据：《中华人民共和国固体废物污染环境防治法》第一百一十二条。

3.1.2.23《企业事业单位突发环境事件应急预案备案管理办法（试行）》（环发〔2015〕4号）规定，企业结合环境应急预案实施情况，至少每（　　）年对环境应急预案进行一次（　　）。

A. 三年，预案修编　　　　　　B. 三年，回顾性评估

C. 五年，预案修编　　　　　　D. 五年，回顾性评估

答案： B

依据：《企业事业单位突发环境事件应急预案备案管理办法（试行）》（环发〔2015〕4号）第十二条。

3.1.2.24 应当编制突发环境事件应急预案的组织包括（　　）。

A. 向环境排放污染物的企业事业单位

B. 生产、贮存、经营、使用、运输危险物品的企业事业单位

C. 产生、收集、贮存、运输、利用、处置危险废物的企业事业单位

D. 以上都是

答案：D

依据：《企业事业单位突发环境事件应急预案备案管理办法（试行）》（环发〔2015〕4 号）。

3.1.3　多项选择题

3.1.3.1　企业事业单位有下列行为之一的，（　　），由县级以上人民政府环境保护主管部门责令改正；情节严重的，处二万元以上十万元以下的罚款。

A. 不按照规定开展突发环境事件风险评估的

B. 不按照规定制定水污染事故的应急方案的

C. 水污染事故发生后，未及时启动水污染事故的应急方案，采取有关应急措施的

D. 造成水污染事故的

答案：BC

依据：《中华人民共和国水污染防治法》第九十三条。

3.1.3.2　《企业事业单位突发环境事件应急预案备案管理办法（试行）》（环发〔2015〕4 号）规定，环境保护主管部门对（　　）环境应急预案备案的指导和管理，适用本办法。

A. 可能发生突发环境事件的污染物排放企业，包括污水、生活垃圾集中处理设施的运营企业

B. 生产、储存、运输、使用危险化学品的企业

C. 产生、收集、贮存、运输、利用、处置危险废物的企业

D. 尾矿库企业，包括湿式堆存工业废渣库、电厂灰渣库企业

E. 其他应当纳入适用范围的企业

答案：ABCDE

依据：《企业事业单位突发环境事件应急预案备案管理办法（试行）》（环发〔2015〕4 号）第三条。

3.1.3.3　企业是制定环境应急预案的责任主体，根据应对突发环境事件的需要，开展环境应急预案制定工作，对环境应急预案内容的（　　）负责。

A. 完整性　　　　　　　　　　　　B. 真实性

C．科学性   D．可操作性

答案： BD

依据：《企业事业单位突发环境事件应急预案备案管理办法（试行）》（环发〔2015〕4 号）第八条第一款。

3.1.3.4 企业按照以下步骤制定环境应急预案（   ）。

A．成立环境应急预案编制组，明确编制组组长和成员组成、工作任务、编制计划和经费预算

B．开展环境风险评估和应急资源调查

C．编制环境应急预案

D．评审和演练环境应急预案

E．签署发布环境应急预案

答案： ABCDE

依据：《企业事业单位突发环境事件应急预案备案管理办法（试行）》（环发〔2015〕4 号）第十条。

3.1.3.5 企业结合环境应急预案实施情况，至少每三年对环境应急预案进行一次回顾性评估。有下列情形之一的，及时修订。（   ）

A．面临的环境风险发生重大变化，需要重新进行环境风险评估的

B．应急管理组织指挥体系与职责发生重大变化的

C．环境应急监测预警及报告机制、应对流程和措施、应急保障措施发生重大变化的

D．重要应急资源发生重大变化的

E．在突发事件实际应对和应急演练中发现问题，需要对环境应急预案作出重大调整的

F．其他需要修订的情况

答案： ABCDEF

依据：《企业事业单位突发环境事件应急预案备案管理办法（试行）》（环发〔2015〕4 号）第十二条。

3.1.3.6 受理部门及其工作人员违反本办法，有下列情形之一的，由环境保护主管部门或其上级环境保护主管部门责令改正；情节严重的，依法给予行政处分。（   ）

A．对备案文件齐全的不予备案或者拖延处理的

B．对备案文件不齐全的予以接受的

C．不按规定一次性告知企业须补齐的全部备案文件的

D．不按规定方式予以备案的

答案： ABC

依据：《企业事业单位突发环境事件应急预案备案管理办法（试行）》（环发〔2015〕4 号）第二十四条。

3.1.3.7　县级以上环境保护主管部门在对突发环境事件进行调查处理时，应当把企业环境应急预案的（　）情况纳入调查处理范围。

A．制定　　　　　　　　　　B．备案

C．日常管理　　　　　　　　D．实施

答案： ABCD

依据：《突发环境事件调查处理办法》。

3.1.3.8　企业应急预案受理部门及其工作人员违反本办法，有下列情形之一的，由环境保护主管部门或其上级环境保护主管部门责令改正；情节严重的，依法给予行政处分。（　）

A．不按规定时限给企业予以备案的

B．对备案文件齐全的不予备案或者拖延处理的

C．对备案文件不齐全的予以接受的

D．不按规定一次性告知企业须补齐的全部备案文件的

答案： BCD

依据：《企业事业单位突发环境事件应急预案备案管理办法（试行）》（环发〔2015〕4 号）。

3.1.3.9　企业组织专家对环境应急预案进行评审，评审专家一般应包括（　）。

A．环境应急预案涉及的相关政府管理部门人员

B．相关行业协会代表

C．企业周边群众代表

D．具有相关领域经验的人员

答案： ABD

依据：《企业事业单位突发环境事件应急预案评审工作指南（试行）》（环办应急〔2018〕8 号）。

3.1.3.10　环境应急预案体现自救互救、信息报告和先期处置特点，下列不属于侧重明确

的内容是（   ）。

　　A．现场组织指挥机制　　　　B．应急专家调度

　　C．应急资源保障　　　　　　D．信息发布

　　答案：BD

　　依据：《企业事业单位突发环境事件应急预案备案管理办法（试行）》（环发〔2015〕4号）。

3.1.3.11　预案评审人员数量，原则上较大以上突发环境事件风险企业不少于（   ）人，一般环境风险企业不少于（   ）人；其中，较大以上环境风险企业评审专家不少于（   ）人，可能受影响的居民代表、单位代表不少于（   ）人。

　　A．5　　　　　　　　　　　　B．3

　　C．3　　　　　　　　　　　　D．2

　　答案：ABCD

　　依据：《企业事业单位突发环境事件应急预案评审工作指南（试行）》（环办应急〔2018〕8号）。

3.1.3.12　预案评审对象为环境应急预案及其相关文件，包括（   ）等文本。环境应急预案包括综合预案、专项预案、现场处置预案或其他形式预案的，可整体评审，并将这些预案之间的关系作为评审重点之一。

　　A．环境应急预案及其编制说明　　B．环境风险评估报告

　　C．环境应急资源调查报告（表）　　D．预案备案申请表

　　答案：ABC

　　依据：《企业事业单位突发环境事件应急预案评审工作指南（试行）》（环办应急〔2018〕8号）。

3.1.3.13　预案评审可以采取（   ）的方式进行。

　　A．会议评审　　　　　　　　B．函审

　　C．以上两者相结合　　　　　D．现场踏勘

　　答案：ABC

　　依据：《企业事业单位突发环境事件应急预案评审工作指南（试行）》（环办应急〔2018〕8号）。

3.1.3.14　较大以上环境风险企业，预案评审一般应采取会议评审方式，并对（   ）等进行查看核实。

A．环境风险物质　　　　　　　　B．环境风险单元

C．应急措施　　　　　　　　　　D．应急资源

答案：ABCD

依据：《企业事业单位突发环境事件应急预案评审工作指南（试行）》（环办应急〔2018〕8 号）。

3.1.3.15　企业突发环境事件应急预案编制原则是（　　）。

A．系统性原则　　　　　　　　　B．针对性原则

C．协调性原则　　　　　　　　　D．实操性原则

答案：ABCD

依据：系统性原则。通过预案的编制，使企业全面掌握自身的环境风险信息、环境风险受体信息、可能发生的突发环境事件情景、应急资源和应急能力，梳理企业内部应对各类突发环境事件的工作流程和要求、明确责任分工，使企业全面做好应急准备，体现预案编制工作的系统性。针对性原则。应急预案的编制应针对不同类型的环境风险物质、环境风险单元和可能发生的突发环境事件情景制定切实有效的应急处置措施，体现应急预案的针对性。协调性原则。环境应急预案是企业应急的重要组成部分，编制过程注重与企业其他预案、与政府有关部门应急预案进行有机衔接，体现预案间的协调性。实操性原则。应急预案的编制应针对企业各种突发环境事件情景制定相应的现场处置措施，事前规定流程、步骤、措施、职责、所需应急资源等内容并制成应急处置卡，对应急预案实施卡片式管理。要求定期开展培训和应急演练，针对实施过程中发现的问题不断进行完善和修改，体现应急预案的实操性。

3.1.3.16　尾矿库环境预案体系要说明尾矿库环境应急预案与（　　）、（　　）、各车间（　　）以及其他专项应急预案之间的联系和区别；说明尾矿库安全生产相关预案或者其他专项应急预案中，是否有避免或者减少尾矿扩散对环境造成危害的防控措施或者应急措施等。

A．尾矿库企业环境应急预案　　　B．尾矿库安全生产相关预案

C．现场处置方案　　　　　　　　D．现场处置卡

答案：ABC

依据：《尾矿库环境应急预案编制指南》。

3.1.3.17　水源地应急预案适用的地域范围，即启动水源地应急预案的范围。该范围既不可向水源保护区（　　）和（　　）无限延伸，也不可仅限于（　　）。

A．上游　　　　　　　　　　　　B．周边区域

C. 取水口 　　　　　　　　　　　　D. 水源保护区

答案： ABD

依据：《集中式地表水饮用水水源地突发环境事件应急预案编制指南》明确，水源地应急预案适用的地域范围，既不可向水源保护区上游和周边区域无限延伸，也不可仅限于水源保护区。不同水源地自然条件和管理情况的差异较大，各地可根据水源保护区及其连接水体的流速、流量、可能发生的突发环境事件情景，以及所属市、县级人民政府及有关部门最快的应急响应时间等因素，综合考虑确定水源地应急预案适用的地域范围。建议水源地应急预案适用的地域范围，包括水源保护区、水源保护区边界向上游连接水体及周边汇水区域上溯 24 h 流程范围内的水域和分水岭内的陆域，最大不超过汇水区域的范围。假定水源地上游连接水体流速分别为 1 m/s 或 0.1 m/s，则水源地应急预案适用的地域范围应分别不少于 86.4 km 或 8.6 km。

3.1.4　判断题

3.1.4.1　企业事业单位应当按照国家有关规定制定突发环境事件应急预案，报环境保护主管部门和有关部门备案。

答案： √

依据：《中华人民共和国环境保护法》第四十七条第三款。

3.1.4.2　《中华人民共和国固体废物污染环境防治法》规定：产生、收集、贮存、运输、利用、处置危险废物的单位，应当依法制定意外事故的防范措施和应急预案，并向所在地生态环境主管部门备案。

答案： ×

依据：《中华人民共和国固体废物污染环境防治法》第八十五条：产生、收集、贮存、运输、利用、处置危险废物的单位，应当依法制定意外事故的防范措施和应急预案，并向所在地生态环境主管部门和其他负有固体废物污染环境防治监督管理职责的部门备案。

3.1.4.3　企业可以自行编制环境应急预案，也可以委托相关专业技术服务机构编制环境应急预案。委托相关专业技术服务机构编制的，企业指定有关人员全程参与。

答案： √

依据：《企业事业单位突发环境事件应急预案备案管理办法（试行）》（环发〔2015〕4 号）第八条第二款。

3.1.4.4 跨市级以上行政区域的企业，编制分县域或者分管理单元的环境应急预案。

答案： ×

依据：《企业事业单位突发环境事件应急预案备案管理办法（试行）》（环发〔2015〕4 号）第九条第三款：跨县级以上行政区域的企业，编制分县域或者分管理单元的环境应急预案。

3.1.4.5 行政区域内有多个水源地的，可一个水源地编制一个应急预案，也可以多个水源地统一编制一个水源地应急预案，但要为每一个水源地单独编制一个符合各自特点和特定突发环境事件情景的应急响应专章。

答案： √

依据：《集中式地表水饮用水水源地突发环境事件应急预案编制指南（试行）》"1.2 适用范围"。

3.1.4.6 可能发生水污染事故的企业事业单位，应当制定有关水污染事故的应急方案，做好应急准备，并定期进行演练。

答案： √

依据：《中华人民共和国水污染防治法》第七十七条。

3.1.4.7 危险化学品单位应当制定本单位危险化学品事故应急预案，配备应急救援人员和必要的应急救援器材、设备，并定期组织应急救援演练。

答案： √

依据：《危险化学品安全管理条例》第七十条。

3.1.4.8 企业事业单位应当在环境应急预案草案编制完成后，组织评估小组对本单位编制的环境应急预案开展评估。

答案： √

依据：《企业事业单位突发环境事件应急预案评审工作指南（试行）》（环办应急〔2018〕8 号）。

3.1.4.9 只有通过评估的预案才能提交备案。

答案： √

依据：《企业事业单位突发环境事件应急预案备案管理办法（试行）》（环发〔2015〕4 号）。

3.1.4.10 企业事业单位编制的环境应急预案，应当在实施之日起 45 日内报所在地人民政府环境保护主管部门备案。

答案：×

依据：《企业事业单位突发环境事件应急预案备案管理办法（试行）》（环发〔2015〕4 号）第十四条规定，企业环境应急预案应在环境应急预案签署发布之日起 20 个工作日内，向企业所在地县级环境保护主管部门备案。

3.1.4.11 企业可以委托相关专业技术咨询机构编制环境应急预案。

答案：√

依据：《企业事业单位突发环境事件应急预案评审工作指南（试行）》（环办应急〔2018〕8 号）。

3.1.4.12 企业环境应急预案应当在环境应急预案签署发布之日起 20 个工作日内，向企业所在地县级环境保护主管部门备案。

答案：√

依据：《企业事业单位突发环境事件应急预案备案管理办法（试行）》（环发〔2015〕4 号）。

3.1.4.13 建设单位制定的环境应急预案或者修订的企业环境应急预案，应当在建设项目投入生产或者使用前，向建设项目所在地受理部门备案。

答案：√

依据：《企业事业单位突发环境事件应急预案备案管理办法（试行）》（环发〔2015〕4 号）。

3.1.4.14 县级以上地方环境保护主管部门应当及时将备案的环境应急预案汇总、整理、归档，建立环境应急预案数据库，并将其作为制定政府和部门环境应急预案的重要基础。

答案：√

依据：《企业事业单位突发环境事件应急预案备案管理办法（试行）》（环发〔2015〕4 号）。

3.1.4.15 县级以上环境保护主管部门抽查企业环境应急预案，可以采取档案检查、实地核查等方式。

答案：√

依据：《企业事业单位突发环境事件应急预案备案管理办法（试行）》（环发〔2015〕4 号）。

3.1.4.16 会议评审是指企业组织应急预案评审人员召开会议集中评审。

答案：√

依据：《企业事业单位突发环境事件应急预案评审工作指南（试行）》（环办应急〔2018〕8 号）。

3.1.4.17　函审是指企业通过邮件等方式将环境应急预案文件送至评审人员分散评审。

答案：√

依据：《企业事业单位突发环境事件应急预案评审工作指南（试行）》（环办应急〔2018〕8 号）。

3.1.4.18　企业应将评审经费纳入编修环境应急预案的预算中。

答案：√

依据：《企业事业单位突发环境事件应急预案评审工作指南（试行）》（环办应急〔2018〕8 号）。

3.1.4.19　预案评审定量打分结果大于 60 分（含 60）的，视为通过评审。

答案：×

依据：《企业事业单位突发环境事件应急预案评审工作指南（试行）》（环办应急〔2018〕8 号）规定，定量打分结果大于 80 分（含 80 分）的，为通过评审；小于 60 分（不含 60 分）的，为未通过评审；其他为原则通过但需进行修改复核。

3.1.4.20　定性判断结果为未通过评审的，可以直接对环境应急预案作出未通过评审的结论，不再进行评审专家定量打分。

答案：√

依据：《企业事业单位突发环境事件应急预案评审工作指南（试行）》（环办应急〔2018〕8 号）。

3.1.4.21　企业是制定环境应急预案的责任主体，根据应对突发环境事件的需要，开展环境应急预案制定工作，对环境应急预案内容的真实性和可操作性负责。

答案：√

依据：《企业事业单位突发环境事件应急预案备案管理办法（试行）》（环发〔2015〕4 号）。

3.1.4.22　县级环境保护主管部门应当在备案之日起 5 个工作日内将较大和重大环境风险企业的环境应急预案备案文件，报送市级环境保护主管部门，重大的同时报送省级环境保护主管部门。

答案：√

依据：《企业事业单位突发环境事件应急预案备案管理办法（试行）》（环发〔2015〕

4 号)。

3.1.4.23 突发环境应急预案应该在环境影响评价之后(需办理环境影响评价手续的项目),竣工环保验收之前完成。如企业存在试生产阶段,企业试生产内容包含调试行为,环境应急预案的编制应当在试生产前完成。

答案: √

依据:《关于印发企业事业单位突发环境事件应急预案备案管理办法(试行)的通知》(环发〔2015〕4 号)第十七条:建设单位制定的环境应急预案或者修订的企业环境应急预案,应当在建设项目投入生产或者使用前,按照本办法第十五条要求,向建设项目所在地受理部门备案。

3.1.4.24 项目主体(企业)变更后,企业应当及时修订突发环境事件应急预案并重新备案。

答案: √

依据:《关于印发企业事业单位突发环境事件应急预案备案管理办法(试行)的通知》(环发〔2015〕4 号)第八条:企业是制定环境应急预案的责任主体,根据应对突发环境事件的需要,开展环境应急预案制定工作,对环境应急预案内容的真实性和可操作性负责。第十二条:有下列情形之一的,及时修订:(一)面临的环境风险发生重大变化,需要重新进行环境风险评估的;(二)应急管理组织指挥体系与职责发生重大变化的;(三)环境应急监测预警及报告机制、应对流程和措施、应急保障措施发生重大变化的;(四)重要应急资源发生重大变化的;(五)在突发事件实际应对和应急演练中发现问题,需要对环境应急预案作出重大调整的;(六)其他需要修订的情况。因此项目主体(企业)变更后,企业应当及时修订突发环境事件应急预案并重新备案。

3.1.4.25 企业每三年修订一次环境应急预案时,每次都需要组织评审。

答案: ×

依据:《突发事件应急预案管理办法》(国办发〔2013〕101 号)第六章第二十六条规定:"应急预案修订涉及组织指挥体系与职责、应急处置程序、主要处置措施、突发事件分级标准等重要内容的,修订工作应参照本办法规定的预案编制、审批、备案、公布程序组织进行。仅涉及其他内容的,修订程序可根据情况适当简化";《企业事业单位突发环境事件应急预案备案管理办法(试行)》(环发〔2015〕4 号)第十八条规定:"企业环境应急预案有重大修订的,应当在发布之日起 20 个工作日内向原受理部门变更备案。变更备案按照本办法第十五条要求办理。环境应急预案个别内容进行调整、需要告知环境保护主管部门的，应当在发布之日起 20 个工作日内以文件形式告知原受理部门"；《企业事业单位突发环境事件应急预案评审工作指南》（环办应急〔2018〕8 号）明确，评审对象为环境应急预案及其相关文件，包括环境应急预案及其编制说明、环境风险评估报告、环境应急资源调查报告（表）等文本。从以上法律法规等文件可以看出，"重大修订"情形已在《突发事件应急预案管理办法》中进行明确，且企业事业单位突发环境事件应急预案评审对象为环境应急预案及其相关文件，包括环境应急预案及其编制说明、环境风险评估报告、环境应急资源调查报告（表）等文本。如预案有重大修订，须编制四本报告并开专家评审会后备案；如无重大修订，仅个别内容进行调整，可不开专家评审会，编制四本报告后直接备案。但如属地主管部门要求组织评审的，需要按照属地主管部门要求进行。

3.1.4.26　《企业突发环境事件风险分级方法》（HJ 941—2018）附录 A 中未列出的物质（经判定也不属于第八部分），可认定其不属于环境风险物质。

　　答案：√

　　依据：有毒有害化学品种类多、数量大，《企业突发环境事件风险分级方法》（HJ 941—2018）环境风险物质清单依据我国《危险化学品重大危险源辨识》、美国国家环境保护局《化学品事故防范法规》、我国历史环境事件中出现的污染物名录、欧盟《塞维索指令》等提出，第八部分按照健康危险急性毒性物质、危害水环境物质等分类给出了环境风险物质临界量，对于不在附录 A 中的化学品，可不识别为环境风险物质。需要说明的是，随着研究和认识的深入，物质清单应不断补充、完善和动态更新。企业可根据自身涉及的化学品及可能的突发环境事件情形，补充和确定突发环境事件环境风险物质。但实践中，HJ 941—2018 附录 A 中未列出的物质往往通过类比来确定其"临界量"，这种自行加码的行为要求原因较复杂。另外需提醒，风险物质的识别范围除原辅料外，包含企业产品，危险废物、废气、废水等。

3.1.4.27　重大环境风险尾矿库需要编制尾矿库场外环境应急专篇。

　　答案：√

　　依据：《尾矿库环境应急预案编制指南》。

3.1.4.28　尾矿库企业环境应急指挥部负责发布预警、启动响应、报送和通报突发环境事件信息，并对预警、响应等工作进行统一指挥协调，由尾矿库企业主要负责人或者其指定的负责人担任总指挥。应急指挥部也可以由其他承担应急指挥工作的机构兼任。

　　答案：√

依据：《尾矿库环境应急预案编制指南》。

3.1.4.29　水源地应急预案既可以作为政府的专项应急预案独立编制，也可以作为政府突发（水）环境事件应急预案的子预案专篇编制。

答案：√

依据：根据《集中式地表水饮用水水源地突发环境事件应急预案编制指南》，水源地应急预案编制过程中，应充分收集整理有关市、县级人民政府及有关部门的应急预案，并与这些预案中的有关要求相互衔接。由于水源地的重要性和敏感性，若上述预案中存在要求不一致的情况，水源地应急预案应坚持从严原则进行要求，避免出现组织指挥不协调、信息报告不及时、应对措施不得力等情况。在与政府和部门预案衔接方面，应重点在组织指挥体系、适用的地域范围、预警分级、信息报告、应急保障等方面进行衔接，确保突发环境事件的应急组织指挥方式协调一致。以发生在流域汇水区域内、水源地应急预案适用地域范围外的突发（水）环境事件为例，事件发生后，首先启动所在行政区域的政府或部门突发（水）环境事件应急预案，一旦污染物迁移到水源地应急预案适用的地域范围，则适用并启动水源地应急预案。在与有关单位的应急预案衔接方面，应重点与可能产生相互影响的上下游企业事业单位的有关预案相互衔接，针对突发环境事件发生、发展及污染物迁移的全过程，共同配合做好污染物拦截、信息收集研判、事件预警和应急响应等工作。

3.1.5　填空题

3.1.5.1　企业事业单位编制环境应急预案包括综合应急预案、专项应急预案和（　　）。

答案：现场处置预案

依据：《企事业单位突发环境事件应急预案备案管理办法》。

3.1.5.2　企业是制定环境应急预案的（　　），根据应对突发环境事件的需要，开展环境应急预案制定工作，对环境应急预案内容的真实性和可操作性负责。

答案：责任主体

依据：《企事业单位突发环境事件应急预案备案管理办法》。

3.1.5.3　应急预案按照制定主体划分，分为（　　）、单位和基层组织应急预案两大类。

答案：政府及其部门应急预案

依据：《突发事件应急预案管理办法》。

3.1.5.4　政府及其部门应急预案由各级人民政府及其部门制定，包括（　　）、专项应急预案、（　　）。

答案：总体应急预案，部门应急预案

依据：《突发事件应急预案管理办法》。

3.1.5.5　环境应急预案备案管理，应当遵循规范准备、（　　）、统一备案、分级管理的原则。

答案：属地为主

依据：《企业事业单位突发环境事件应急预案备案管理办法（试行）》（环发〔2015〕4 号）第五条。

3.1.5.6　（　　）是制定环境应急预案的责任主体，根据应对突发环境事件的需要，开展环境应急预案制定工作，对环境应急预案内容的真实性和可操作性负责。

答案：企业

依据：《企业事业单位突发环境事件应急预案备案管理办法（试行）》（环发〔2015〕4 号）第八条。

3.1.5.7　企业结合环境应急预案实施情况，至少每（　　）对环境应急预案进行一次回顾性评估。

答案：三年

依据：《企业事业单位突发环境事件应急预案备案管理办法（试行）》（环发〔2015〕4 号）第十二条。

3.1.5.8　经过评估确定为（　　）环境风险的企业，可以结合经营性质、规模、组织体系和环境风险状况、应急资源状况，按照环境应急综合预案、专项预案和现场处置预案的模式建立环境应急预案体系。

答案：较大级别以上

依据：《企业事业单位突发环境事件应急预案备案管理办法（试行）》（环发〔2015〕4 号）。

3.1.5.9　企业制定突发环境事件应急预案应按照分类分级管理的原则，报（　　）备案。

答案：县级以上环境保护主管部门

依据：《企业事业单位突发环境事件应急预案备案管理办法（试行）》（环发〔2015〕4 号）。

3.1.5.10　预案评审人员，一般包括具有相关领域专业知识、实践经验的专家和（　　）代表。

答案：可能受影响的居民代表、单位

依据：《企业事业单位突发环境事件应急预案评审工作指南（试行）》（环办应急〔2018〕8号）。

3.1.5.11 预案评审专家可以选自监管部门专家库、企业内部专家库、相关行业协会、（ ），与企业有利害关系的一般应当回避。

答案：同行业或周边企业具有环境保护、应急管理知识经验的人员

依据：《企业事业单位突发环境事件应急预案评审工作指南（试行）》（环办应急〔2018〕8号）。

3.1.5.12 受理备案的生态环境主管部门应当及时将备案的企业名单向社会公布。企业应当主动公开与周边可能受影响的居民、单位、区域环境等密切相关的（ ）。国家规定需要保密的情形除外。

答案：环境应急预案信息

依据：《企业事业单位突发环境事件应急预案备案管理办法（试行）》（环发〔2015〕4号）。

3.1.5.13 环境应急预案受理部门应当将环境应急预案备案的依据、程序、期限以及需要提供的文件目录、备案文件范例等在（ ）公示。

答案：其办公场所或网站

依据：《企业事业单位突发环境事件应急预案备案管理办法（试行）》（环发〔2015〕4号）。

3.1.5.14 县级以上生态环境主管部门应当对备案的环境应急预案进行抽查，指导企业持续改进环境应急预案。抽查企业环境应急预案，可以采取档案检查、（ ）等方式。

答案：实地核查

依据：《企业事业单位突发环境事件应急预案备案管理办法（试行）》（环发〔2015〕4号）。

3.1.5.15 预案抽查可以委托（ ）开展相关工作。县级以上生态环境主管部门应当及时汇总分析抽查结果，提出环境应急预案问题清单，推荐环境应急预案范例，制定环境应急预案指导性要求，加强备案指导。

答案：专业技术服务机构

依据：《企业事业单位突发环境事件应急预案备案管理办法（试行）》（环发〔2015〕4号）。

3.1.5.16 有固定场所的企业制定应急预案，应细化到各生产班组、生产岗位和（ ）。

答案：员工个人应急处置卡

依据：《典型行业企业突发环境事件应急预案编制指南》。

3.1.5.17　专项和现场处置预案重点对（　　）在监测预警、不同情景下的应对流程和措施等进行细化和补充。

答案：综合预案

依据：《企业事业单位突发环境事件应急预案评审工作指南（试行）》（环办应急〔2018〕8 号）。

3.1.5.18　建立企业突发环境事件预警机制，明确接警、（　　）、预警研判、发布预警和预警行动、预警解除与升级的责任人、程序和主要内容。

答案：预警分级

依据：《企业事业单位突发环境事件应急预案评审工作指南（试行）》（环办应急〔2018〕8 号）。

3.1.5.19　尾矿库突发环境事件应急预案编制步骤包括（　　）。

答案：准备阶段、编写阶段、评审培训演练阶段、签署发布阶段

依据：《尾矿库环境应急预案编制指南》。

3.1.5.20　开展尾矿库应急资源调查，企业应全面调查内部现有的、第一时间可调用的（　　），包括应急物资、应急装备、环境应急监测仪器和能力、应急场所、应急救援力量等情况；同时调查区域内企业签订互救协议的或者可以请求援助的应急资源状况，必要时对本地居民应急资源情况进行调查。

答案：应急资源

依据：《尾矿库环境应急预案编制指南》。

3.1.5.21　尾矿库环境应急资源调查结果按照名称、类型、数量、有效期、联系单位、联系人、联系方式等的格式汇编入表。应急资源调查的结果作为尾矿库环境风险评估和（　　）的重要依据。

答案：环境应急预案编制

依据：《尾矿库环境应急预案编制指南》。

3.1.5.22　尾矿库企业按照《尾矿库环境风险评估技术导则（试行）》（HJ 740—2015）规定，对尾矿库环境风险进行分析与评估，确定（　　）并将其环境风险等级划分为一般、较大或者重大。

答案：重点环境监管尾矿库

依据：《尾矿库环境风险评估技术导则（试行）》（HJ 740—2015）。

3.1.5.23 重点环境监管尾矿库企业在编制预案之前，要依照环境风险评估报告中的环境安全隐患排查表，开展环境安全隐患排查，并完成一般环境安全隐患的治理工作。对于排查中发现的重大环境安全隐患，作为预案设定的（ ）之一。

答案：预警条件

依据：《尾矿库环境应急预案编制指南》。

3.1.5.24 编制水源地应急预案，应在全面调查和了解行政区域内水源地环境风险状况的基础上，针对不同类型的水源地、面临的不同环境风险，以及可能发生的（ ），制定切实有效的应急处置措施。

答案：突发环境事件情景

依据：《集中式地表水饮用水水源地突发环境事件应急预案编制指南》。

3.1.6 简答题

3.1.6.1 受理部门收到企业提交的环境应急预案备案文件后，应当如何处理？

答案：受理部门应当在 5 个工作日内对受理的材料进行核对。文件齐全的，出具加盖行政机关印章的突发环境事件应急预案备案表。提交的环境应急预案备案文件不齐全的，受理部门应当责令企业补齐相关文件，并按期再次备案。再次备案的期限，由受理部门根据实际情况确定。受理部门应当一次性告知需要补齐的文件。

依据：《企业事业单位突发环境事件应急预案备案管理办法（试行）》（环发〔2015〕4 号）。

3.1.6.2 环境保护主管部门对哪类企业环境应急预案备案的指导和管理，适用《企业事业单位突发环境事件应急预案备案管理办法》？

答案：（1）可能发生突发环境事件的污染物排放企业，包括污水、生活垃圾集中处理设施的运营企业；（2）生产、储存、运输、使用危险化学品的企业；（3）产生、收集、贮存、运输、利用、处置危险废物的企业；（4）尾矿库企业，包括湿式堆存工业废渣库、电厂灰渣库企业；（5）其他应当纳入适用范围的企业。

依据：《企业事业单位突发环境事件应急预案备案管理办法》。

3.1.6.3 企业环境应急预案首次备案，现场办理时应当提交哪些文件？

答案：企业环境应急预案首次备案，应当提交的文件有：

（1）突发环境事件应急预案备案表；

（2）环境应急预案及编制说明的纸质文件和电子文件；

（3）环境风险评估报告的纸质文件和电子文件；

（4）环境应急资源调查报告的纸质文件和电子文件；

（5）环境应急预案评审意见的纸质文件和电子文件。

依据：《企业事业单位突发环境事件应急预案备案管理办法》。

3.1.6.4　企业突发环境事件应急预案评审重点包括哪些内容？

答案：（1）环境应急预案：重点评审环境应急预案的定位及与相关预案的衔接，组织指挥机构的构成及运行机制，信息传递、响应流程和措施等应对工作的方式方法，是否明确、合理、有可操作性，体现"先期处置"和"救环境"特点。

（2）突发环境事件风险评估：重点评审风险分析是否合理、情景构建是否全面、完善风险防范措施的计划是否可行。

（3）环境应急资源调查：重点评审调查内容是否全面、调查结果是否可信。

依据：《企业事业单位突发环境事件应急预案评审工作指南（试行）》（环办应急〔2018〕8 号）。

3.1.6.5　企业突发环境事件应急预案评审定性判断主要包括哪些内容？

答案：评审专家依据相关法律法规、技术文件，结合专业知识、实践经验等，对环境应急预案的针对性、实用性和可操作性整体给出定性判断结果；参与评审的居民代表、单位代表，重点评审环境应急预案能否为周边居民和单位提供事件信息、告知如何避险和参与应对，给出定性判断结果。

依据：《企业事业单位突发环境事件应急预案评审工作指南（试行）》（环办应急〔2018〕8 号）。

3.1.6.6　预案评审人员直接判定企业环境应急预案未通过评审的主要审核指标有哪些？

答案：无单独的环境风险评估报告和环境应急资源调查报告（表）、未从可能的突发环境事件情景出发或典型突发环境事件情景缺失、周边居民和单位无法获得事件信息。

依据：《企业事业单位突发环境事件应急预案评审工作指南（试行）》（环办应急〔2018〕8 号）。

3.1.6.7　简述企业突发环境事件应急预案评审程序。

答案：（1）评审准备：①确定评审人员、时间、地点、具体方式。②准备评审材料，包括环境应急预案及其编制说明、突发环境事件风险评估报告、环境应急资源调查报告（表）等文本，并在评审前送达评审人员。

（2）评审实施：会议评审一般按以下程序进行。①企业负责人介绍评审安排、评审人员。②评审人员组成评审组，确定评审组组长。③企业负责人介绍环境应急预案和编修过程，向评审人员说明重点内容。④评审组组长对评审进行适当分工，组织进行资料审核、现场查验、定性判断和定量打分。现场查验可以在会议评审前进行。⑤评审组开展定性判断和定量打分。定性判断为未通过的，可以结束评审。⑥评审组组长汇总评审情况，形成初步评审意见。⑦评审组与企业相关人员进行沟通，形成评审意见。评审意见一般包括评审过程、总体评价、评审结论、问题清单、修改意见建议等内容，附定量打分结果和各评审专家评审表。

依据：《企业事业单位突发环境事件应急预案评审工作指南（试行）》（环办应急〔2018〕8号）。

3.1.6.8 产生、收集、贮存、运输、利用、处置危险废物的单位，应当如何防范环境风险？

答案：产生、收集、贮存、运输、利用、处置危险废物的单位，应当依法制定意外事故的防范措施和应急预案，并向所在地生态环境主管部门和其他负有固体废物污染环境防治监督管理职责的部门备案；生态环境主管部门和其他负有固体废物污染环境防治监督管理职责的部门应当进行检查。

依据：《中华人民共和国固体废物污染环境防治法》第八十五条。

3.1.6.9 突发环境事件应急预案的制定和备案有哪些要求？

答案：企业事业单位应当按照国务院生态环境主管部门的规定，在开展突发环境事件风险评估和应急资源调查的基础上制定突发环境事件应急预案，并按照分类分级管理的原则，报县级以上生态环境主管部门备案；县级以上地方生态环境主管部门应当根据本级人民政府突发环境事件专项应急预案，制定本部门的应急预案，报本级人民政府和上级生态环境主管部门备案。

依据：《突发环境事件应急管理办法》。

3.1.6.10 其他企业的环境应急预案如何制定？

答案：鼓励其他企业制定单独的环境应急预案，或在突发事件应急预案中制定环境应急预案专章，并备案。鼓励可能造成突发环境事件的工程建设、影视拍摄和文化体育等群众性集会活动主办企业，制定单独的环境应急预案，或在突发事件应急预案中制定环境应急预案专章并备案。

依据：《企业事业单位突发环境事件应急预案备案管理办法（试行）》（环发〔2015〕4号）。

3.1.6.11 环境应急预案编制的总体要求是什么？

答案： 环境应急预案体现自救互救、信息报告和先期处置特点，侧重明确现场组织指挥机制、应急队伍分工、信息报告、监测预警、不同情景下的应对流程和措施、应急资源保障等内容。经过评估确定为较大以上环境风险的企业，可以结合经营性质、规模、组织体系和环境风险状况、应急资源状况，按照环境应急综合预案、专项预案和现场处置预案的模式建立环境应急预案体系。环境应急综合预案体现战略性，环境应急专项预案体现战术性，环境应急现场处置预案体现操作性。跨县级以上行政区域的企业，编制分县域或者分管理单元的环境应急预案。

依据： 《企业事业单位突发环境事件应急预案备案管理办法（试行）》（环发〔2015〕4 号）。

3.1.6.12 企业制定环境应急预案有哪些步骤？

答案： （1）成立环境应急预案编制组，明确编制组组长和成员组成、工作任务、编制计划和经费预算。（2）开展环境风险评估和应急资源调查。环境风险评估包括但不限于：分析各类事故演化规律、自然灾害影响程度，识别环境危害因素，分析与周边可能受影响的居民、单位、区域环境的关系，构建突发环境事件及其后果情景，确定环境风险等级。应急资源调查包括但不限于：调查企业第一时间可调用的环境应急队伍、装备、物资、场所等应急资源状况和可请求援助或协议援助的应急资源状况。（3）编制环境应急预案。按照本办法第九条要求，合理选择类别，确定内容，重点说明可能的突发环境事件情景下需要采取的处置措施、向可能受影响的居民和单位通报的内容与方式、向生态环境主管部门和有关部门报告的内容与方式，以及与政府预案的衔接方式，形成环境应急预案。编制过程中，应征求员工和可能受影响的居民和单位代表的意见。（4）评审和演练环境应急预案。企业组织专家和可能受影响的居民、单位代表对环境应急预案进行评审，开展演练进行检验。评审专家一般应包括环境应急预案涉及的相关政府管理部门人员、相关行业协会代表、具有相关领域经验的人员等。（5）签署发布环境应急预案。环境应急预案经企业有关会议审议，由企业主要负责人签署发布。

依据： 《企业事业单位突发环境事件应急预案备案管理办法（试行）》（环发〔2015〕4 号）。

3.1.6.13 企业在哪些情况下应当及时修订环境应急预案？

答案： 企业结合环境应急预案实施情况，至少每三年对环境应急预案进行一次回顾性评估。有下列情形之一的，及时修订：（1）面临的环境风险发生重大变化，需要重新进行环境风险评估的；（2）应急管理组织指挥体系与职责发生重大变化的；（3）环境应急监测预警及报告机制、应对流程和措施、应急保障措施发生重大变化的；（4）重要应急资源发生重大变化的；（5）在突发事件实际应对和应急演练中发现问题，需要对环境应急预案作出重大调整的；（6）其他需要修订的情况。对环境应急预案进行重大修订的，修订工作参照环境应急预案制定步骤进行。对环境应急预案个别内容进行调整的，修订工作可适当简化。

依据：《企业事业单位突发环境事件应急预案备案管理办法（试行）》（环发〔2015〕4号）。

3.1.6.14　环境应急预案的备案和报送要求是什么？

答案：企业环境应急预案应当在环境应急预案签署发布之日起20个工作日内，向企业所在地县级生态环境主管部门备案。县级生态环境主管部门应当在备案之日起5个工作日内将较大和重大环境风险企业的环境应急预案备案文件，报送市级生态环境主管部门，重大的同时报送省级生态环境主管部门。跨县级以上行政区域的企业环境应急预案，应当向沿线或跨域涉及的县级生态环境主管部门备案。县级生态环境主管部门应当将备案的跨县级以上行政区域企业的环境应急预案备案文件，报送市级生态环境主管部门，跨市级以上行政区域的同时报送省级生态环境主管部门。省级生态环境主管部门可以根据实际情况，将受理部门统一调整到市级生态环境主管部门。受理部门应及时将企业环境应急预案备案文件报送有关生态环境主管部门。

依据：《企业事业单位突发环境事件应急预案备案管理办法（试行）》（环发〔2015〕4号）。

3.1.6.15　建设单位制定的环境应急预案或者修订的企业环境应急预案，应当如何备案？

答案：建设单位制定的环境应急预案或者修订的企业环境应急预案，应当在建设项目投入生产或者使用前，按照首次备案的要求，向建设项目所在地受理部门备案。受理部门应当在建设项目投入生产或者使用前，将建设项目环境应急预案或者修订的企业环境应急预案备案文件，报送有关生态环境主管部门。

依据：《企业事业单位突发环境事件应急预案备案管理办法（试行）》（环发〔2015〕4号）。

3.1.6.16　企业环境应急预案有修订和调整的，应当如何办理？

答案：有重大修订的，应当在发布之日起20个工作日内向原受理部门变更备案。变更备案按照本办法第十五条要求办理。环境应急预案个别内容进行调整、需要告知生态环境主管部门的，应当在发布之日起 20 个工作日内以文件形式告知原受理部门。

依据：《企业事业单位突发环境事件应急预案备案管理办法（试行）》（环发〔2015〕
4 号）。

3.1.6.17　环境应急预案的评审对象是什么？

答案：评审对象为环境应急预案及其相关文件，包括环境应急预案及其编制说明、
环境风险评估报告、环境应急资源调查报告（表）等文本。

依据：《企业事业单位突发环境事件应急预案评审工作指南（试行）》（环办应急
〔2018〕8 号）。

3.1.6.18　哪些企业或单位需要编制突发环境事件应急预案？

答案：《中华人民共和国固体废物污染环境防治法》第八十五条规定：产生、收集、
贮存、运输、利用、处置危险废物的单位，应当依法制定意外事故的防范措施和应急预
案，并向所在地生态环境主管部门和其他负有固体废物污染环境防治监督管理职责的部
门备案；生态环境主管部门和其他负有固体废物污染环境防治监督管理职责的部门应当
进行检查。《企业事业单位突发环境事件应急预案备案管理办法（试行）》（环发〔2015〕
4 号）第三条规定，环境保护主管部门对以下企业环境应急预案备案的指导和管理，适用
本办法：（一）可能发生突发环境事件的污染物排放企业，包括污水、生活垃圾集中处
理设施的运营企业；（二）生产、储存、运输、使用危险化学品的企业；（三）产生、
收集、贮存、运输、利用、处置危险废物的企业；（四）尾矿库企业，包括湿式堆存工
业废渣库、电厂灰渣库企业；（五）其他应当纳入适用范围的企业。除此之外，各设区
市主管部门每年都会发布年度环境应急预案应备案企业名录，企业应实时关注，另外，
如环境影响评价文件中明确要求编制突发环境事件应急预案的，也要编制预案。

依据：《中华人民共和国固体废物污染环境防治法》第八十五条；《企业事业单位
突发环境事件应急预案备案管理办法（试行）》（环发〔2015〕4 号）。

3.1.6.19　应急处置卡的主要内容要素有哪些？

答案：应急处置卡应明确特定环境事件的现场处置措施的一整套流程及相应部门，
包括风险描述、报告程序、上报内容、预案启动、排查、控源截污、监测、后勤保障、
后期处置、恢复处置和注意事项等方面内容。

依据：《典型行业企业突发环境事件应急预案编制指南》。

3.1.6.20　水源地环境应急预案编制主体涉及哪些部门？

答案：市、县级人民政府可在其上级环境保护主管部门的指导下，组织编制本行政

区域内水源地应急预案。位于本市（或县）行政区域内的市（或县）级水源地应急预案，由相应的市（或县）级人民政府负责编制；跨县级行政区域水源地应急预案，可由有关县级人民政府协商后共同编制，或由其共同的上一级人民政府负责编制，有关县级人民政府参与；跨省（或市）级行政区域水源地应急预案，由有关市级人民政府协商后共同编制，或各自编制本市所辖行政区域的水源地应急预案，并与相邻市级人民政府建立应急联动机制；水源地所属行政区域与供水区域分属不同行政区域的水源地应急预案，由水源地所属市、县级人民政府商供水市、县级人民政府共同编制。

依据：《集中式地表水饮用水水源地突发环境事件应急预案编制指南》。

3.2 应急演练

3.2.1 名词解释

3.2.1.1 环境应急演练

答案：对可能发生的突发环境事件情景，依据环境应急预案开展的模拟应对活动。

依据：《突发环境事件管理指南 第1部分：应急演练》（DB62/T 4539.1—2022）。

3.2.1.2 演练评估

答案：由专业人员在全面分析演练记录及相关资料的基础上，对比演练对象表现与演练目标要求，对演练活动及其组织过程做出客观评价，并编写演练评估报告。

依据：《突发环境事件管理指南 第1部分：应急演练》（DB62/T 4539.1—2022）。

3.2.1.3 突发环境事件演练情景

答案：根据应急演练的目标要求，按照突发环境事件发生演变规律，事先假设的事件发生、发展过程，描述事件发生的时间，地点、污染特征、影响范围、周边环境、环境影响后果以及事件状态随时间的演变进程等内容。

依据：《突发环境事件管理指南 第1部分：应急演练》（DB62/T 4539.1—2022）。

3.2.1.4 综合演练

答案：涉及应急预案中多项或全部应急响应功能的演练活动。综合演练注重对多个环节和功能进行检验，特别是对不同单位之间应急机制和联合应对能力的检验。

依据：《突发环境事件管理指南 第1部分：应急演练》（DB62/T 4539.1—2022）。

3.2.1.5 单项演练

答案：针对应急预案中某项应急响应功能开展的演练活动。如针对突发环境事件信息报送，或废水事故排放，或危险废物失控进行的单项功能演练。

依据：《突发环境事件管理指南 第1部分：应急演练》（DB62/T 4539.1—2022）。

3.2.1.6 检验性演练

答案：为检验应急预案的可行性、应急准备的充分性、应急机制的协调性及相关人员的应急处置能力而组织的演练。

依据：《突发环境事件管理指南 第1部分：应急演练》（DB62/T 4539.1—2022）。

3.2.1.7 示范性演练

答案：为向观摩人员展示应急能力或提供示范教学，严格按照应急预案规定开展的表演性演练。

依据：《突发环境事件管理指南 第1部分：应急演练》（DB62/T 4539.1—2022）。

3.2.1.8 研究性演练

答案：为研究和解决突发事件应急处置的重点、难点问题，试验新方案、新技术、新装备而组织的演练。

依据：《突发环境事件管理指南 第1部分：应急演练》（DB62/T 4539.1—2022）。

3.2.1.9 应急响应功能

答案：突发事件应急响应过程中需要完成的某些任务的集合，这些任务之间联系紧密，共同构成应急响应的一个功能模块。核心应急响应功能包括事故接报与信息报送、指挥与调度、预警与响应、污染物排查与调查取证、应急监测与污染预测、事态评估与污染处置、警戒与治安、人群疏散与安置、人员防护与医疗救助、应急资源调配等。

依据：《突发环境事件管理指南 第1部分：应急演练》（DB62/T 4539.1—2022）。

3.2.1.10 应急指挥机构

答案：应急预案所规定的应急指挥协调机构，如现场指挥部、分支工作组等。

依据：《突发环境事件管理指南 第1部分：应急演练》（DB62/T 4539.1—2022）。

3.2.1.11 演练规划

答案：演练组织单位根据实际情况，依据相关法律法规和应急预案的规定，对一定时期内各类应急演练活动作出的总体计划安排，通常包括应急演练的频次、规模、形式、时间、地点以及总体保障等。

依据：《突发环境事件管理指南 第1部分：应急演练》（DB62/T 4539.1—2022）。

3.2.1.12   演练计划

答案：对拟举行演练的基本构想和准备活动的初步安排，一般包括演练的目的、方式、时间、地点、日程安排、经费预算和保障措施等。

依据：《突发环境事件管理指南　第 1 部分：应急演练》（DB62/T 4539.1—2022）。

3.2.2   单项选择题

3.2.2.1   按照演练的组织方式，应急演练可以划分为桌面推演与（　　）。

A．模拟演练   B．实操演练

C．现场演练   D．技能演练

答案：B

依据：根据《突发环境事件管理指南　第 1 部分：应急演练》（DB62/T 4539.1—2022），按照演练的组织方式，应急演练可以划分为桌面推演与实操演练。桌面推演是利用图纸、沙盘、计算机模拟、视频会议等辅助手段，进行交互式讨论和推演的应急演练活动。实操演练即针对环境事件情景，选择（或模拟）相关设备、设施、装置或场所，利用各类应急器材、装备、物资，通过分析决策和实际操作，完成真实应急响应的过程。

3.2.2.2   按照演练的目的和作用，应急演练可以划分为检验性演练、（　　）、研究性演练。

A．示范性演练   B．模拟性演练

C．实战性演练   D．推演性演练

答案：A

依据：根据《突发环境事件管理指南　第 1 部分：应急演练》（DB62/T 4539.1—2022），按照演练的目的和作用，应急演练可以分为检验性演练、示范性演练及研究性演练。检验性演练：为检验环境应急预案的可行性、应急准备的充分性、应急机制的协调性及相关人员的应急处置能力而组织的演练。示范性演练：为向观摩人员展示环境应急救援物资装备使用，或环境监测仪器设备操作，或现场污染处置规范等开展的表演性演练。研究性演练：为研究和解决突发环境事件应急处置的重点、难点问题，试验新方案、新技术、新装备而组织的演练。

3.2.3   多项选择题

3.2.3.1   突发环境事件应急预案制定单位应当（　　）。

A．定期开展应急演练   B．撰写演练评估报告

C．分析存在问题　　　　　　D．根据演练情况及时修改完善应急预案

答案：ABCD

依据：《突发环境事件应急管理办法》第十五条。

3.2.3.2　按目的与作用划分，环境应急演练可分为（　）

A．检验性演练　　　　　　　B．示范性演练

C．研究性演练　　　　　　　D．专业性演练

答案：ABC

依据：《突发环境事件管理指南　第 1 部分：应急演练》（DB62/T 4539.1—2022）。

3.2.3.3　按组织形式划分，环境应急演练可分为（　）

A．桌面演练　　　　　　　　B．实战演练

C．综合性演练　　　　　　　D．检验性演练

答案：AB

依据：《突发环境事件管理指南　第 1 部分：应急演练》（DB62/T 4539.1—2022）。

3.2.3.4　按演练内容划分，环境应急演练可分为（　）

A．桌面演练　　　　　　　　B．专项应急演练

C．综合应急演练　　　　　　D．实战演练

答案：BC

依据：《突发环境事件管理指南　第 1 部分：应急演练》（DB62/T 4539.1—2022）。

3.2.3.5　应急演练工作包括（　）等阶段。

A．规划与计划　　　　　　　B．准备

C．实施　　　　　　　　　　D．评估总结

E．改进

答案：ABCDE

依据：《突发环境事件管理指南　第 1 部分：应急演练》（DB62/T 4539.1—2022）。

3.2.3.6　应急演练工作原则（　）。

A．结合实际，合理定位　　　B．着眼实战、讲求实效

C．精心组织、确保安全　　　D．统筹规划、厉行节约

答案：ABCD

依据：《突发环境事件管理指南　第 1 部分：应急演练》（DB62/T 4539.1—2022）。

3.2.3.7　应急演练评估依据主要包括（　　）。

A．有关法律法规标准及规定要求

B．演练活动所涉及的相关应急预案和演练文件

C．参演单位涉及行业相关技术标准、操作规程或管理制度

D．相关事件应急处置典型案例资料

E．其他相关材料

答案：ABCDE

依据：《突发环境事件管理指南　第2部分：应急演练评估》（DB62/T 4539.2—2022）。

3.2.4　判断题

3.2.4.1　可能发生水污染事故的企业事业单位，应当制定有关水污染事故的应急方案，做好应急准备，并定期进行修订。

答案：×

依据：《中华人民共和国环境保护法》第七十七条第一款：可能发生水污染事故的企业事业单位，应当制定有关水污染事故的应急方案，做好应急准备，并定期进行演练。

3.2.4.2　饮用水供水单位应当根据所在地饮用水安全突发事件应急预案，制定相应的突发事件应急方案，报所在地市、县级人民政府备案，并定期进行演练。

答案：√

依据：《中华人民共和国环境保护法》第七十九条第二款。

3.2.4.3　演练计划一般包括演习的目的、方式、时间、地点、内容、参与演习机构和人员、演习的宣传报道工程安排和保障措施等。

答案：√

依据：《突发环境事件管理指南　第1部分：应急演练》（DB62/T 4539.1—2022）。

3.2.4.4　设计的演练过程一般分为事故发生、信息报送、先期处置、预警发布、应急处置、应急终止、善后处理、评估总结共8个阶段。

答案：√

依据：《突发环境事件管理指南　第1部分：应急演练》（DB62/T 4539.1—2022）。

3.2.4.5　按照"先单项后综合、先桌面后实战、循序渐进、时空有序"等原则，制订年度演练规划，提出演练计划，经费纳入年度预算。

答案：√

依据：《突发环境事件管理指南　第 1 部分：应急演练》（DB62/T 4539.1—2022）。

3.2.4.6　演练前需要确定应急演练的事件情景类型、事件等级、发生地点，演练方式，演练对象，应急演练各阶段主要任务。

答案：√

依据：《突发环境事件管理指南　第 1 部分：应急演练》（DB62/T 4539.1—2022）。

3.2.4.7　演练评估应关注重点环节，突出检验演练相关方职责联动、信息报告、响应启动、物资保障、应急监测、污染控制、事件调查、信息发布以及应急终止等重点环节，科学评估演练成效。

答案：√

依据：《突发环境事件管理指南　第 2 部分：应急演练评估》（DB62/T 4539.2—2022）。

3.2.4.8　制定应急演练评估方案之前，应确定评估工作目的、方式、方法、内容和程序。

答案：√

依据：《突发环境事件管理指南　第 2 部分：应急演练评估》（DB62/T 4539.2—2022）。

3.2.4.9　根据演练需要，演练评估工作准备阶段需要相关技术文本、评估表格，主要包括应急预案、演练评估方案文本与环境标准、记录表、文具、通信设备、计时设备、摄像或录音设备、相关评估软件等。

答案：√

依据：《突发环境事件管理指南　第 2 部分：应急演练评估》（DB62/T 4539.2—2022）。

3.2.5　填空题

3.2.5.1　演练实施过程中，采用文字、照片和影像等手段记录（　　）。

答案：演练过程

依据：演练实施过程中，采用文字、照片和影像等手段记录演练过程。文字记录一般可由总结评估人员完成，主要包括演练实际开始与结束时间、演练过程控制情况、演练对象表现、意外情况及其处置等内容，尤其要详细记录可能出现的人员"伤亡"、环境损害（如进入"危险"场所而无安全防护、污染物处置不规范、可能造成环境污染扩大等）及财产"损失"等情况。照片和音像记录在不同现场、不同角度进行拍摄，全方位反映演练实施过程。

3.2.5.2　演练结束后，应对演练全过程进行（　　）。

答案：评估

依据：演练结束后，应对演练全过程进行评估。主要包括演练执行情况、预案的合理性与可操作性、应急指挥人员的指挥协调能力、演练对象的处置能力、演练所用设备装备的适用性、演练目标的实现情况、演练的成本效益分析、对完善预案的建议。

3.2.5.3 对演练中暴露出来的问题，演练单位应当及时采取措施予以改进，包括修改完善应急预案、加强人员教育培训、更新应急物资装备等，并建立（ ）。

答案：改进任务表

依据：《突发环境事件管理指南 第 2 部分：应急演练评估》（DB62/T 4539.2—2022）。

3.2.6 简答题

3.2.6.1 尾矿库企业环境应急预案的日常演练要求是什么？

答案：尾矿库突发环境事件应急演练可以结合尾矿库企业突发环境事件应急演练、尾矿库专项应急演练或者其他应急演练，采取桌面推演、实战演练等方式开展。重大和较大环境风险尾矿库至少每年进行一次环境应急演练，一般环境风险尾矿库至少每两年进行一次环境应急演练。尾矿库环境应急演练突出对"预案八要素"的审查验证，通过演练进一步明确应急人员的岗位与职责，提高熟练程度和协调性。

依据：《尾矿库环境应急预案编制指南》。

3.2.6.2 简述应急演练组织机构构成与职责。

答案：成立演练领导小组，对应急演练进行组织实施，包括演练活动筹备和实施过程中的组织领导工作，审定演练工作方案、演练工作经费、演练评估总结以及其他需要决定的重要事项。演练领导小组下设策划协调组、宣传传输组、演练保障组、总结评估组。根据演练规模大小，其组织机构可进行调整。其中，策划协调组负责对应急演练实施全过程指挥控制，包括编制演练方案、演练活动筹备、事故场景布置、演练进程控制、导词人员和演练对象调度以及与相关单位、工作组的联络和协调；宣传传输组负责总结演练工作、整理资料信息、组织媒体宣传，整理汇总演练资料并形成演练档案，根据需要开展事故现场与指挥系统的远程连线和音视频传输；演练保障组负责为演练对象、物资装备、场地、经费、安全保卫、通信及后勤等提供保障；总结评估组负责对演练准备、组织与实施进行全过程、全方位跟踪评估。

依据：《突发环境事件管理指南 第 1 部分：应急演练》（DB62/T 4539.1—2022）。

3.2.6.3 简述环境应急演练方案制定程序与内容。

答案：（1）确定演练目标。演练目标应简单、具体、可量化、可实现。一次演练一般有若干项演练目标，每项演练目标都要在演练方案中有相应的事件和演练活动予以实现，并在演练评估中有相应的评估项目判断该目标的实现情况。（2）设计演练情景。①演练场景概述。对各场景分别进行概要说明，主要说明事件类别、发生的时间地点、演变速度、强度与危险性、环境影响、预测污染扩散范围、气象及其他环境条件、受影响范围、人员和物资分布等。②演练场景清单。列出演练过程中各场景的时间顺序列表和空间分布情况。（3）编写演练方案文件。①根据突发事件情景、演练类别和规模的不同，演练方案可以分为单一工作方案与系统工作方案。②系统工作方案可包括演练工作方案、演练脚本、演练人员手册、演练控制指南、演练评估方案、演练宣传方案等。单一工作方案即编写一个工作演练方案。a）演练工作方案。主要包括演练目的意义、工作原则、演练形式、事件情景、污染类型、时间地点、参与人员及范围、主要任务及应急响应功能、工作流程与具体内容、保障措施、经费预算、评估与总结、宣传与数据传输等。其中，主要任务及应急响应功能要反应接报、队伍集结、指挥决策、组织协调、应急监测、应急调查、应急处置、信息报告、善后处置等全过程处置要点。b）演练脚本。主要包括：模拟事件情景、处置行动与执行人员、指令与对白、步骤及时间安排、视频背景与字幕、演练解说词等。c）演练人员手册。主要包括演练概述、组织机构、时间、地点、演练对象、目的、情景概述、现场标识、后勤保障、规则、安全注意事项、通信联系方式等。d）演练控制指南。主要包括演练情景概述、演练事件清单、演练场景说明、演练对象及其位置、演练控制规则、控制人员组织结构与职责、通信联系方式等。e）演练评估指南。主要包括演练情景概述、演练事件清单、演练目标、演练场景说明、演练对象及其位置、评估人员组织结构与职责、评估人员位置、评估表格及相关工具、通信联系方式等。f）观摩手册。根据演练规模和观摩需要，可编制演练观摩手册。演练观摩手册通常包括应急演练时间、地点、情景描述、主要环节及演练内容、安全注意事项。g）保障方案。主要包括应急演练可能发生的意外情况、应急处置措施及责任部门、应急演练意外情况、中止条件与程序。h）演练宣传方案。主要包括宣传目标、宣传方式、传播途径、主要任务及分工、技术支持、通信联系方式等。③对涉密应急预案的演练或不宜公开的演练内容，要制定保密措施。

依据：《突发环境事件管理指南　第 1 部分：应急演练》（DB62/T 4539.1—2022）。

3.2.6.4　简述实战演练实施步骤。

答案：按照应急演练工作方案，演练对象根据规定应急响应功能开始应急演练，有序完成各个场景现场操演。实战演练响应工作主要包括以下内容：（1）先期处置：以"快速阻截污染源头，控制污染物扩散"为原则，在演练事故发生后，现场人员第一时间采取先期处置措施；（2）信息报告：畅通信息渠道，编写事故信息，报告处置进展；（3）人员防护：根据污染物理化性质和毒性，进行必要人员防护和救助；（4）应急监测：确定主要污染因子，对污染物进行跟踪监测，确定污染物浓度、锁定污染团位置、判断污染程度、预测污染发展；（5）现场调查：对突发环境事件开展现状调查，查明事件原因、污染物质、影响范围等，分析损害范围和影响程度；（6）污染处置：结合专家意见，对污染物质、受影响的环境介质进行科学合理处理处置；（7）物资调用：调取必要的应急物资和救援队伍；（8）响应终止：演练总指挥应根据应急终止建议宣布演练结束。应急终止须依据环境质量监测数据和专家判断作出结论。

依据：《突发环境事件管理指南　第 1 部分：应急演练》（DB62/T 4539.1—2022）。

3.2.6.5　简述桌面演练实施步骤。

答案：桌面演练由主持人引导开展。在主持人发出信息指令后，演练参与人员按照应急预案或应急演练方案，依据接收到的信息，采用回答问题或模拟推演的形式，完成应急处置活动。通常按照 4 个环节循环往复进行：（1）发出指令：主持人通过多媒体文件、沙盘、消息单等多种形式向演练对象展示应急演练情景，展现突发环境事件基本情况；（2）提出问题：主持人根据应急演练方案提出问题，演练对象根据各自应急响应功能展开讨论；（3）分析决策：根据问题、应急决策处置任务及场景信息，演练对象根据分工开展思考讨论，形成处置决策意见；（4）表达结果：讨论结束后，演练对象根据应急响应功能分组提交或口头阐述分析决策结果，或通过模拟操作与动作展示应急处置活动。各组决策结果表达结束后，主持人可对演练情况进行简要讲解，接着注入下一指令。

依据：《突发环境事件管理指南　第 1 部分：应急演练》（DB62/T 4539.1—2022）。

3.2.6.6　简述应急演练总结流程与主要内容。

答案：（1）撰写演练总结报告。演练结束后，演练组织单位应根据演练记录、演练评估报告、应急预案、现场总结材料，对演练进行全面总结，并形成演练书面总结报告。报告可对应急演练准备、策划工作进行简要总结分析。参演单位也可对本单位的演练情况进行总结。（2）演练资料归档。应急演练活动结束后，演练组织单位应将应急演练工作方案、脚本、应急演练书面评估报告、应急演练总结报告、改进意见及整改情况等文字资料，以及记录演练实施过程的相关图片、视频、音频资料归档保存。

依据：《突发环境事件管理指南　第 1 部分：应急演练》（DB62/T 4539.1—2022）。

3.2.6.7 简述演练评估机构组成与职责。

答案：（1）成立评估组。评估组由演练组织单位委托第三方专业人员组成或演练组织单位自行组织成立。原则上实战演练和综合演练需委托第三方专业人员组成评估组开展评估，桌面演练、单项演练及其他类型演练可由演练组织单位自行组织成立评估组开展评估。评估组组成人员包含环境应急管理方面专家、相关领域专业技术人员、受事件影响相关方代表组成，人数一般为 3~5 人。规模较大、演练情景和参演人员较多或实施程序复杂的演练，可设多级评估，并确定总体负责人及各小组负责人，评估组人数可相应增加。（2）评估组职责。负责对应急演练准备、组织和实施进行全过程、全方位跟踪评估，演练结束后及时向演练相关方提出评估意见建议，并撰写演练评估报告。

依据：《突发环境事件管理指南　第 2 部分：应急演练评估》（DB62/T 4539.2—2022）。

3.2.6.8 演练评估资料收集包括哪些内容？

答案：收集的演练评估资料主要包括：（1）突发环境事件应急预案。演练可能涉及的各级政府突发环境事件应急预案、部门环境应急预案（应急实施方案）、园区及企事业单位突发环境事件应急预案；（2）演练方案文件。收集演练工作方案、演练脚本、演练人员手册、演练宣传方案等资料；（3）演练准备、组织和实施相关文件资料。包括成立演练领导小组，对应急演练进行筹备和部署的文件资料；（4）应急管理政策文件，演练、监测等相关技术规范文件；（5）演练区域周边环境概况，涉及环境敏感点的还应收集环境敏感点相关资料。

依据：《突发环境事件管理指南　第 2 部分：应急演练评估》（DB62/T 4539.2—2022）。

3.2.6.9 简述环境应急演练评估方式和方法。

答案：（1）评估方式。按照成立评估组的方式可将评估分为第三方评估和企业自评。按照演练形式可将评估分为实战演练评估和桌面演练评估。第三方评估和企业自评均参照相关标准制定评估表，对演练准备和实施情况进行评估，每项评估内容评估结果的确定需有充分的佐证材料（文件、资料、音视频等）。（2）评估方法。对演练参演相关方的表现进行观察、提问、听对方陈述、检查、比对、验证、观测而获取客观证据，比较演练实际效果与目标之间的差异，总结演练中好的做法，查找存在的问题。单项演练和桌面演练可结合演练目标适当简化评估方法。

依据：《突发环境事件管理指南　第 2 部分：应急演练评估》（DB62/T 4539.2—2022）。

3.2.6.10 环境应急演练评估方案包括哪些内容？

答案：（1）概述：演练模拟的突发环境事件名称、事件发生的时间和地点、事件演化发展过程情景描述、环境应急主要措施等；（2）目的：阐述演练评估的主要目的；（3）内容：演练准备和实施情况的评估内容；（4）信息获取：获取演练评估所需各种信息的途径与方法；（5）明确评估方式和方法以及评估标准；（6）组织实施：演练评估工作组织实施过程和具体工作安排；（7）附件：演练评估所需的评估表、相关表格等。

依据：《突发环境事件管理指南　第 2 部分：应急演练评估》（DB62/T 4539.2—2022）。

3.2.6.11 如何组织应急演练评估人员培训工作？

答案： 演练评估人员应听取演练组织或策划人员介绍演练方案以及组织和实施流程，开展交互式讨论，进一步明晰演练流程和内容。同时，评估组内部应围绕以下内容开展内部培训：（1）演练准备、组织和实施相关文件；（2）演练评估方案；（3）演练相关方涉及环境应急预案、环境应急管理相关制度规定；（4）熟悉演练场地，了解有关参演部门和人员的基本情况、相关污染处置工程措施、相关应急资源，掌握相关污染处置技术标准和应急监测方法；（5）其他有关内容。

依据：《突发环境事件管理指南　第 2 部分：应急演练评估》（DB62/T 4539.2—2022）。

3.2.6.12 简述应急演练评估实施具体程序与关键环节。

答案：（1）评估人员就位。根据演练评估方案，评估人员在演练指挥部（总指挥部、现场指挥部）、事发点、主要应急处置工程设施处、应急监测岗位、物资保障点、环境敏感保护目标、医疗救援等重要地点提前就位，做好演练评估准备工作。（2）演练现场记录。演练开始后，评估人员通过观察、记录、收集演练信息和相关数据资料，观察演练实施及进展、参演人员表现等情况，及时记录演练方案确定各项目标任务按时限、标准完成情况以及出现的问题，在不影响演练进程情况下，评估人员可进行现场提问并做好记录。（3）演练评估。根据演练现场观察和记录，结合制定的评估表，逐项对演练内容进行评估，及时记录评估结果。

依据：《突发环境事件管理指南　第 2 部分：应急演练评估》（DB62/T 4539.2—2022）。

3.2.6.13 简述应急演练评估总结组成内容与技术要求。

答案：（1）企业自评。应急演练结束后，演练领导机构应组织各参演方进行自评，总结演练中的优点和不足，当召开自评会进行自评时，演练评估人员应参加自评会并做好记录。（2）第三方评估。第三方评估组可通过组织召开评估会议、对参演人员进行访谈等方式，收集参演人员对演练的评价和意见建议。规模较大、演练情景和参演人员较多或实施程序复杂的演练，演练评估组负责人要组织召开专题评估会议，综合评估意见。评估人员应根据演练情况和评估记录，发表建议并交换意见，客观分析评价相关信息，明确存在问题，提出整改要求和措施。（3）编制演练评估报告。应急演练现场评估工作结束后，评估组针对收集的各种信息资料，依据评估标准和相关技术规范，对演练活动全过程进行科学分析和客观评级，撰写评估报告。评估报告应于演练结束后 10 个工作日内提交演练领导机构。评估报告内容包括：①演练基本情况。应急演练组织单位、演练形式、模拟事件情景、事件发生的时间和地点、事件过程演化发展描述、应急处置过程和处置措施等；②演练评估过程。评估工作的组织实施过程和主要工作安排；③应急演练情况分析。按照应急演练评估表，从演练准备、组织实施两个方面客观分析好的做法和存在的问题，重点分析应急预案可操作性，实用性，应急处置效果，并结合成本效益分析，全面评估演练目标达标情况；④改进的意见建议。对演练评估中发现的问题提出完善应急管理机制、相关环境应急预案、应急保障方面的意见和建议；⑤评估结论。对演练组织实施情况的综合评价，企业自评可单独形成评估报告，将评估内容纳入演练总结报告。

依据：《突发环境事件管理指南 第 2 部分：应急演练评估》（DB62/T 4539.2—2022）。

3.3 法律法规

3.3.1 单项选择题

3.3.1.1 国家完善生态环境保护制度体系，加大生态建设和环境保护力度，划定生态保护红线，强化生态风险的预警和防控，（ ），保障人民赖以生存发展的大气、水、土壤等自然环境和条件不受威胁和破坏，促进人与自然和谐发展。

A. 加强应急值班值守　　　　　　B. 严防突发环境事件发生

C. 确保生态环境安全　　　　　　D. 妥善处置突发环境事件

答案：D

依据：《中华人民共和国国家安全法》第三十条。

3.3.1.2 未按照规定做好危险废物环境风险防范工作的，由生态环境主管部门（ ），处以罚款，没收违法所得；情节严重的，报经有批准权的人民政府批准，可以责令停业或者关闭。

A. 责令改正　　　　　　　　　　B. 停产整治

C. 移交司法　　　　　　　　　　D. 查封扣押

答案：A

依据：《中华人民共和国固体废物污染环境防治法》第一百一十二条。

3.3.2 判断题

3.3.2.1 企业事业单位违反本办法规定，导致发生突发环境事件时，《中华人民共和国突发事件应对法》《中华人民共和国水污染防治法》《中华人民共和国大气污染防治法》《中华人民共和国固体废物污染环境防治法》等法律法规已有相关处罚规定的，依照有关法律法规执行。

答案：√

依据：《突发环境事件应急管理办法》。

3.3.3 简答题

3.3.3.1 未按照规定做好有毒有害大气污染物的环境风险防范工作的，根据《中华人民共和国大气污染防治法》，将如何承担法律责任？

答案：排放有毒有害大气污染物名录中所列有毒有害大气污染物的企业事业单位，未按照规定建设环境风险预警体系或者对排放口和周边环境进行定期监测、排查环境安全隐患并采取有效措施防范环境风险的，由县级以上人民政府生态环境主管部门按照职责责令改正，处一万元以上十万元以下的罚款；拒不改正的，责令停工整治或者停业整治。

依据：《中华人民共和国大气污染防治法》第一百一十七条。

3.3.3.2 关于饮用水水源地风险管控，有哪些规定？

答案：《中华人民共和国水污染防治法》第六十九条规定：县级以上地方人民政府应当组织生态环境等部门，对饮用水水源保护区、地下水型饮用水水源的补给区及供水单位周边区域的环境状况和污染风险进行调查评估，筛查可能存在的污染风险因素，并采取相应的风险防范措施。饮用水水源受到污染可能威胁供水安全的，生态环境主管部门应当责令有关企业事业单位和其他生产经营者采取停止排放水污染物等措施，并通报饮用水供水单位和供水、卫生、水行政等部门；跨行政区域的，还应当通报相关地方人民政府。第七十九条规定：市、县级人民政府应当组织编制饮用水安全突发事件应急预案。饮用水供水单位应当根据所在地饮用水安全突发事件应急预案，制定相应的突发事件应急方案，报所在地市、县级人民政府备案，并定期进行演练。饮用水水源发生水污染事故，或者发生其他可能影响饮用水安全的突发性事件，饮用水供水单位应当采取应急处理措施，向所在地市、县级人民政府报告，并向社会公开。有关人民政府应当根据情况及时启动应急预案，采取有效措施，保障供水安全。

依据：《中华人民共和国水污染防治法》第六十九条、第七十九条。

3.3.3.3 可能发生水污染事故的企业事业单位，应当如何做好突发水污染事故的应急准备、应急处置和事后恢复等工作？

答案：可能发生水污染事故的企业事业单位，应当制定有关水污染事故的应急方案，做好应急准备，并定期进行演练。生产、储存危险化学品的企业事业单位，应当采取措施，防止在处理安全生产事故过程中产生的可能严重污染水体的消防废水、废液直接排入水体。

依据：《中华人民共和国水污染防治法》第七十七条。

3.3.3.4 矿山、建筑施工单位和易燃易爆物品、危险化学品、放射性物品等危险物品的生产、经营、储运、使用单位，应如何防范突发事件？

答案：矿山、建筑施工单位和易燃易爆物品、危险化学品、放射性物品等危险物品的生产、经营、储运、使用单位，应当制定具体应急预案，并对生产经营场所、有危险物品的建筑物、构筑物及周边环境开展隐患排查，及时采取措施消除隐患，防止发生突发事件。

依据：《中华人民共和国突发事件应对法》第二十三条。

3.3.3.5 《中华人民共和国固体废物污染环境防治法》中，未按照规定做好危险废物环境风险防范工作的，应承担哪些法律责任？

答案：《中华人民共和国固体废物污染环境防治法》第一百一十二条规定，违反本法规定，有下列行为之一，由生态环境主管部门责令改正，处以罚款，没收违法所得；情节严重的，报经有批准权的人民政府批准，可以责令停业或者关闭：（十二）未制定危险废物意外事故防范措施和应急预案的，处十万元以上一百万元以下的罚款。

依据：《中华人民共和国固体废物污染环境防治法》第一百一十二条。

3.3.3.6 生态环境部门做好突发环境事件应急准备，应主要开展哪些工作？

答案：（1）县级以上地方生态环境主管部门应当根据本级人民政府突发环境事件专项应急预案，制定本部门的应急预案，报本级人民政府和上级生态环境主管部门备案；（2）县级以上地方生态环境主管部门应当建立本行政区域突发环境事件信息收集系统，通过举报热线、新闻媒体等多种途径收集突发环境事件信息，并加强跨区域、跨部门突发环境事件信息交流与合作；（3）应当建立健全环境应急值守制度，确定应急值守负责人和应急联络员并报上级环境保护主管部门；（4）加强环境应急能力标准化建设，配备应急监测仪器设备和装备，提高重点流域区域水、大气突发环境事件预警能力；（5）根据本行政区域的实际情况，建立环境应急物资储备信息库，有条件的地区可以设立环境应急物资储备库；（6）应当定期对从事突发环境事件应急管理工作的人员进行培训。

依据：《突发环境事件应急管理办法》。

3.3.3.7 生态环境部门在日常企事业单位环境应急管理工作中主要开展哪些工作？

答案：（1）开展本行政区域突发环境事件风险评估工作，分析可能发生的突发环境事件，提高区域环境风险防范能力；（2）对企业事业单位环境风险防范和环境安全隐患排查治理工作进行抽查或者突击检查，将存在重大环境安全隐患且整治不力的企业信息纳入社会诚信档案，并可以通报行业主管部门、投资主管部门、证券监督管理机构以及有关金融机构；（3）对企事业单位突发环境事件应急预案备案、抽查。

依据：《突发环境事件应急管理办法》。

3.4 管理队伍

3.4.1 单项选择题

3.4.1.1 （　）建立健全长江流域突发生态环境事件应急联动工作机制，与国家突发事件应急体系相衔接，加强对长江流域船舶、港口、矿山、化工厂、尾矿库等发生的突发生态环境事件的应急管理。

A. 国务院生态环境主管部门

B. 国务院有关部门

C. 长江流域省级人民政府

D. 国务院生态环境主管部门会同国务院有关部门和长江流域省级人民政府

答案：D

依据：《中华人民共和国长江保护法》第十条。

3.4.1.2 企业事业单位应当将突发环境事件应急培训纳入单位工作计划，对从业人员定期进行突发环境事件应急知识和技能培训，并（　），如实记录培训的时间、内容、参加人员等信息。

A. 做好培训记录　　　　　　　　B. 通过摄影摄像等方式

C. 建立培训档案　　　　　　　　D. 制作培训记录表

答案：C

依据：《突发环境事件应急管理办法》第十九条。

3.4.1.3 （ ）应当将突发环境事件应急培训纳入单位工作计划，对从业人员定期进行突发环境事件应急知识和技能培训，并建立培训档案，如实记录培训的时间、内容、参加人员等信息。

A. 企业事业单位   B. 地方人民政府和有关部门

C. 环保部门   D. 安监部门

答案：A

依据：《突发环境事件应急管理办法》。

3.4.2 简答题

3.4.2.1 突发环境事件应急培训应当如何组织？

答案：企业事业单位应当将突发环境事件应急培训纳入单位工作计划，对从业人员定期进行突发环境事件应急知识和技能培训，并建立培训档案，如实记录培训的时间、内容、参加人员等信息；县级以上生态环境主管部门应当定期对从事突发环境事件应急管理工作的人员进行培训。

依据：《突发环境事件应急管理办法》。

3.4.2.2 企业如何加强环境应急的宣传培训和演练？

答案：企业应当定期就企业突发环境事件应急管理制度、突发环境事件风险防控措施的操作要求、隐患排查治理案例等开展宣传和培训，并通过演练检验各项突发环境事件风险防控措施的可操作性，提高从业人员隐患排查治理能力和风险防范水平。如实记录培训、演练的时间、内容、参加人员以及考核结果等情况，并将培训情况备案存档。

依据：《企业突发环境事件隐患排查和治理工作指南（试行）》。

3.5 应急物资

3.5.1 名词解释

3.5.1.1 环境应急资源

答案：指采取紧急措施应对突发环境事件时所需要的物资和装备。

依据：《环境应急资源调查指南（试行）》（环办应急〔2019〕17 号）。

3.5.1.2 事故应急池

答案： 又称事故缓冲池或应急事故池，是指为了在发生事故时，能有效地接纳装置排水、消防水等污染水，以免事故污染水进入外环境造成污染的污水收集设施。

依据：《事故状态下水体污染的预防与控制技术要求》。

3.5.2 单项选择题

3.5.2.1 各省级生态环境部门每年（　）组织完成本行政区域内环境应急物资信息的核实、补录和更新，对有关单位环境应急物资情况可以开展现场调研。

A．第一季度　　　　　　　　B．第二季度

C．第三季度　　　　　　　　D．第四季度

答案： A

依据：《环境应急物资信息库管理工作指南（试行）》：各省级生态环境部门每年第一季度组织完成本行政区域内环境应急物资信息的核实、补录和更新，对有关单位环境应急物资情况可以开展现场调研。

3.5.2.2 县级以上地方环境保护主管部门可以根据本行政区域的实际情况，建立（　　），有条件的地区可以设立环境应急物资储备库。

A．环境应急专家信息库　　　　B．环境应急装备信息库

C．环境应急物资分布信息库　　D．环境应急物资储备信息库

答案： D

依据：《突发环境事件应急管理办法》。

3.5.2.3 以下环境应急资源中不属于"污染物收集"资源功能的是（　）。

A．吨桶　　　　　　　　　　B．收油机

C．拦污浮桶　　　　　　　　D．潜水泵

答案： C

依据：《环境应急资源调查指南（试行）》附录 A。

3.5.2.4 水源地突发环境事件应急处置相关应急物资、装备和设施清单应包括物资、装备和设施的（　）、名称、数量、存放位置、规格、性能、用途和用法等信息，还应明确应急物资、装备、设施的定期检查和维护要求。

A．种类　　　　　　　　　　B．特性

C．施工方法　　　　　　　　　　D．保存期限

答案：A

依据：《集中式地表水饮用水水源地突发环境事件应急预案编制指南》指出，应明确负责物资调集的工作人员姓名、职务和联系电话。根据应急物资调查结果，列明应急物资、装备和设施清单，以及调集、运输和使用方式。清单应包括物资、装备和设施的种类、名称、数量、存放位置、规格、性能、用途和用法等信息，还应明确应急物资、装备、设施的定期检查和维护要求。应急物资、装备和设施包括但不限于以下内容：（1）对水体内污染物进行打捞和拦截的物资、装备和设施，如救援打捞设备、油毡、围油栏、筑坝材料、溢出控制装备等。（2）控制和消除污染物的物资、装备和设施，如中和剂、灭火剂、解毒剂、吸收剂等。（3）移除和拦截移动源的装备和设施，如吊车、临时围堰、导流槽、应急池等。（4）雨水口垃圾清运和拦截的装备和设施，如格栅、清运车、临时设置的导流槽等。（5）针对水华灾害，消除有毒有害物质产生条件、清除藻类的物资、装备和设施，如增氧机、除草船等。（6）对污染物进行拦截、导流、分流及降解的应急工程设施，如拦截坝、节制闸、导流渠、分流沟、前置库等。

3.5.3 多项选择题

3.5.3.1 根据《环境应急资源调查指南（试行）》，环境应急物资可分为（　）、（　）、（　）和（　）。

A．污染物切断　　　　　　　　　B．污染物控制

C．污染物收集　　　　　　　　　D．安全防护

答案：ABCD

依据：《环境应急资源调查指南（试行）》附录 A。

3.5.3.2 常用环境应急物资主要包括吸附、（　）、氧化和还原类物资。

A．拦截　　　　　　　　　　　　B．絮凝

C．沉淀　　　　　　　　　　　　D．中和

答案：ABCD

依据：《环境应急资源调查指南（试行）》。

3.5.3.3 下列哪些是控制收集类应急物资？（　）

A．活性炭　　　　　　　　　　　B．围油栏

C．助凝剂　　　　　　　　　　　D．吸油毡

答案：ABD

依据：《环境应急资源调查指南（试行）》。

3.5.3.4 下列哪些是絮凝助凝沉淀类应急物资？（ ）

A. 聚丙烯酰胺　　　　　　　　B. 聚合硫酸铁

C. 聚合氯化铝　　　　　　　　D. 三氯化铁

E. 硫化钠

答案：ABCDE

依据：《环境应急资源调查指南（试行）》。

3.5.3.5 下列哪些是中和类应急物资？（ ）

A. 硫酸　　　　　　　　　　　B. 氧化锌

C. 磷酸二氢钠　　　　　　　　D. 氧化钙

答案：ACD

依据：《环境应急资源调查指南（试行）》。

3.5.3.6 水源地应急防控体系建设包括但不限于（ ）。

A. 风险源应急防控　　　　　　B. 净水工艺

C. 连接水体的应急防控　　　　D. 取水口的应急防控

答案：ACD

依据：《集中式地表水饮用水水源地突发环境事件应急预案编制指南》。

3.5.3.7 环境应急资源主要作业方式或资源功能主要包括（ ）。

A. 污染源切断、污染物控制、污染物收集、污染物降解

B. 安全防护

C. 应急通信和指挥

D. 环境监测

答案：ABCD

依据：《环境应急资源调查指南（试行）》"环境应急资源参考名录"。

3.5.4 判断题

3.5.4.1   县级以上地方生态环境主管部门可以根据本行政区域的实际情况，建立环境应急物资储备信息库，有条件的地区可以设立环境应急物资储备库。企业事业单位应当储备必要的环境应急装备和物资，并建立完善相关管理制度。

答案： √

依据： 《突发环境事件应急管理办法》。

3.5.4.2 开展环境应急资源调查，可以将应急管理、技术支持、处置救援等环境应急队伍和应急指挥、应急拦截与储存、应急疏散与临时安置、物资存放等环境应急场所同步纳入调查范围。

答案： √

依据： 《环境应急资源调查指南（试行）》。

3.5.4.3 开展环境应急资源调查，主要目的是收集和掌握本地区、本单位第一时间可以调用的环境应急资源状况，建立健全重点环境应急资源信息库，加强环境应急资源储备管理，促进环境应急预案质量和环境应急能力提升。

答案： √

依据： 《环境应急资源调查指南（试行）》。

3.5.4.4 污染源切断资源主要有沙包沙袋、快速膨胀袋、溢漏围堤、下水道阻流袋、排水井保护垫、沟渠密封袋、充气式堵水气囊等。

答案： √

依据： 《环境应急资源调查指南（试行）》。

3.5.4.5 污染物控制资源主要有围油栏（常规围油栏、橡胶围油栏、PVC 围油栏、防火围油栏）、浮桶（聚乙烯浮桶、拦污浮桶、管道浮桶、泡沫浮桶、警示浮球）、水工材料（土工布、土工膜、彩条布、钢丝格栅、导流管件）等。

答案： √

依据： 《环境应急资源调查指南（试行）》。

3.5.4.6 非化工类但又使用化学品的一般工贸企业，不需要建设事故应急池。

答案： ×

依据： 《中华人民共和国水污染防治法》第七十八条规定，企业事业单位在应急状态下应当采取隔离等应急措施，防止水污染物进入水体。《突发环境事件应急管理办法》（环境保护部令 第 34 号）第九条明确，企业事业单位的突发环境事件风险防控措施包括有效防止泄漏物质、消防水、污染雨水等扩散至外环境的收集、导流、拦截、降污等措施。《建设项目环境风险评价技术导则》（HJ 169—2018）要求，建设项目应设置事故废水收集（尽可能以非动力自流方式）和应急储存设施，以满足事故状态下收集泄漏物料、污染消防水和污染雨水的需要。因此，对于可能发生突发环境事件的企业事业单位，相关法律法规已明确要求应配套事故废水收集和应急储存设施。

3.5.4.7 事故应急池不可以兼用。

答案： ×

依据： 当项目环境影响评价文件对事故应急池有要求时，应按要求建设事故应急池，并配套建设收集输送管路。企业其他池子在保持日常常空，且满足容积及配套收集输送管路要求的前提下，可兼作事故应急池。日常情况下，为保持足够的事故排水缓冲容量，事故应急池应保持常空状态。非事故状态下，因物料泄漏、废水处理设施不达标等确需占用事故应急池的情况下，可临时将事故应急池作为缓冲池使用，占用容积不得超过 1/3，并要及时腾空，且应具备在事故发生时 30 分钟内紧急排空能力。

3.5.4.8 事故应急池不属于特定环境风险防控设施，企业可以根据实际情况设置建造。

答案： ×

依据： 按照《化工建设项目环境保护工程设计标准》（GB/T 50483—2019），化工建设项目均应设置。《中华人民共和国水污染防治法》第七十八条规定，企业事业单位在应急状态下应当采取隔离等应急措施，防止水污染物进入水体。《突发环境事件应急管理办法》（环境保护部令 第 34 号）第九条明确，企业事业单位的突发环境事件风险防控措施包括有效防止泄漏物质、消防水、污染雨水等扩散至外环境的收集、导流、拦截、降污等措施。《建设项目环境风险评价技术导则》（HJ 169—2018）要求，建设项目应设置事故废水收集（尽可能以非动力自流方式）和应急储存设施，以满足事故状态下收集泄漏物料、污染消防水和污染雨水的需要。从以上法律法规等文件可以看出，对于可能发生突发环境事件的企业事业单位应配套事故废水收集和应急储存设施（事故应急池是其中一种主要情形），国家要求是明确的。企业可以参考 HJ 169—2018 等，结合自身特点进行设计、建设、管理。

3.5.4.9 初期雨水收集池在一定条件下可以作为事故应急池使用。

答案： √

依据： 《化工建设项目环境保护工程设计标准》（GB/T 50483—2019）和《石油化工环境保护设计规范》（SH/T 3024—2017）中均规定化工企业应设置初期雨水池和事故水池，并没有明确不能共用或合建。根据《石化企业水体环境风险防控技术要求》（Q/SH 0729—2018）第 5.5.8 条："事故池宜单独设置，非事故状态下需占用时，占用容积不得超过 1/3，且具备在事故发生时 30 分钟内紧急排空的设施"。

3.5.4.10　事故应急池视情况可以存有一定积水。

答案：√

依据：目前，涉及事故应急池的规范性文件主要有《建设项目环境风险评价技术导则》（HJ 169—2018）、《化工建设项目环境保护工程设计标准》（GB/T 50483—2019）、《石化企业水体环境风险防控技术要求》（Q/SH 0729—2018）等参考相关文件。日常情况下，为保持足够的事故水缓冲容量，事故应急池应保持常空状态。非事故状态下，因物料泄漏、废水处理设施不达标等确需占用事故应急池的情况下，可临时将事故应急池作为缓冲池使用，占用容积不得超过 1/3，并要及时腾空，且应具备在事故发生时 30 分钟内紧急排空能力。

3.5.4.11　所有企业都要建事故应急池。

答案：×

依据：主要有两类企业要建事故应急池，一是环评文件或环评审批意见明确要求建设事故应急池的，二是企业的突发环境事件应急预案明确要求建设事故应急池的。

3.5.5　填空题

3.5.5.1　应急物资主要包括处理、消解和吸收污染物（泄漏物）的各种絮凝剂、（　）、（　）、（　）、氧化还原剂等；应急装备主要包括个人防护装备、应急监测能力、应急通信系统、电源（包括应急电源）、照明等。

答案：吸附剂、中和剂、解毒剂

依据：《环境应急资源调查指南（试行）》（环办应急〔2019〕17 号）。

3.5.5.2　环境应急资源调查应遵循（　）、专业、可靠的原则。

答案：客观

依据：《环境应急资源调查指南（试行）》（环办应急〔2019〕17 号）指出，环境应急资源调查应遵循客观、专业、可靠的原则。"客观"是指针对已经储备的资源和已经掌握的资源信息进行调查。"专业"是指重点针对环境应急时的专用资源进行调查。"可靠"是指调查过程科学、调查结论可信、资源调集可保障。

3.5.5.3　环境应急资源调查主体为（　）。

答案：生态环境部门或企事业单位

依据：《环境应急资源调查指南（试行）》（环办应急〔2019〕17 号）。

3.5.5.4　企业事业单位的环境应急资源调查重点，应以企业事业单位内部为主，包括自储、代储、（　）的环境应急资源。必要时可以把能够用于环境应急的产品、原料、辅料纳入调查范围。

答案： 协议储备

依据：《环境应急资源调查指南（试行）》（环办应急〔2019〕17号）。

3.5.5.5 环境应急资源按主要作业方式或资源功能，分为污染源切断、污染物控制、污染物收集、（　）、安全防护、应急通信和指挥、环境监测类等。

答案： 污染物降解

依据：《环境应急资源调查指南（试行）》（环办应急〔2019〕17号）。

3.5.6　简答题

3.5.6.1 企业应当如何进行环境应急准备？

答案：（1）是否配备必要的应急物资和应急装备（包括应急监测）；（2）是否已设置专职或兼职人员组成的应急救援队伍；（3）是否与其他组织或单位签订应急救援协议或互救协议（包括应急物资、应急装备和救援队伍等情况）。

依据：《企业突发环境事件风险评估指南（试行）》。

3.5.6.2 环境应急资源调查的内容是什么？

答案： 发生或可能发生突发环境事件时，第一时间可以调用的环境应急资源情况，包括可以直接使用或可以协调使用的环境应急资源，并对环境应急资源的管理、维护、获得方式与保存时限等进行调查。环境应急资源来源广泛，在应急现场常常会结合实际将普通物品直接或简单改造用于现场处置，如木糠用于吸附，吨桶改造成加药设备。

依据：《环境应急资源调查指南（试行）》（环办应急〔2019〕17号）。

3.5.6.3 生态环境部门的调查重点是什么？

答案： 以本级行政区域内为主，必要时可以对区域、流域周边环境应急资源信息进行调查。优先调查政府及生态环境等相关部门应急物资库的环境应急资源，同时将重点联系的企事业单位尤其是大型企业的物资库纳入调查范围。根据风险情况和应急需求，还可以将生产、供应环境应急资源的单位，产品、原料、辅料可以用作环境应急资源的单位等其他有必要调查的单位纳入调查范围。

依据：《环境应急资源调查指南（试行）》（环办应急〔2019〕17号）。

3.5.6.4 环境应急资源调查的程序是什么？

答案： 一般按以下程序组织开展调查，调查主体可根据调查规模适当简化。（1）制定调查方案。收集分析环境风险评估、应急预案、演练记录、事件处置记录和历史调查、日常管理资料，确定本次调查的目标、对象、范围、方式、计划等，设计调查表格，明确人员和任务。（2）安排部署调查。通过印发通知、组织培训、召开会议等形式，安排部署调查任务，使调查人员了解调查内容和时间安排，掌握调查技术路线和调查技术重点。（3）信息采集审核。调查人员按照调查方案，采取填表调查、问卷调查、实地调查等相结合的方式收集有关信息，填写调查表格。汇总收集到的信息，通过逻辑分析、人员访谈、现场抽查等方式，查验数据的完备性、真实性、有效性。重点环境应急资源应进行现场勘查。（4）编写调查报告。调查报告一般包括调查概要、调查过程及数据核实、调查结果与结论，并附以环境应急资源信息清单、分布图、调配流程及调查方案等必要的文件。（5）建立信息档案。汇总整理调查成果，建立包括资源清单、调查报告、管理制度在内的调查信息档案。逐步实现调查信息的结构化、数据化、信息化。（6）调查数据更新。调查主体应当加强对环境应急资源信息的动态管理，及时更新环境应急资源信息。在评估修订环境应急预案时，应对环境应急资源情况一并进行更新。调查数据更新可参照以上调查程序适当简化。

依据：《环境应急资源调查指南（试行）》（环办应急〔2019〕17 号）。

3.5.6.5　污染物收集资源主要有哪些？

答案：主要有：（1）收油装置：收油机，潜水泵（包括防爆潜水泵）；（2）吸附装置：吸油毡、吸油棉、吸污卷、吸污袋；（3）储存装置：吨桶、油囊、储罐等。

依据：《环境应急资源调查指南（试行）》（环办应急〔2019〕17 号）。

3.5.6.6　污染物降解资源主要有哪些？

答案：（1）溶药装置：搅拌机、搅拌桨；加药装置：水泵、阀门、流量计，加药管；（2）水污染、大气污染、固体废物处理一体化装置；（3）吸附剂：活性炭、硅胶、矾土、白土、膨润土、沸石；（4）中和剂：硫酸、盐酸、硝酸，碳酸钠、碳酸氢钠、氢氧化钙、氢氧化钠、氧化钙；（5）絮凝剂：聚丙烯酰胺、三氯化铁、聚合氯化铝、聚合硫酸铁；（6）氧化还原剂：过氧化氢、高锰酸钾、次氯酸钠，焦亚硫酸钠、亚硫酸氢钠、硫酸亚铁；（7）沉淀剂：硫化钠等。

依据：《环境应急资源调查指南（试行）》（环办应急〔2019〕17 号）。

3.5.6.7　安全防护资源主要有哪些？

答案：预警装置；防毒面具、防化服、防化靴、防化手套、防化护目镜、防辐射服；氧气（空气）呼吸器、呼吸面具；安全帽、手套、安全鞋、工作服、安全警示背心、安全绳；碘片等。

依据：《环境应急资源调查指南（试行）》（环办应急〔2019〕17号）。

3.5.6.8 事故应急池应如何建设？容积应如何计算？

答案：目前，涉及事故应急池的规范性文件主要有《建设项目环境风险评价技术导则》（HJ 169—2018）、《化工建设项目环境保护工程设计标准》（GB/T 50483—2019）、《石化企业水体环境风险防控技术要求》（Q/SH 0729—2018）等。实践中，有的企业在事故发生后，利用围堰、防火堤、排水设施等暂存事故废水，有效控制了事故废水不进入外环境。企业可参考上述文件中相关要求和计算公式，结合自身特点，设计、建设、管理事故应急池。当项目环境影响评价报告对事故应急池有要求时，应按相关要求建设事故应急池。根据 HJ 169—2018 和 GB/T 50483—2019 的有关规定，事故应急池宜采取地下式，使事故废水重力流排入。

依据：《石化企业水体环境风险防控技术要求》（Q/SH 0729—2018）。

3.5.6.9 关于环境应急物资储备库的建立有哪些要求？

答案：县级以上地方生态环境主管部门可以根据本行政区域的实际情况，建立环境应急物资储备信息库，有条件的地区可以设立环境应急物资储备库。企业事业单位应当储备必要的环境应急装备和物资，并建立完善相关管理制度。

依据：《环境应急资源调查指南（试行）》（环办应急〔2019〕17号）。

3.5.6.10 水源地突发环境事件应急工程设施有哪些？

答案：水源地突发环境事件应急工程设施包括可用于拦截污染物进入水体的设施，以及建设在连接水体上的水利闸坝和航运船闸等工程设施。（1）可拦截污染物进入水体的应急工程设施。调查企业厂区内、事故发生地点或污染物迁移路径上的污染物拦截工程设施，如事故导流槽、应急池、缓冲塘等，其建设进展、分布、处置能力和管理主体等情况。（2）连接水体的应急工程设施。调查连接水体的防护工程，如拦污坝、节制闸、导流渠、调水沟渠等，其建设、分布、拦截或处置能力、调度方式、管理主体等情况。

依据：《集中式地表水饮用水水源地突发环境事件应急预案编制指南》。

3.5.6.11 简述水源地突发环境事件风险源应急防控措施内容与技术要求。

答案：（1）结合水源地基础状况调查和风险评估结果，以源头管控为目的，对可能影响水源地的主要风险源加强监控，全过程监控水源地风险物质产生至排放的各关键环节。（2）针对水源地主要风险源，结合不同预案情景，设置或优化风险源应急防控工程，为应急响应提供支撑。①经风险评估认定的重点防控固定源单位，应储备必要的应急物资，完善污染物拦截、导流、收集和处置的应急工程设施，防止污染物排向外环境。②经风险评估认定的重点防控道路和桥梁，应设置导流槽、应急池等，拦截和收集污染物，防止污染扩散。③经风险评估认定的重点防控化学品运输码头、水上交通事故高发地段以及油气管线等，有关单位应储备救援打捞、油毡吸附、围油栏、临时围堰等应急物资，拦截和收集污染物，防止污染扩散。

依据： 《集中式地表水饮用水水源地突发环境事件应急预案编制指南》。

3.5.6.12 简述水源地突发环境事件连接水体的应急防控措施技术要求。

答案： （1）结合水源地基础状况调查和风险评估结果，加强水源地风险预警监控，优化连接水体的预警断面布设和预警监控指标。预警断面设置，应采取风险源分类监控、风险源影响的快速警示、应急响应时间缓冲、经济技术可行等原则。结合风险源调查评估结果，一般可以考虑在连接水体的跨省（市）界断面、风险源汇入的下游水域（包括集中污水处理设施排污口、城市总排口、排污单位排污口、重点防控道路和桥梁、重点防控的化学品运输码头、主要支流入河口等下游水域）、距离取水口 X 小时迁移时间的上游水域边界（X 小时按照当地应急响应时间考虑）以及水源地二级保护区边界等地点，设置预警断面。在常规监测、自动监测的基础上，根据流域污染特征，可以适当增加预警指标，采用生物毒性综合预警手段对重金属、有机污染物等有毒有害物质进行实时监控。（2）结合水源地基础状况调查，设置或优化连接水体应急防控工程，为应急响应提供支撑。①在连接水体的现有水利工程基础上，建设或提前规划拦污坝、节制闸、导流渠、分流沟、蓄污湿地、前置库等工程设施。②在重点防控道路、桥梁和危险化学品运输码头的临近水域，建设围堰等防护设施。③根据河道和水文条件，提前规划水流改道、迁移等工程设施。

依据： 《集中式地表水饮用水水源地突发环境事件应急预案编制指南》。

3.5.6.13 简述水源地突发环境事件取水口的应急防控措施技术要求。

答案： （1）结合水源地基础状况调查和风险评估结果，加强水源地取水口的自动监控。根据流域污染特征，可以适当增加监控指标。可采用生物毒性综合预警手段实现对重金属、有机污染物等有毒有害物质的实时监控。根据水源地特征，可以增加不同垂直深度的水质自动监控，为改变取水层位等应急措施提供依据。（2）结合水源地基础状况调查和风险评估结果，设置取水口应急工程。①针对供排水格局交错、风险源分布较为密集的区域，实施取水口优化工程；②针对深水湖库型水源地，垂向布设多个取水口，预置改变取水层位的应急工程；③针对水华风险较高的湖库型水源地，储备或预置曝气装置、藻类拦截等设施，以及水华期的控藻工程；④针对沿岸具备傍河取水条件的地域，预置傍河地下水井及取水设施，实施改变取水方式的应急工程等；⑤建设调水沟渠应急工程，通过调水稀释措施，降低污染物浓度。

依据：《集中式地表水饮用水水源地突发环境事件应急预案编制指南》。

第 4 章　应急响应

应急响应是在突发环境事件发生后，为遏制或消除环境污染因子传播，控制或减缓其造成的危害和影响，最大限度地保护人民群众的生命财产和环境安全，根据事先制定的应急预案所采取的一系列有效措施与应急行动，主要包括分级响应、预警行动、信息报告与发布、应急处置与控制、应急监测、应急终止等环节。

4.1　分级响应

4.1.1　名词解释

4.1.1.1　事故排水

答案：指事故状态下排出的含有泄漏物，以及施救过程中产生其他物质的生产废水、清净下水、雨水或消防水等。

依据：《石化企业水体环境风险防控技术要求》（Q/SH 0729—2018）。

4.1.1.2　事故排水储存设施

答案：储存事故排水的构筑物或其他设施，包括围堰和防火堤内区域、排水管渠、事故池、事故罐以及事故时可用于储存事故排水的其他设施（如油品储罐等）。

依据：《石化企业水体环境风险防控技术要求》（Q/SH 0729—2018）。

4.1.1.3　初期雨水

答案：指刚下的雨水。一次降雨过程中前 10～20 min 降水量。

依据：《石化企业水体环境风险防控技术要求》（Q/SH 0729—2018）。

4.1.1.4　清净雨水

答案：未受污染或受较轻污染，不经处理即符合排放标准的雨水。

依据：《石化企业水体环境风险防控技术要求》（Q/SH 0729—2018）。

4.1.1.5 事故排水汇水区

答案：相对独立的事故排水收集区域。

依据：《石化企业水体环境风险防控技术要求》（Q/SH 0729—2018）。

4.1.1.6 环境通道

答案：企业外排口（生产污水排口、清净雨水排口）至最终受纳水体间的路径。

依据：《石化企业水体环境风险防控技术要求》（Q/SH 0729—2018）。

4.1.2 单项选择题

4.1.2.1 初判发生特别重大突发环境事件，启动（　）应急响应，由事发地省级人民政府负责应对工作。

A．Ⅰ级　　　　　　　　　　　　B．Ⅱ级

C．Ⅲ级　　　　　　　　　　　　D．Ⅳ级

答案：A

依据：《国家突发环境事件应急预案》：初判发生特别重大、重大突发环境事件，分别启动Ⅰ级、Ⅱ级应急响应，由事发地省级人民政府负责应对工作；初判发生较大突发环境事件，启动Ⅲ级应急响应，由事发地设区的市级人民政府负责应对工作；初判发生一般突发环境事件，启动Ⅳ级应急响应，由事发地县级人民政府负责应对工作。

4.1.2.2 初判发生重大突发环境事件，启动（　）应急响应，由事发地省级人民政府负责应对工作。

A．Ⅰ级　　　　　　　　　　　　B．Ⅱ级

C．Ⅲ级　　　　　　　　　　　　D．Ⅳ级

答案：B

依据：同上。

4.1.2.3 初判发生较大突发环境事件，启动（　）应急响应，由事发地设区的市级人民政府负责应对工作。

A．Ⅰ级　　　　　　　　　　　　B．Ⅱ级

C．Ⅲ级　　　　　　　　　　　　D．Ⅳ级

答案：C

依据：同上。

4.1.2.4　初判发生一般突发环境事件，启动（　）应急响应，由事发地县级人民政府负责应对工作。

A．Ⅰ级　　　　　　　　　　　B．Ⅱ级

C．Ⅲ级　　　　　　　　　　　D．Ⅳ级

答案：D

依据：同上。

4.1.2.5　根据《国家突发环境事件应急预案》，直接经济损失在（　）的，属于特别重大突发环境事件。

A．2 亿元以上　　　　　　　　B．1 亿元以上

C．5 000 万元以上　　　　　　D．2 000 万元以上

答案：B

依据：《国家突发环境事件应急预案》。

4.1.2.6　下列情形不属于一般突发环境事件的是（　）。

A．因环境污染直接导致 3 人以下死亡或 10 人以下中毒或重伤的

B．因环境污染疏散、转移人员 5 000 人以下的

C．因环境污染造成直接经济损失 500 万元以下的

D．因环境污染造成国家重点保护的动植物物种受到破坏的

答案：D

依据：《国家突发环境事件应急预案》。

4.1.2.7　因环境污染造成县级城市集中式饮用水水源地取水中断的突发环境事件属于（　）突发环境事件。

A．特别重大（Ⅰ级）　　　　　B．重大（Ⅱ级）

C．较大（Ⅲ级）　　　　　　　D．一般（Ⅳ级）

答案：B

依据：《国家突发环境事件应急预案》。

4.1.3　多项选择题

4.1.3.1　根据《国家突发环境事件应急预案》突发环境事件分级标准，以下属于特别重大突发环境事件的是（　）。

A．因环境污染直接导致 30 人以上死亡或 100 人以上中毒或重伤的

　　B．因环境污染疏散、转移人员 5 万人以上的

　　C．因环境污染造成直接经济损失 1 亿元以上的

　　D．因环境污染造成区域生态功能丧失或该区域国家重点保护物种灭绝的

　　E．因环境污染造成设区的市级以上城市集中式饮用水水源地供水中断的

　　F．造成重大跨国境影响的境内突发环境事件

　　答案：ABCDEF

　　依据：《国家突发环境事件应急预案》。

4.1.3.2 根据《国家突发环境事件应急预案》突发环境事件分级标准，以下属于重大突发
环境事件的是（　　）。

　　A．因环境污染直接导致 10 人以上 30 人以下死亡或 50 人以上 100 人以下中毒或重
　　　　伤的

　　B．因环境污染疏散、转移人员 1 万人以上 5 万人以下的

　　C．因环境污染造成直接经济损失 2 000 万元以上 1 亿元以下的

　　D．因环境污染造成区域生态功能部分丧失或该区域国家重点保护野生动植物种群大
　　　　批死亡的

　　E．因环境污染造成县级城市集中式饮用水水源地供水中断的

　　F．造成跨省级行政区域影响的突发环境事件

　　答案：ABCDEF

　　依据：《国家突发环境事件应急预案》。

4.1.3.3 根据《国家突发环境事件应急预案》突发环境事件分级标准，以下属于较大突发
环境事件的是（　　）。

　　A．因环境污染直接导致 3 人以上 10 人以下死亡或 10 人以上 50 人以下中毒或重伤的

　　B．因环境污染疏散、转移人员 5 000 人以上 1 万人以下的

　　C．因环境污染造成直接经济损失 500 万元以上 2 000 万元以下的

　　D．因环境污染造成国家重点保护的动植物物种受到破坏的

　　E．因环境污染造成乡镇集中式饮用水水源地供水中断的

　　F．造成跨设区的市级行政区域影响的突发环境事件

　　答案：ABCDEF

　　依据：《国家突发环境事件应急预案》：凡符合下列情形之一的，为较大突发环境
事件：（1）因环境污染直接导致 3 人以上 10 人以下死亡或 10 人以上 50 人以下中毒或

重伤的；（2）因环境污染疏散、转移人员 5 000 人以上 1 万人以下的；（3）因环境污染造成直接经济损失 500 万元以上 2 000 万元以下的；（4）因环境污染造成国家重点保护的动植物物种受到破坏的；（5）因环境污染造成乡镇集中式饮用水水源地取水中断的；（6）Ⅲ类放射源丢失、被盗的；放射性同位素和射线装置失控导致 10 人以下急性重度放射病、局部器官残疾的；放射性物质泄漏，造成小范围辐射污染后果的；（7）造成跨设区的市级行政区域影响的突发环境事件。

4.1.3.4 根据《国家突发环境事件应急预案》突发环境事件分级标准，以下属于一般突发环境事件的是（　　）。

　　A．因环境污染直接导致 3 人以下死亡或 10 人以下中毒或重伤的

　　B．因环境污染疏散、转移人员 5 000 人以下的

　　C．因环境污染造成直接经济损失 500 万元以下的

　　D．因环境污染造成跨县级行政区域纠纷，引起一般性群体影响的

　　E．对环境造成一定影响，尚未达到较大突发环境事件级别的

　　答案：ABCDE

　　依据：《国家突发环境事件应急预案》。

4.1.3.5 《突发环境事件应急管理办法》规定，获知突发环境事件信息后，县级以上地方环境保护主管部门应当（　　）等情况。

　　A．立即组织排查污染源

　　B．初步查明事件发生的时间、地点、原因、污染物质及数量

　　C．初步查明周边环境敏感区

　　D．立即向本级人民政府和上级生态环境保护主管部门报告

　　答案：ABC

　　依据：《突发环境事件应急管理办法》第二十六条。

4.1.3.6 按照突发事件发生的紧急程度、发展势态和可能造成的危害程度分为一级、二级、三级和四级，分别用（　　）标示。

　　A．红色　　　　　　　　　　　　B．橙色

　　C．黄色　　　　　　　　　　　　D．蓝色

　　答案：ABCD

　　依据：《国家突发环境事件应急预案》。

4.1.3.7 环境应急五个"第一时间"包括（　　）。

A. 第一时间报告　　　　　　　　B. 第一时间赶赴现场

C. 第一时间开展监测　　　　　　D. 第一时间向社会公布信息

E. 第一时间组织开展调查　　　　F. 第一时间开展调查评估

答案：ABCDE

依据：《关于做好 2019 年突发环境事件应急工作的通知》（环办应急〔2019〕9 号）。

4.1.4　判断题

4.1.4.1　企业事业单位发生事故或者其他突发性事件，造成或者可能造成水污染事故的，应当立即启动本单位的应急方案，采取隔离等应急措施，防止水污染物进入水体，并向事故发生地的县级以上地方人民政府或者环境保护主管部门报告。环境保护主管部门接到报告后，应当及时向本级人民政府报告，并抄送有关部门。

答案：√

依据：《中华人民共和国环境保护法》第七十八条第一款。

4.1.4.2　饮用水水源发生水污染事故，或者发生其他可能影响饮用水安全的突发性事件，饮用水供水单位应当停止取水，向所在地市、县级人民政府报告，并向社会公开。

答案：×

依据：《中华人民共和国环境保护法》第七十九条第三款。

4.1.4.3　《中华人民共和国土壤污染防治法》规定：发生突发事件可能造成土壤污染的，地方人民政府及其有关部门和相关企业事业单位以及其他生产经营者应当立即采取应急措施，防止土壤污染，并依照《中华人民共和国土壤污染防治法》规定做好土壤污染状况监测、调查和土壤污染风险评估、风险管控、修复等工作。

答案：√

依据：《中华人民共和国土壤污染防治法》第四十四条。

4.1.4.4　根据《国家突发环境事件应急预案》，突发环境事件分为重大环境事件（Ⅰ级）、较大环境事件（Ⅱ级）、一般环境事件（Ⅲ级）。

答案：×

依据：《国家突发环境事件应急预案》，将突发环境事件划分为 4 级，即：特别重大、重大、较大及一般突发环境事件，分别为Ⅰ级、Ⅱ级、Ⅲ级、Ⅳ级。

4.1.5　填空题

4.1.5.1　突发环境事件应对,应当在县级以上地方人民政府的统一领导下,建立分类管理、分级负责、（　　）为主的应急管理体制。

　　答案：属地管理

　　依据：《国家突发环境事件应急预案》。

4.1.5.2　获知突发环境事件信息后,（　　）应当立即组织排查污染源,初步查明事件发生的时间、地点、原因、污染物质及数量、周边环境敏感区等情况。

　　答案：县级以上地方环境保护主管部门

　　依据：《突发环境事件应急管理办法》。

4.1.6　简答题

4.1.6.1　突发环境事件等级如何划分?

　　答案：按照事件严重程度,分为一般、较大、重大和特别重大四级。符合下列情形之一的,为一般突发环境事件：因环境污染直接导致 3 人以下死亡或 10 人以下中毒或重伤的;因环境污染疏散、转移人员 5 000 人以下的;因环境污染造成直接经济损失 500 万元以下的;因环境污染造成跨县级行政区域纠纷,引起一般性群体影响的;Ⅳ、Ⅴ类放射源丢失、被盗的;放射性同位素和射线装置失控导致人员受到超过年剂量限值的照射的;放射性物质泄漏,造成厂区内或设施内局部辐射污染后果的;铀矿冶、伴生矿超标排放,造成环境辐射污染后果的;对环境造成一定影响,尚未达到较大突发环境事件级别的。

　　符合下列情形之一的,为较大突发环境事件：因环境污染导致 3 人以上 10 人以下死亡或 10 人以上 50 人以下中毒或重伤的;因环境污染疏散、转移人员 5 000 人以上 1 万人以下的;因环境污染造成经济损失 500 万元以上 2 000 万元以下的;因环境污染造成国家重点保护动植物种受到破坏的;因环境污染造成乡镇集中式饮用水水源地取水中断的;Ⅲ类放射源丢失、被盗的;放射性同位素和射线装置失控导致 10 人以下急性重度放射病、局部器官残疾的;放射性物质泄漏,造成小范围辐射污染后果的;造成跨设区的市级行政区域影响的突发环境事件。

　　符合下列情形之一的,为重大突发环境事件：因环境污染直接导致 10 人以上 30 人以下死亡或 50 人以上 100 人以下中毒或重伤的;因环境污染疏散、转移人员 1 万人以上

5 万人以下的；因环境污染造成直接经济损失 2 000 万元以上 1 亿元以下的；因环境污染造成区域生态功能部分丧失或该区域国家重点保护野生动植物种群大批死亡的；因环境污染造成县级城市集中式饮用水水源地取水中断的；Ⅰ、Ⅱ类放射源丢失、被盗的；放射性同位素和射线装置失控导致 3 人以下急性死亡或者 10 人以上急性重度放射病、局部器官残疾的；放射性物质泄漏，造成较大范围辐射污染后果的；造成跨省级行政区域影响的突发环境事件。

符合下列情形之一的，为特别重大突发环境事件：因环境污染直接导致 30 人以上死亡或 100 人以上中毒或重伤的；因环境污染疏散、转移人员 5 万人以上的；因环境污染造成直接经济损失 1 亿元以上的；因环境污染造成区域生态功能丧失或该区域国家重点保护物种灭绝的；因环境污染造成设区的市级以上城市集中式饮用水水源地取水中断的；Ⅰ、Ⅱ类放射源丢失、被盗、失控并造成大范围严重辐射污染后果的；放射性同位素和射线装置失控导致 3 人以上急性死亡的；放射性物质泄漏，造成大范围辐射污染后果的；造成重大跨国境影响的境内突发环境事件。

依据：《国家突发环境事件应急预案》。

4.1.6.2 突发环境事件应急响应的"五个第一时间"要求是什么？

答案：第一时间准确研判、及时报告，第一时间赶赴现场、控制事态，第一时间开展监测、辅助决策，第一时间开展调查、追究责任，第一时间引导舆论、维护稳定。

依据：《关于做好 2019 年突发环境事件应急工作的通知》（环办应急〔2019〕9 号）。

4.2 预警行动

4.2.1 单项选择题

4.2.1.1 对可以预警的突发环境事件，按照事件发生的可能性大小、紧急程度和可能造成的危害程度，将预警分为四级，由低到高依次用（ ）表示。

A．蓝色、黄色、红色和橙色   B．蓝色、黄色、橙色和红色

C．蓝色、橙色、黄色和红色   D．蓝色、橙色、红色和黄色

答案：B

依据：《国家突发环境事件应急预案》。

4.2.2　多项选择题

4.2.2.1　通常企业获取突发事件预警信息的途径包括哪些？（　　）

　　A．政府新闻媒体公开发布的信息

　　B．基层单位或岗位上报生产安全事故信息

　　C．经风险评估、隐患排查、专业检查等发现可能发生突发环境事件的征兆

　　D．政府主管部门向企业应急指挥部告知的预警信息

　　E．企业内部检测到污染物排放不达标现象

　　F．周边企业或社会群众告知的突发事件信息

　　答案：ABCDEF

　　依据：《尾矿库环境应急预案编制指南》。

4.2.3　简答题

4.2.3.1　发布突发环境事件预警后应采取哪些主要措施？

　　答案：（1）下达启动预案命令；（2）通知预案涉及的相关人员进入待命状态做好应急准备；（3）对可能造成或已造成污染的源头加强监控或进行控制；（4）明确在应急人员未抵达事故现场时，事故现场负责人需根据不同的事故情景，组织对事态进行先期控制，核实可能造成污染的风险物质、种类和数量，避免事态进一步加剧；（5）调集应急物资和设备，做好应急保障；（6）做好事故信息上报和通报或相关准备工作；（7）做好协助政府疏散周边敏感受体准备工作；（8）做好开展应急监测的准备。

　　依据：《国家突发环境事件应急预案》针对预警行动提出，预警信息发布后，当地人民政府及其有关部门视情采取以下措施：（1）分析研判。组织有关部门和机构、专业技术人员及专家，及时对预警信息进行分析研判，预估可能的影响范围和危害程度。（2）防范处置。迅速采取有效处置措施，控制事件苗头。在涉险区域设置注意事项提示或事件危害警告标志，利用各种渠道增加宣传频次，告知公众避险和减轻危害的常识、需采取的必要的健康防护措施。（3）应急准备。提前疏散、转移可能受到危害的人员，并进行妥善安置。责令应急救援队伍、负有特定职责的人员进入待命状态，动员后备人员做好参加应急救援和处置工作的准备，并调集应急所需物资和设备，做好应急保障工作。对可能导致突发环境事件发生的相关企业事业单位和其他生产经营者加强环境监管。（4）舆论引导。及时准确发布事态最新情况，公布咨询电话，组织专家解读。加

强相关舆情监测，做好舆论引导工作。

4.3 信息报告

4.3.1 单项选择题

4.3.1.1 获知突发环境事件信息后，事件发生地县级以上地方环境保护主管部门应当按照（　　）规定的时限、程序和要求，向同级人民政府和上级环境保护主管部门报告。

　　A. 相关规定　　　　　　　　　B. 法律法规

　　C. 《突发环境事件信息报告办法》　　D. 领导要求

　　答案： C

　　依据： 《突发环境事件应急管理办法》第二十四条。

4.3.1.2 对初步认定为一般（Ⅳ级）或者较大（Ⅲ级）突发环境事件的，事件发生地设区的市级或者县级人民政府环境保护主管部门应当在（　　）内向本级人民政府和上一级人民政府环境保护主管部门报告。

　　A. 1 h　　　　　　　　　　　B. 2 h

　　C. 4 h　　　　　　　　　　　D. 3 h

　　答案： C

　　依据： 《突发环境事件信息报告办法》第三条第二款。

4.3.1.3 对初步认定为重大（Ⅱ级）或者特别重大（Ⅰ级）突发环境事件的，事件发生地设区的市级或者县级人民政府环境保护主管部门应当在（　　）内向本级人民政府和省级人民政府环境保护主管部门报告，同时上报环境保护部。

　　A. 1 h　　　　　　　　　　　B. 2 h

　　C. 3 h　　　　　　　　　　　D. 4 h

　　答案： B

　　依据： 《突发环境事件信息报告办法》。

4.3.1.4 突发环境事件续报应当在初报的基础上报告（　　）。

　　A. 突发环境事件潜在或者间接危害

　　B. 突发环境事件的损失

　　C. 处置进展情况

D．处理突发环境事件的措施

答案： C

依据：《突发环境事件信息报告办法》。

4.3.1.5 突发环境事件已经或者可能涉及相邻行政区域的，事件发生地环境保护主管部门应当及时通报相邻区域（　　），并向（　　）提出向相邻区域人民政府通报的建议。

A．同级人民政府环境保护主管部门，本级人民政府

B．上一级人民政府环境保护主管部门，本级人民政府

C．同级人民政府环境保护主管部门，上一级人民政府

D．上一级人民政府环境保护主管部门，上一级人民政府

答案： A

依据：《突发环境事件信息报告办法》。

4.3.2　多项选择题

4.3.2.1 对下列哪些突发环境事件信息，省级人民政府和环境保护部应当立即向国务院报告？（　　）

A．初判为特别重大或重大突发环境事件

B．可能或已引发大规模群体性事件的突发环境事件

C．可能造成国际影响的境内突发环境事件

D．境外因素导致或可能导致我国境内突发环境事件

E．省级人民政府和环境保护部认为有必要报告的其他突发环境事件

答案： ABCDE

依据：《国家突发环境事件应急预案》。

4.3.2.2 发生下列哪些一时无法判明等级的突发环境事件，事件发生地设区的市级或者县级人民政府环境保护主管部门应当按照重大（Ⅱ级）或者特别重大（Ⅰ级）突发环境事件的报告程序上报？（　　）

A．对饮用水水源保护区造成或者可能造成影响的

B．涉及居民聚居区、学校、医院等敏感区域和敏感人群的

C．涉及重金属或者类金属污染的

D．有可能产生跨省或者跨国影响的

E．因环境污染引发群体性事件，或者社会影响较大的

F. 地方人民政府环境保护主管部门认为有必要报告的其他突发环境事件

答案：ABCDEF

依据：《突发环境事件信息报告办法》第四条。

4.3.2.3 突发环境事件信息应当采用（　　）、网络、邮寄和面呈等方式书面报告；情况紧急时，初报可通过（　　）报告，但应当及时补充书面报告。

A. 传真，电话
B. 传真，书面

C. 口头，电话
D. 口头，邮寄

答案：A

依据：《突发环境事件信息报告办法》。

4.3.2.4 初报应当报告突发环境事件的（　　）。

A. 发生时间、地点、信息来源、事件起因和性质、基本过程

B. 主要污染物和数量、监测数据

C. 人员受害情况、饮用水水源地等环境敏感点受影响情况

D. 事件发展趋势、处置情况、拟采取的措施以及下一步工作建议等初步情况

E. 提供可能受到突发环境事件影响的环境敏感点的分布示意图

答案：ABCDE

依据：《突发环境事件信息报告办法》第十三条。

4.3.2.5 涉及重特大突发事件，严格落实信息公开要求，（　　）内发布权威信息、（　　）内举行新闻发布会。

A. 30 min，1 h
B. 1 h，5 h

C. 3 h，12 h
D. 5 h，24 h

答案：D

依据：《重特大及敏感突发环境事件应急响应工作手册（试行）》。

4.3.2.6 有关单位和人员报送、报告突发事件信息，应当做到及时、客观、真实，不得（　　）。

A. 迟报
B. 谎报

C. 瞒报
D. 越级上报

答案：ABC

依据：《突发环境事件信息报告办法》。

4.3.3 判断题

4.3.3.1 在发生或者可能发生突发环境事件时，企业事业单位应当立即采取措施处理，及时通报可能受到危害的单位和居民，并向环境保护主管部门和有关部门报告。

答案： √

依据：《中华人民共和国环境保护法》第四十七条第三款。

4.3.3.2 船舶造成水污染事故的，应当向事故发生地的海事管理机构报告，接受调查处理。

答案： ×

依据：《中华人民共和国环境保护法》第七十八条第二款：造成渔业污染事故或者渔业船舶造成水污染事故的，应当向事故发生地的渔业主管部门报告，接受调查处理。其他船舶造成水污染事故的，应当向事故发生地的海事管理机构报告，接受调查处理；给渔业造成损害的，海事管理机构应当通知渔业主管部门参与调查处理。

4.3.3.3《中华人民共和国固体废物污染环境防治法》规定：因发生事故或者其他突发性事件，造成危险废物严重污染环境的单位，应当立即采取有效措施消除或者减轻对环境的污染危害，及时通报可能受到污染危害的单位和居民，并向所在地生态环境主管部门和有关部门报告，接受调查处理。

答案： √

依据：《中华人民共和国固体废物污染环境防治法》第八十六条。

4.3.3.4 突发环境事件已经或者可能涉及相邻行政区域的，事发地人民政府或环境保护主管部门应当及时通报相邻行政区域同级人民政府或环境保护主管部门。

答案： √

依据：《国家突发环境事件应急预案》。

4.3.3.5 突发环境事件已经或者可能涉及相邻行政区域的，事件发生地环境保护主管部门应当及时通报相邻区域同级人民政府环境保护主管部门，并向本级人民政府提出向相邻区域人民政府通报的建议。

答案： √

依据：《突发环境事件信息报告办法》。

4.3.3.6 突发环境事件的报告分为初报、续报和处理结果报告。初报在发现或者得知突发环境事件后首次上报；续报在查清有关基本情况、事件发展情况后随时上报；处理结果报告在突发环境事件处理完毕后上报。

答案：√

依据：《突发环境事件信息报告办法》。

4.3.3.7 企业突发环境事件信息报告包括企业内部信息报告、通知协议单位协助应急救援以及向事发地人民政府和环保部门报告。

答案：√

依据：《企业事业单位突发环境事件应急预案评审工作指南（试行）》。

4.3.4 填空题

4.3.4.1 突发环境事件的报告分为初报、（　　）和处理结果报告。

答案：续报

依据：《突发环境事件信息报告办法》。

4.3.4.2 突发环境事件信息应当采用传真、网络、邮寄和面呈等方式书面报告；情况紧急时，初报可通过电话报告，但应当及时补充（　　）。

答案：书面报告

依据：《突发环境事件信息报告办法》。

4.3.4.3 企业造成或者可能造成突发环境事件时，及时通报可能受到危害的单位和居民，并向事发地（　　）报告，接受调查处理。

答案：县级以上环境保护主管部门

依据：《突发环境事件应急管理办法》第二十三条规定，企业事业单位造成或者可能造成突发环境事件时，应当立即启动突发环境事件应急预案，采取切断或者控制污染源以及其他防止危害扩大的必要措施，及时通报可能受到危害的单位和居民，并向事发地县级以上环境保护主管部门报告，接受调查处理。

4.3.4.4 可能发生危险废物严重污染环境、威胁居民生命财产安全时，生态环境主管部门应当有固体废物污染环境防治监督管理职责的部门应当立即向（　　）和上一级人民政府有关部门报告，由人民政府采取防止或者减轻危害的有效措施。

答案：本级人民政府

依据：《中华人民共和国固体废物污染环境防治法》第八十七条规定：在发生或者有证据证明可能发生危险废物严重污染环境、威胁居民生命财产安全时，生态环境主管部门或者其他负有固体废物污染环境防治监督管理职责的部门应当立即向本级人民政府和上一级人民政府有关部门报告，由人民政府采取防止或者减轻危害的有效措施。有关人民政府可以根据需要责令停止导致或者可能导致环境污染事故的作业。

4.3.4.5 县级以上人民政府生态环境主管部门应当建立突发环境事件（　　），并按照有关规定向上一级人民政府生态环境主管部门报送本行政区域突发环境事件的月度、季度、半年度和年度报告以及统计情况。上一级人民政府生态环境主管部门定期对报告及统计情况进行通报。

答案：信息档案

依据：《突发环境事件信息报告办法》。

4.3.5　简答题

4.3.5.1　突发环境事件初报内容有哪些？

答案：初报应当报告突发环境事件的发生时间、地点、信息来源、事件起因和性质、基本过程、主要污染物和数量、监测数据、人员受害情况、饮用水水源地等环境敏感点受影响情况、事件发展趋势、处置情况、拟采取的措施以及下一步工作建议等初步情况，并提供可能受到突发环境事件影响的环境敏感点的分布示意图。

依据：《突发环境事件信息报告办法》。

4.3.5.2　发生哪些一时无法判明等级的突发环境事件,事件发生地设区的市级或者县级人民政府环境保护主管部门应当按照重大（Ⅱ级）或者特别重大（Ⅰ级）突发环境事件的报告程序上报？

答案：（1）对饮用水水源保护区造成或者可能造成影响的；（2）涉及居民聚居区、学校、医院等敏感区域和敏感人群的；（3）涉及重金属或者类金属污染的；（4）有可能产生跨省或者跨国影响的；（5）因环境污染引发群体性事件，或者社会影响较大的；（6）地方人民政府环境保护主管部门认为有必要报告的其他突发环境事件。

依据：《突发环境事件信息报告办法》第四条。

4.3.5.3　造成危险废物严重污染环境的单位，应当采取哪些措施？

答案：因发生事故或者其他突发性事件，造成危险废物严重污染环境的单位，应当立即采取有效措施消除或者减轻对环境的污染危害，及时通报可能受到污染危害的单位和居民，并向所在地生态环境主管部门和有关部门报告，接受调查处理。

依据：《中华人民共和国固体废物污染环境防治法》第八十六条。

4.3.5.4　获知突发环境事件信息后，生态环境部门应当如何报告？

答案：事件发生地县级以上地方生态环境主管部门应当按照《突发环境事件信息报

告办法》规定的时限、程序和要求，向同级人民政府和上级生态环境主管部门报告；突发环境事件已经或者可能涉及相邻行政区域的，事件发生地生态环境主管部门应当及时通报相邻区域同级生态环境主管部门，并向本级人民政府提出向相邻区域人民政府通报的建议。

依据：《突发环境事件信息报告办法》。

4.3.5.5 突发环境事件相关信息如何公开？

答案：企业事业单位应当按照有关规定，采取便于公众知晓和查询的方式公开本单位环境风险防范工作开展情况、突发环境事件应急预案及演练情况、突发环境事件发生及处置情况，以及落实整改要求情况等环境信息；县级以上生态环境主管部门应当在职责范围内向社会公开有关突发环境事件应急管理的规定和要求，以及突发环境事件应急预案及演练情况等环境信息；县级以上地方生态环境主管部门应当对本行政区域内突发环境事件进行汇总分析，定期向社会公开突发环境事件的数量、级别，以及事件发生的时间、地点、应急处置概况等信息。

依据：《突发环境事件应急管理办法》。

4.3.5.6 突发环境事件发生地设区的市级或县级生态环境主管部门在发现或者得知突发环境事件信息后，应如何报告？

答案：应当立即进行核实，对突发环境事件的性质和类别做出初步认定。初步认定为一般（Ⅳ级）或者较大（Ⅲ级）突发环境事件的，事件发生地设区的市级或者县级人民政府生态环境主管部门应当在 4 小时内向本级人民政府和上一级人民政府生态环境主管部门报告。对初步认定为重大（Ⅱ级）或者特别重大（Ⅰ级）突发环境事件的，事件发生地设区的市级或者县级人民政府生态环境主管部门应当在 2 小时内向本级人民政府和省级人民政府生态环境主管部门报告，同时上报生态环境部。省级人民政府生态环境主管部门接到报告后，应当进行核实并在 1 小时内报告生态环境部。突发环境事件处置过程中事件级别发生变化的，应当按照变化后的级别报告信息。

依据：《突发环境事件信息报告办法》。

4.3.5.7 上级人民政府生态环境主管部门先于下级人民政府生态环境主管部门获悉突发环境事件信息的，应当如何处理？

答案：上级人民政府生态环境主管部门可以要求下级人民政府生态环境主管部门核实并报告相应信息。下级人民政府生态环境主管部门应当依照本办法的规定报告信息。

依据：《突发环境事件信息报告办法》。

4.3.5.8　突发环境事件已经或者可能涉及相邻行政区域的，应当如何通报？

答案：事件发生地生态环境主管部门应当及时通报相邻区域同级人民政府生态环境主管部门，并向本级人民政府提出向相邻区域人民政府通报的建议。接到通报的生态环境主管部门应当及时调查了解情况，并按照规定报告突发环境事件信息。

依据：《突发环境事件信息报告办法》。

4.3.5.9　突发环境事件的初报、续报和处理结果报告有哪些内容和要求？

答案：初报应当报告突发环境事件的发生时间、地点、信息来源、事件起因和性质、基本过程、主要污染物和数量、监测数据、人员受害情况、饮用水水源地等环境敏感点受影响情况、事件发展趋势、处置情况、拟采取的措施以及下一步工作建议等初步情况，并提供可能受到突发环境事件影响的环境敏感点的分布示意图；续报应当在初报的基础上，报告有关处置进展情况；处理结果报告应当在初报和续报的基础上，报告处理突发环境事件的措施、过程和结果，突发环境事件潜在或者间接危害以及损失、社会影响、处理后的遗留问题、责任追究等详细情况。

依据：《突发环境事件信息报告办法》。

4.3.5.10　突发环境事件信息报告的方式有哪些？

答案：突发环境事件信息应当采用传真、网络、邮寄和面呈等方式书面报告；情况紧急时，初报可通过电话报告，但应当及时补充书面报告；书面报告中应当载明突发环境事件报告单位、报告签发人、联系人及联系方式等内容，并尽可能提供地图、图片以及相关的多媒体资料。

依据：《突发环境事件信息报告办法》。

4.3.5.11　未按规定进行突发环境事件信息报告的，将承担哪些责任？

答案：在突发环境事件信息报告工作中迟报、谎报、瞒报、漏报有关突发环境事件信息的，给予通报批评；造成后果的，对直接负责的主管人员和其他直接责任人员依法依纪给予处分；构成犯罪的，移送司法机关依法追究刑事责任。

依据：《突发环境事件信息报告办法》。

4.3.5.12　企业信息报告通常包括哪些内容？

答案：（1）发生事件的单位名称和地址；（2）事件发生的时间和具体位置；（3）事件类型，如有毒有害气体中毒事件、废水非正常排放事件、泄漏、火灾、爆炸等；（4）主要污染物特征、污染物质的量；（5）事件发生的原因、过程、进展情况及采取的应急措施等基本情况以及仍需进一步采取应急措施和预防措施的建议；（6）涉及有毒有害气体事故应重点报告泄漏物质名称、泄漏量、影响范围、近地面风向、疏散建议；（7）已污染的范围、潜在的危害程度、转化方式趋向，并提供可能受影响的敏感点分布示意图；（8）已监测的数据及仍需进一步监测的方案建议等；（9）联系人姓名和电话。

　　依据：《突发环境事件信息报告办法》。

4.4　信息发布

4.4.1　单项选择题

4.4.1.1　危险化学品事故造成环境污染的，由（　）环境保护主管部门统一发布有关信息。

　　A．县级以上人民政府　　　　　　B．设区的市级以上人民政府

　　C．省级以上人民政府　　　　　　D．国务院

　　答案：B

　　依据：《危险化学品安全管理条例》（国务院令　第 645 号）。

4.4.1.2　（　）应当建立环境污染公共监测预警机制，组织制定预警方案；环境受到污染，可能影响公众健康和环境安全时，依法及时公布预警信息，启动应急措施。

　　A．生态环境保护部门　　　　　　B．肇事单位

　　C．新闻媒体　　　　　　　　　　D．县级以上人民政府

　　答案：D

　　依据：《中华人民共和国环境保护法》第四十七条规定。

4.4.2　简答题

4.4.2.1　企业向邻近单位通报突发环境事件信息应注意哪些关键因素？

　　答案：根据实际情况，自行或协助地方政府向周边邻近单位、社区、受影响区域人群通报事件信息，发出警报。明确相关责任人，通报方式、内容和要求。如果决定疏散，应当通知居民避难所位置和疏散路线。

　　依据：《企业事业单位突发环境事件应急预案评审工作指南（试行）》。

4.5　应急监测

4.5.1　名词解释

4.5.1.1　应急监测

答案：突发环境事件发生后至应急响应终止前，对污染物、污染物浓度、污染范围及其动态变化进行监测。应急监测包括污染态势初步判别和跟踪监测两个阶段。

依据：《突发环境事件应急监测技术规范》（HJ 589—2021）。

4.5.1.2　应急监测启动

答案：突发环境事件发生后，根据应急组织指挥机构应急响应指令，启动应急监测预案，开展应急监测工作。

依据：《突发环境事件应急监测技术规范》（HJ 589—2021）。

4.5.1.3　污染态势初步判别

答案：突发环境事件应急监测的第一阶段，突发环境事件发生后，确定污染物种类、监测项目及大致污染范围和污染程度的过程。

依据：《突发环境事件应急监测技术规范》（HJ 589—2021）。

4.5.1.4　跟踪监测

答案：突发环境事件应急监测的第二阶段，指污染态势初步判别阶段后至应急响应终止前，开展的确定污染物浓度、污染范围及其动态变化的环境监测活动。

依据：《突发环境事件应急监测技术规范》（HJ 589—2021）。

4.5.1.5　突发环境事件固定污染源

答案：固定场所如工业企业或其他单位由于突发事件，在瞬时或短时间内排放有毒、有害污染物，造成对环境污染的源。

依据：《突发环境事件应急监测技术规范》（HJ 589—2021）。

4.5.1.6　突发环境事件移动污染源

答案：在运输过程中由于突发事件，在瞬时或短时间内排放有毒、有害污染物，造成对环境的污染。

依据：《突发环境事件应急监测技术规范》（HJ 589—2021）。

4.5.1.7　采样断面（点）

答案：突发环境事件发生后，对地表水、大气、土壤和地下水等样品进行采集的整个剖面（点）。

依据：《突发环境事件应急监测技术规范》（HJ 589—2021）。

4.5.1.8 瞬时样品

答案：从大气、地表水、地下水和土壤中不连续地随机采集的单一样品，一般在一定的时间和地点随机采取。

依据：《突发环境事件应急监测技术规范》（HJ 589—2021）。

4.5.1.9 应急监测终止

答案：当突发环境事件条件已经排除、污染物质已降至规定限值以内、所造成的危害基本消除时，由启动响应的应急组织指挥机构终止应急响应，同时终止应急监测。

依据：《突发环境事件应急监测技术规范》（HJ 589—2021）。

4.5.2 单项选择题

4.5.2.1 应急监测报告实行（ ）级审核。

A. 二级 　　　　　　　　　　　B. 三级

C. 四级 　　　　　　　　　　　D. 五级

答案：B

依据：《突发环境事件应急监测技术规范》（HJ 589—2021）。

4.5.2.2 根据《突发环境事件应急监测技术规范》（HJ 589—2021），对地下水的监测应以事故地点为中心，根据本地区地下水流向采用（ ）布设监测井采样。

A. 随机法 　　　　　　　　　　B. 正态分布法

C. 网格法 　　　　　　　　　　D. 分层法

答案：C

依据：《突发环境事件应急监测技术规范》（HJ 589—2021）。

4.5.2.3 对江河的监测应在事故发生地及其（ ）布点，同时在事故发生地（ ）一定距离布设对照断面（点）。

A. 上游，上游 　　　　　　　　B. 上游，下游

C. 下游，上游 　　　　　　　　D. 下游，下游

答案：C

依据：《突发环境事件应急监测技术规范》（HJ 589—2021）。

4.5.2.4 根据《突发环境事件应急监测技术规范》（HJ 589—2021），对大气的监测应以事故地点为中心，在（　）按一定间隔的扇形或圆形布点，并根据污染物的特性在不同高度采样，同时在事故点的（　）适当位置布设对照点。

　　A．上风向，上风向　　　　　　B．下风向，上风向

　　C．下风向，下风向　　　　　　D．上风向，下风向

　　答案：B

　　依据：《突发环境事件应急监测技术规范》（HJ 589—2021）。

4.5.2.5 环境空气中的有毒有害气体进入检测管，其中的目标物与检测管中的化学试剂反应产生颜色变化，在一定浓度范围内，（　）与目标浓度成正比。

　　A．变色长度　　　　　　　　　B．颜色深浅

　　C．吸光度　　　　　　　　　　D．变色范围

　　答案：A

　　依据：《环境空气　氯气等有毒有害气体的应急监测　比长式检测管法》（HJ 871—2017）。

4.5.2.6 在利用便携式傅里叶红外仪对环境空气进行应急监测时，若开机后发现仪器的干涉图高度一直比较低，应用（　）对检测器和背景气室进行冲洗。

　　A．氧气　　　　　　　　　　　B．氮气

　　C．氢气　　　　　　　　　　　D．氦气

　　答案：B

　　依据：《环境空气　无机有害气体的应急监测　便携式傅里叶红外仪法》（HJ 920—2017）。

4.5.2.7 在利用便携式傅里叶红外仪对环境空气中挥发性有机物测定时，为增加样品采集和分析结果的代表性，每次分析至少连续采集（　）个样品，选择其中测定值最高的作为最终结果报出。

　　A．2　　　　　　　　　　　　B．3

　　C．4　　　　　　　　　　　　D．5

　　答案：D

　　依据：《环境空气　无机有害气体的应急监测　便携式傅里叶红外仪法》（HJ 920—2017）。

4.5.2.8 在利用便携式傅里叶红外仪对环境空气进行应急监测时，下列哪一项属于苯的红

外特征振动频率（cm⁻¹）？（　　）

  A．1 310～1 560，2 800～3 100

  B．1 250～1 412，3 180～3 380

  C．995～1 073，1 443～1551，3 000～3 130

  D．870～1 130，2 950～3 180

  答案：C

  依据：《环境空气　无机有害气体的应急监测　便携式傅里叶红外仪法》（HJ 920—2017）。

4.5.2.9 用库仑检测仪测定环境空气中的一氧化碳时，乙烯和乙炔干扰测定。可用（　　）去除乙烯和乙炔的干扰。

  A．活性炭   B．硫酸汞

  C．过氧化氢   D．高锰酸钾

  答案：B

  依据：《环境空气　无机有害气体的应急监测　便携式傅里叶红外仪法》（HJ 920—2017）。

4.5.2.10 在采用比长式检测管法测定环境空气中的有毒有害气体时，使用前应注意检测管颜色变化情况，颜色变化应清晰，指示粉变色部分与未变色部分之间的界面沿管壁纵向最长端与最短端长度之差不超过两者平均值的（　　）。

  A．20%   B．25%

  C．30%   D．50%

  答案：A

  依据：《环境空气　氯气等有毒有害气体的应急监测　比长式检测管法》（HJ 871—2017）。

4.5.2.11 便携式傅里叶红外仪法是根据样品目标物的（　　）响应值与标准图库中对应的标准物质吸收峰的（　　）响应值之比来进行半定量分析。

  A．峰高，峰高   B．峰面积，峰面积

  C．保留时间，保留时间 D．半峰高，半峰高

  答案：B

  依据：《环境空气　无机有害气体的应急监测　便携式傅里叶红外仪法》（HJ 920—2017）。

4.5.2.12 阳极溶出法指在一定条件下,先将溶液电解一定时间,使待测的金属离子(　　),然后反向施加电压,达到(　　)电压后,(　　)的金属重新(　　)。

A. 沉积于电极上,还原,富集在电极上,溶出

B. 溶出,还原,溶液中,富集在电极上

C. 溶出,氧化,溶液中,富集在电极上

D. 沉积于电极上,氧化,富集在电极上,溶出

答案:A

依据:《水质监测方法及原理》。

4.5.2.13 电化学传感器法测定环境空气中的硫化氢,(　　)对其测定产生正干扰。

A. 高浓度的氨　　　　　　　　　B. 高浓度的二氧化硫

C. 水分　　　　　　　　　　　　D. 粉尘和水分

答案:A

依据:《环境空气气态污染物(SO_2、NO_2、O_3、CO)连续自动监测系统技术要求及检测方法》(HJ 654—2013)。

4.5.2.14 下列属于未知挥发性有机污染物且成分复杂的污染事故的快速定性定量方法的是(　　)。

A. 便携式 GC-MS　　　　　　　B. 便携式傅里叶红外分析仪

C. 便携式电化学仪　　　　　　　D. 试纸

答案:A

依据:《突发环境事件应急监测技术规范》(HJ 589—2021)。

4.5.2.15 发光菌检测技术原理即发光细菌在毒物作用下,细胞活性(　　),ATP 含量水平(　　),导致发光细菌发光强度(　　)。

A. 下降,升高,降低　　　　　　B. 升高,下降,降低

C. 下降,下降,升高　　　　　　D. 下降,下降,降低

答案:D

依据:《水质　急性毒性的测定　发光细菌法》(GB/T 15441—1995)。

4.5.2.16 某工业企业突发二氧化硫气体泄漏事件,在厂外居民区对空气进行监测,对其所造成的污染程度进行评价应采用(　　)。

A. 污染物排放标准　　　　　　　B. 环境质量标准

C. 排污许可证规定　　　　　　　D. 专家意见

答案：B

依据：《突发环境事件应急监测技术规范》（HJ 589—2021）。

4.5.2.17 使用比长式检测管法测定有害气体时，在达到规定的采气体积和反应时间后停止测定，由变色部分所指示的刻度，读出数据，连续测定（ ）取平均值。

    A. 5 次   B. 3 次

    C. 2 次   D. 1 次

答案：C

依据：《环境空气　氯气等有毒有害气体的应急监测　比长式检测管法》（HJ 871—2017）。

4.5.2.18 应急监测中，使用电化学传感器法测定（ ）时，应避免使用水阱过滤管。

    A. 氨气   B. 一氧化碳

    C. 二氧化硫   D. 氯化氢

答案：A

依据：《突发环境事件应急监测技术规范》（HJ 589—2021）。

4.5.2.19 为保证便携式 GC-MS 检测结果的准确性，开机启动或连续运行（ ）后，应进行质谱功能调谐。

    A. 8 h   B. 12 h

    C. 18 h   D. 24 h

答案：B

依据：《便携式气相色谱-质谱联用仪技术要求及试验方法》（GB/T 32210—2015）。

4.5.2.20 便携式 GC-MS 定性分析消耗臭氧层物质时，目标化合物标准质谱图中相对丰度高于（ ）的所有离子应在样品质谱图中存在，样品质谱图和标准质谱图中上述特征离子的相对丰度偏差要在（ ）以内。

    A. 30%，20%   B. 50%，20%

    C. 30%，30%   D. 50%，30%

答案：C

依据：《便携式气相色谱-质谱联用仪技术要求及试验方法》（GB/T 32210—2015）。

4.5.2.21 下列哪种气态污染物不适用傅里叶变换红外光谱仪分析？（ ）

    A. HF   B. HCl

    C. Cl_2 D. CO

答案：C

依据：《环境空气　无机有害气体的应急监测　便携式傅里叶红外仪法》（HJ 920—2017）。

4.5.2.22　下列哪项不是应急监测报告总结部分的必须内容？（　　）

　　A．事件基本情况　　　　　　　　B．应急监测基本开展情况

　　C．事件造成环境损害评估　　　　D．报告附件

答案：C

依据：《突发环境事件应急监测技术规范》（HJ 589—2021）。

4.5.3　多项选择题

4.5.3.1　根据《突发环境事件应急监测技术规范》（HJ 589—2021），下列关于样品管理要求说法正确的是（　　）。

　　A．样品在传递过程中始终处于受控状态

　　B．对有毒有害、易燃易爆样品特别是污染源样品应用特别标志（如图案、文字）加以注明

　　C．实验室接样人员接收样品后应立即放入储存室

　　D．对应急监测样品，应留样，直至事故处理完毕

答案：ABD

依据：《突发环境事件应急监测技术规范》（HJ 589—2021）。

4.5.3.2　根据《突发环境事件应急监测技术规范》（HJ 589—2021），采样时的注意事项有（　　）。

　　A．根据污染物特性（密度、挥发性、溶解度等），决定是否进行分层采样

　　B．根据污染物特性（有机物、无机物等），选用不同材质的容器存放样品

　　C．采气样时不可超过所用吸附管或吸收液的吸收限度

　　D．采样结束后，应核对采样计划、采样记录与样品，如有错误或漏采，应立即重采或补采

答案：ABCD

依据：《突发环境事件应急监测技术规范》（HJ 589—2021）。

4.5.3.3　根据《突发环境事件应急监测技术规范》（HJ 589—2021），在制订有关采样计划时应包括下列哪些方面？（　　）

A．监测频次   B．监测项目

C．采样人员及分工   D．安全防护设备

答案： ABCD

依据：《突发环境事件应急监测技术规范》（HJ 589—2021）。

4.5.3.4 应急监测指突发环境事件发生后，对（   ）进行的监测。

A．污染物   B．污染物浓度

C．污染范围   D．污染持续时间

答案： ABC

依据：《突发环境事件应急监测技术规范》（HJ 589—2021）。

4.5.3.5 跟踪监测指为掌握（   ），在突发环境事件发生后所进行的连续监测，直至地表水、地下水、大气和土壤环境恢复正常。

A．污染程度   B．范围

C．污染因子   D．变化趋势

答案： ABD

依据：《突发环境事件应急监测技术规范》（HJ 589—2021）。

4.5.3.6 用检测试纸、快速检测管和便携式监测仪器进行测定时，应至少连续平行测定（   ）次，以确认现场测定结果；必要时，用不同的（   ）分析方法对现场监测结果加以确认、鉴别。

A．3   B．2

C．实验室   D．现场快速

答案： B，C

依据：《突发环境事件应急监测技术规范》（HJ 589—2021）。

4.5.3.7 对含有（   ）或大量有毒、有害化合物的样品，特别是污染源样品，不应随意处置，应做无害化处理或送（   ）的处理单位进行无害化处理。

A．剧毒   B．危险特性

C．有资质   D．专业化

答案： A，C

依据：《突发环境事件应急监测技术规范》（HJ 589—2021）。

4.5.3.8 突发环境事件其发生具有（   ）性、形式具有（   ）性、污染物成分具有（   ）性，需通过多种途径尽快确定主要污染物和监测项目。

A．突然　　　　　　　　　　B．多样

C．危害　　　　　　　　　　D．复杂

答案：A，B，D

依据：《突发环境事件应急监测技术规范》（HJ 589—2021）。

4.5.3.9　与检测管配套使用的手动或自动采样装置，主要分为（　　）和囊式采样器等。

A．吸入式　　　　　　　　　B．注入式

C．吸附式　　　　　　　　　D．真空式

答案：BD

依据：《环境空气　氯气等有毒有害气体的应急监测　比长式检测管法》（HJ 871—2017）。

4.5.3.10　对土壤的监测应以（　　）为中心，按一定间隔的圆形布点采样，并根据污染物的特性在不同深度采样，同时采集对照样品，必要时在事故地附近采集（　　）。

A．事故地点　　　　　　　　B．作物样品

C．空气样品　　　　　　　　D．地下水样品

答案：A，B

依据：《土壤环境监测技术规范》（HJ/T 166—2004）。

4.5.3.11　对大气的监测应以事故地点为中心，在下风向按一定间隔的（　　）或圆形布点，并根据污染物的特性在不同高度采样，同时在事故点的上风向适当位置布设（　　）。

A．扇形　　　　　　　　　　B．梅花形

C．对照点　　　　　　　　　D．背景点

答案：A，C

4.5.3.12　污染发生后，应首先采集（　　）样品，注意采样的（　　）。

A．污染源　　　　　　　　　B．环境

C．即时性　　　　　　　　　D．代表性

答案：A，D

依据：《突发环境事件应急监测技术规范》（HJ 589—2021）。

4.5.3.13　应急监测报告总体上分为（　　）以及监测报告附件 4 个部分。

A．事件发生的时间和地点　　B．事件基本情况

C．监测工作开展情况　　　　D．监测结论和建议

答案：BCD

依据：《突发环境事件应急监测技术规范》（HJ 589—2021）。

4.5.4　判断题

4.5.4.1　《中华人民共和国大气污染防治法》规定：发生造成大气污染的突发环境事件，人民政府及其有关部门和相关企业事业单位，应当依照《中华人民共和国突发事件应对法》《中华人民共和国环境保护法》的规定，做好应急处置工作。相关企业事业单位应当及时对突发环境事件产生的大气污染物进行监测，并向社会公布监测信息。

答案：×

依据：《中华人民共和国大气污染防治法》第九十七条：发生造成大气污染的突发环境事件，人民政府及其有关部门和相关企业事业单位，应当依照《中华人民共和国突发事件应对法》《中华人民共和国环境保护法》的规定，做好应急处置工作。环境保护主管部门应当及时对突发环境事件产生的大气污染物进行监测，并向社会公布监测信息。

4.5.4.2　对照断面（点）指具体评价某一突发环境事件区域环境污染程度时，位于该污染事故区域外，能够提供这一区域环境本底值的断面（点）。

答案：√

依据：《突发环境事件应急监测技术规范》（HJ 589—2021）。

4.5.4.3　控制断面（点）指突发环境事件发生后，为了解地表水、地下水、大气和土壤环境受污染程度及其变化情况而设置的断面（点）。

答案：√

依据：《突发环境事件应急监测技术规范》（HJ 589—2021）。

4.5.4.4　消减断面指突发环境事件发生后，污染物在水体内流经一定距离而达到最大限度混合，因稀释、扩散、降解作用，其主要污染物浓度有明显降低的断面。

答案：√

依据：《突发环境事件应急监测技术规范》（HJ 589—2021）。

4.5.4.5　已知污染物的突发环境事件监测项目的确定，根据已知污染物确定主要监测项目。同时应考虑该污染物在环境中可能产生的反应，衍生成其他有毒有害物质。

答案：√

依据：《突发环境事件应急监测技术规范》（HJ 589—2021）。

4.5.4.6　应急监测终止后，应按照应急指挥部要求组织开展跟踪监测。

答案：√

依据：《突发环境事件应急监测技术规范》（HJ 589—2021）。

4.5.4.7　应急监测至少两人同行。

答案：√

依据：《突发环境事件应急监测技术规范》（HJ 589—2021）。

4.5.4.8　凡具备现场测定条件的监测项目，均应在现场进行测定，不必送实验室分析测定
（　　）。

答案：×

依据：凡具备现场测定条件的监测项目，应尽量进行现场测定。必要时，另采集一
份样品送实验室分析测定，以确认现场的定性或定量分析结果。

4.5.4.9　突发环境事件应急的监测结果可用定性、半定量或定量的监测结果表示。

答案：√

依据：《突发环境事件应急监测技术规范》（HJ 589—2021）。

4.5.4.10　便携式阳极溶出仪的工作电极在分析前必须进行正确的打磨和清洁处理，处理
好后的电极表面应是非常光亮的，不能有肉眼可见的污点，否则必须重新处理。

答案：√

依据：《化学试剂　阴极溶出伏安法通则》（GB/T 3914—2008）。

4.5.4.11　用硫化氢气敏电极检测仪测定环境空气中的硫化氢时，高浓度的氨对硫化氢的
测定产生负干扰。

答案：×

依据：用硫化氢气敏电极检测仪测定环境空气中的硫化氢时，高浓度的氨对硫化氢
的测定产生正干扰。

4.5.4.12　用电化学传感器法测定环境空气中的氨气时，硫化氢、二氧化硫、一氧化氮和
氰化氢对氨气的测定产生正干扰。

答案：√

依据：《环境空气气态污染物（SO_2、NO_2、O_3、CO）连续自动监测系统运行和质
控技术规范》（HJ 818—2018）。

4.5.4.13　在开展应急监测时，对江河的监测应在事故发生地及其下游布点，同时在事故
发生地上游一定距离布设对照断面（点）。

答案：√

依据：《突发环境事件应急监测技术规范》（HJ 589—2021）。

4.5.4.14 对被突发环境事件所污染的地表水、地下水、大气和土壤应设置对照断面（点）、控制断面（点），对地表水和地下水还应设置消减断面，尽可能以最多的断面（点）获取足够的有代表性的所需信息，同时须考虑采样的可行性和方便性。

答案： ×

依据： 对被突发环境事件所污染的地表水、地下水、大气和土壤应设置对照断面（点）、控制断面（点），对地表水和地下水还应设置消减断面，尽可能以最少的断面（点）获取足够的有代表性的所需信息，同时须考虑采样的可行性和方便性。

4.5.4.15 便携式阳极溶出分析仪能实现多元素同时分析。

答案： √

依据： 《化学试剂　阴极溶出伏安法通则》（GB/T 3914—2008）。

4.5.4.16 便携式傅里叶红外仪法能够对环境空气中的一氧化碳、二氧化氮、一氧化氮、二氧化硫、二氧化碳、氯化氢、氰化氢、氟化氢、一氧化二氮、氨等无机有害气体进行定性定量分析。

答案： ×

依据： 《环境空气　无机有害气体的应急监测　便携式傅里叶红外仪法》（HJ 920—2017），应进行定性半定量分析。

4.5.4.17 采样前，检查采样器的气密性，用手堵住进气口，启动采样器，应感觉明显阻力。

答案： √

依据： 《环境空气颗粒物（PM_{10} 和 $PM_{2.5}$）采样器技术要求及检测方法》（HJ 93—2013）。

4.5.4.18 X 射线荧光光谱可直接对块状、液体、粉末样品进行分析，亦可对小区域或微区域试样进行分析，但与原子吸收技术一样属于破坏性分析。

答案： ×

依据： X 射线荧光光谱是非破坏性分析方法。

4.5.4.19 便携式傅里叶红外仪法测定环境空气挥发性有机物是根据样品的红外吸收光谱与标准物质的拟合程度定性，根据特征吸收峰的强度半定量。

答案： √

依据： 《环境空气　无机有害气体的应急监测　便携式傅里叶红外仪法》（HJ 920—2017）。

4.5.4.20　对江河的监测应在事故发生地及其下游布点，同时在事故发生地上游一定距离布设对照断面（点）；视情况，在事故影响区域内饮用水取水口和农灌区取水口处设置采样断面（点）。

答案：×

依据：在事故影响区域内饮用水取水口和农灌区取水口处必须设置采样断面。

4.5.4.21　便携式气相色谱质谱仪可以使用氮气作为载气。

答案：√

依据：《便携式气相色谱-质谱联用仪技术要求及试验方法》（GB/T 32210—2015）。

4.5.4.22　对于未知污染物监测项目的确定，可通过事件现场周围可能产生污染的排放源的生产、运输、安全及环保记录，初步判定特征污染物和监测项目。

答案：√

依据：《突发环境事件应急监测技术规范》（HJ 589—2021）。

4.5.4.23　对于未知污染物监测项目的确定，可利用相关区域或流域的环境自动监测站和污染源在线监测系统等现有仪器设备的监测结果，初步判定特征污染物和监测项目。

答案：√

依据：《突发环境事件应急监测技术规范》（HJ 589—2021）。

4.5.4.24　对于未知污染物监测项目的确定，可通过现场采样分析，包括采集有代表性的污染源样品，利用检测试纸、快速检测管、便携式监测仪器、流动式监测平台等现场快速监测手段，初步判定特征污染物和监测项目。

答案：√

依据：《突发环境事件应急监测技术规范》（HJ 589—2021）。

4.5.5　填空题

4.5.5.1　应急监测的现场调查要迅速通过各种渠道搜集突发环境事件相关信息，初步了解（　　）、污染状况及可能的污染范围及程度。

答案：污染物种类

依据：《突发环境事件应急监测技术规范》（HJ 589—2021）。

4.5.5.2　应急监测现场调查的内容有：事件发生的时间和地点，必要的水文气象及地质等参数；可能存在的污染物名称及排放量，（　　），周围是否有敏感点，可能受影响的环境要素及其功能区划等；污染物特性的简要说明；其他相关信息。

答案：污染物影响范围

依据：《突发环境事件应急监测技术规范》（HJ 589—2021）。

4.5.5.3 应急监测工作的基本原则是（　　）。

答案：及时性、可行性、代表性

依据：根据《突发环境事件应急监测技术规范》（HJ 589—2021），应急监测工作的基本原则是：（1）及时性。接到应急响应指令时，应做好相应记录并立即启动应急监测预案，开展应急监测工作。（2）可行性。突发环境事件发生后，应急监测队伍应立即按照相关预案，在确保安全的前提下，开展应急监测工作。突发环境事件应急监测预案内容包括但不限于总则、组织体系、应急程序、保障措施、附则、附件等部分，具体内容由生态环境监测机构根据自身组织管理方式细化。（3）代表性。开展应急监测工作，应尽可能以足够的时空代表性的监测结果，尽快为突发环境事件应急决策提供可靠依据。在污染态势初步判别阶段，应以第一时间确定污染物种类、监测项目、大致污染范围及程度为工作原则；在跟踪监测阶段，应以快速获取污染物浓度及其动态变化信息为工作原则。

4.5.5.4 污染态势初步判别工作程序划分为（　　）、（　　）、（　　）等步骤。

答案：现场调查、污染物和监测项目的确定、污染范围及程度初步判别

依据：《突发环境事件应急监测技术规范》（HJ 589—2021）。

4.5.5.5 现场调查主要目的是迅速通过各种渠道搜集突发环境事件相关信息，初步了解污染物种类、污染状况及可能的（　　）。

答案：污染范围及程度

依据：《突发环境事件应急监测技术规范》（HJ 589—2021）。

4.5.5.6 根据已知污染物及其可能存在的伴生物质，以及可能在环境中反应生成的（　　）或次生污染物等确定主要应急监测项目。

答案：衍生污染物

依据：《突发环境事件应急监测技术规范》（HJ 589—2021）。

4.5.5.7 对固定污染源引发的突发环境事件，应了解引发突发环境事件的（　　）、设备、材料、产品等信息，采集有代表性的污染源样品，确定特征污染物和监测项目。

答案：位置

依据：《突发环境事件应急监测技术规范》（HJ 589—2021）。

4.5.5.8 对移动污染源引发的突发环境事件，了解运输危险化学品或危险废物的名称、数

量、（ ）、生产或使用单位，同时采集有代表性的污染源样品，确定特征污染物和监测项目。

答案： 来源

依据：《突发环境事件应急监测技术规范》（HJ 589—2021）。

4.5.5.9 对于未知污染物监测项目的确定，可根据现场调查结果，结合突发环境事件现场的一些特征及（ ），如气味、颜色、挥发性、遇水的反应特性、人员或动植物的中毒反应症状及对周围生态环境的影响，初步判定特征污染物和监测项目。

答案： 感官判断

依据：《突发环境事件应急监测技术规范》（HJ 589—2021）。

4.5.5.10 污染范围及程度初步判别时，可根据（ ）收集的基础数据、文献资料以及分析结果，借助遥感、地理信息系统、动力学模型等技术方法，必要时可依靠专家支持系统，初步判别突发环境事件可能影响的时空范围、污染程度。

答案： 现场调查

依据：《突发环境事件应急监测技术规范》（HJ 589—2021）。

4.5.6 简答题

4.5.6.1 应急监测的启动及工作原则是什么？

答案：（1）及时性。接到应急响应指令时，应做好相应记录并立即启动应急监测预案，开展应急监测工作。（2）可行性。突发环境事件发生后，应急监测队伍应立即按照相关预案，在确保安全的前提下，开展应急监测工作。突发环境事件应急监测预案内容包括但不限于总则、组织体系、应急程序、保障措施、附则、附件等部分，具体内容由生态环境监测机构根据自身组织管理方式细化。（3）代表性。开展应急监测工作，应尽可能以足够的时空代表性的监测结果，尽快为突发环境事件应急决策提供可靠依据。在污染态势初步判别阶段，应以第一时间确定污染物种类、监测项目、大致污染范围及程度为工作原则；在跟踪监测阶段，应以快速获取污染物浓度及其动态变化信息为工作原则。

依据：《突发环境事件应急监测技术规范》（HJ 589—2021）。

4.5.6.2 应急监测污染物和主要污染因子的确定原则是什么？

答案： 优先选择特征污染物和主要污染因子作为监测项目，根据污染事件的性质和环境污染状况确认在环境中积累较多、对环境危害较大、影响范围广、毒性较强的污染物，或者为污染事件对环境造成严重不良影响的特定项目，并根据污染物性质（自然性、扩散性或活性、毒性、可持续性、生物可降解性或积累性、潜在毒性）及污染趋势，按可行性原则（尽量有监测方法、评价标准或要求）进行确定。

依据：《突发环境事件应急监测技术规范》（HJ 589—2021）。

4.5.6.3 应急监测方案包括哪些内容？

答案：应急监测方案指跟踪监测阶段的应急监测方案。根据污染态势初步判别结果，编制应急监测方案。应急监测方案应包括但不限于突发环境事件概况、监测布点及距事发地距离、监测断面（点位）经纬度及示意图、监测频次、监测项目、监测方法、评价标准或要求、质量保证和质量控制、数据报送要求、人员分工及联系方式、安全防护等方面内容。应急监测方案应根据相关法律法规、规章、标准及规范性文件等要求进行编写，并在突发环境事件应急监测过程中及时更新调整。

依据：《突发环境事件应急监测技术规范》（HJ 589—2021）。

4.5.6.4 应急监测终止的条件有哪些？

答案：当应急组织指挥机构终止应急响应或批准应急监测终止建议时，方可终止应急监测。凡符合下列情形之一的，可向应急组织指挥机构提出应急监测终止建议：（1）对于突发水环境事件，最近一次应急监测方案中，全部监测点位特征污染物的 48 h 连续监测结果均达到评价标准或要求；对于其他突发环境事件，最近一次应急监测方案中全部监测断面（点位）特征污染物的连续 3 次以上监测结果均达到评价标准或要求；（2）对于突发水环境事件，最近一次应急监测方案中，全部监测点位特征污染物的 48 h 连续监测结果均恢复到本底值或背景点位水平；对于其他突发环境事件，最近一次应急监测方案中全部监测断面（点位）特征污染物的连续 3 次以上监测结果均恢复到本底值或背景点位水平；（3）应急专家组认为可以终止的情形。

依据：《突发环境事件应急监测技术规范》（HJ 589—2021）。

4.5.6.5 简述应急监测现场调查主要内容。

答案：现场调查可包括如下内容：事件发生的时间和地点，必要的水文气象及地质等参数，可能存在的污染物名称及排放量，污染物影响范围，周围是否有敏感点，可能受影响的环境要素及其功能区划等；污染物特性的简要说明；其他相关信息（如盛放有毒有害污染物的容器、标签等信息）。

依据：《突发环境事件应急监测技术规范》（HJ 589—2021）。

4.5.6.6 应急监测污染物和监测项目的确定原则是什么？

答案： 优先选择特征污染物和主要污染因子作为监测项目，根据污染事件的性质和环境污染状况确认在环境中积累较多、对环境危害较大、影响范围广、毒性较强的污染物，或者为污染事件对环境造成严重不良影响的特定项目，并根据污染物性质（自然性、扩散性或活性、毒性、可持续性、生物可降解性或积累性、潜在毒性）及污染趋势，按可行性原则（尽量有监测方法、评价标准或要求）进行确定。

依据： 《突发环境事件应急监测技术规范》（HJ 589—2021）。

4.5.6.7 简述水源地突发环境事件应急监测要点。

答案： 应急监测重点是抓住污染带前锋、峰值位置和浓度变化，对污染带移动过程形成动态监控。当污染来源不明时，应先通过应急监测确定特征污染物成分，再进行污染源排查和先期处置。应急监测原则和注意事项包括但不限于以下内容。（1）监测范围。应尽量涵盖水源地突发环境事件的污染范围，并包括事件可能影响区域和污染物本底浓度的监测区域。（2）监测布点和频次。以突发环境事件发生地点为中心或源头，结合水文和气象条件，在其扩散方向及可能受到影响的水源地位置合理布点，必要时在事故影响区域内水源取水口、农灌区取水口处设置监测点位（断面）。应采取不同点位（断面）相同间隔时间（一般为1 h）同步采样监测方式，动态监控污染带移动过程。①针对固定源突发环境事件，应对固定源排放口附近水域、下游水源地附近水域进行加密跟踪监测。②针对流动源、非点源突发环境事件，应对事发区域下游水域、下游水源地附近进行加密跟踪监测。③水华灾害突发事件若发生在一级、二级保护区范围，应对取水口不同水层进行加密跟踪监测。（3）现场采样。应制定采样计划和准备采样器材。采样量应同时满足快速监测、实验室监测和留样的需要。采样频次应考虑污染程度和现场水文条件，按照应急专家组的意见确定。（4）监测项目。通过现场信息收集、信息研判、代表性样品分析等途径，确定主要污染物及监测项目。监测项目应考虑主要污染物在环境中可能产生的化学反应、衍生成其他有毒有害物质，有条件的地区可同时开展水生生物指标的监测，为后期损害评估提供第一手资料。（5）分析方法。具备现场监测条件的监测项目，应尽量在现场监测。必要时，备份样品送实验室监（复）测，以确认现场定性或定量监测结果的准确性。（6）监测结果与数据报告。应按照有关监测技术规范进行数据处理。监测结果可用定性、半定量或定量方式报出。监测结果可采用电话、传真、快报、简报、监测报告等形式第一时间报告现场应急指挥部。（7）监测数据的质量保证。应急监测过程中的样品采集、现场监测、实验室监测、数据统计等环节，都应有质量控制措施，并对应急监测报告实行三级审核。

依据：《突发环境事件应急监测技术规范》（HJ 589—2021）。

4.5.6.8 简述重特大突发环境事件空气应急监测组织程序。

答案：坚持国家指导、省级统筹、属地管理的原则。事发地的生态环境监测部门接到事件通知后，应第一时间启动应急监测预案，组织人员、调集应急监测设备赶赴现场开展应急监测，并将监测结果上报本级生态环境部门和上级生态环境监测部门。根据突发环境事件等级、影响程度和生态环境应急监测预案要求，由本级（或上级）人民政府或生态环境部门成立应急组织指挥机构，并以本级或上级生态环境监测部门为主要力量组建应急监测组。省级生态环境部门统筹本行政区域内环境应急监测工作。事发地预判应急监测任务难以独立承担时，应及时报告省级生态环境部门，由省级生态环境部门组织本行政区域内监测力量支援。生态环境部指导督促省级生态环境部门开展应急监测，根据需要安排中国环境监测总站参与应急监测工作，必要时调集相关生态环境监测部门或社会环境检测机构的人员、物资、设备进行支援。

依据：《重特大突发环境事件空气应急监测工作规程》。

4.5.6.9 简述重特大突发环境事件空气应急监测点位布设原则。

答案：点位布设参照《突发环境事件应急监测技术规范》（HJ 589—2021）、《环境空气质量手工监测技术规范》执行，以掌握污染物对环境空气质量的影响及扩散趋势为重点，研判污染物对人体健康的影响。在厂界或事故点周边及扩散影响区域合理布设监测或采样点位，判断污染团位置，掌握污染物浓度及扩散趋势，研判应急处置效果，为人员疏散等提供支撑。事故初期，为摸清污染物最大落地浓度和削减规律，以事故点为中心，在厂界或事故点周边主导风向的下风向布设点位，原则上按照 500 m、1 000 m、2 000 m、3 000 m、5 000 m 间隔的扇形布设点位；无明显主导风向，以敏感点所在方向为重点按圆形布设点位。有敏感点时，在敏感点内部按 500～1 000 m 间隔增设监测点位。可在事故点上风向布设对照点位。确定特征污染物扩散趋势后，重点围绕敏感点布设点位，并根据风向变化及时调整。点位布设应充分考虑交通状况、气象条件和人员安全。

依据：《重特大突发环境事件空气应急监测工作规程》。

4.5.6.10 简述突发大气环境污染事故应急监测方法选用要求。

答案：突发环境事件空气应急监测应以现场监测为主。特别是应急监测初始阶段为确保快速、及时、准确掌握污染情况和污染团移动情况，应优先选择便携式、直读式等现场快速监测方法，以及空气走航监测和无人机巡航监测。当现场监测方法不能准确测定污染物浓度或无法准确定性或定量分析时，为精准掌握污染物浓度，研判污染物扩散态势，应选择实验室手工监测或其他高精度监测方法，样品采集要求及采样量根据分析项目及分析方法确定。建议参照《生态环境应急监测方法选用指南》选用合适的监测方法。需特别注意，采用便携式仪器现场快速监测、空气走航监测、无人机巡航监测、实验室手工监测等多种监测方法时，需开展方法比对，确保监测数据的可比性，测定结果变化趋势应保持一致。当测定结果偏差过大或变化趋势不一致时，确因便携式、直读式等现场快速监测方法导致数据偏差过大的，以标准方法或实验室手工监测方法为准。

依据：《重特大突发环境事件空气应急监测工作规程》。

4.5.6.11　简述突发大气环境污染事件应急监测仪器的选用原则。

答案：现场监测仪器装备的选用应以便携式、直读式、多参数的现场监测仪器为主，要求能够通过定性半定量的监测结果对污染物进行快速鉴别、筛查及监测。有条件的可使用空气应急监测车、空气走航监测车和无人机等设备。便携式仪器适用于厂界或事故周边及敏感点现场快速监测；空气走航监测车适用于具备交通条件的厂界或事故周边及敏感点的走航监测；无人机适用于事故现场大范围的立体监测。可参照《生态环境应急监测能力建设指南》选择合适的应急监测设备。

依据：《重特大突发环境事件空气应急监测工作规程》。

4.5.6.12　突发大气环境污染事件应急监测污染物筛查的要求是什么？

答案：发生火灾、爆炸、未知气体泄漏时，可对气态污染物中无机和有机污染物分别进行筛查以确定特征污染物。无机污染物筛查，可结合现场刺激性气味、颜色等特点综合研判，利用电化学传感器、检测管等筛查；有机污染物筛查，可监测非甲烷总烃或总挥发性有机物，再利用便携式气质联用仪等筛查挥发性有机物成分。其中，化工企业等火灾、爆炸时，可结合行业、工艺特点和主要产品、中间产品、原辅材料、环评报告等研判可能出现的特征污染物。发生已知气体泄漏时，按照具体泄漏物质及可能的次生产物确定特征污染物。其中，特征污染物一般是指事件中排放量较大或超标倍数较高、对人体健康及周边生态环境影响较大，可表征事态发展的污染物。特征污染物的筛查，建议相关领域专家及时给予支持和指导。

依据：《重特大突发环境事件空气应急监测工作规程》。

4.5.6.13　简述重特大突发水环境事件应急监测组织原则。

答案：坚持国家指导、区域协同、省级统筹、属地管理的原则。事件发生地的生态环境部门在接到事件通知后，应第一时间启动应急监测预案，组织人员、调集应急监测设备赶赴现场开展应急监测，并将监测结果上报本级人民政府和上级生态环境主管部门。

省级生态环境部门统筹本行政区域内环境应急监测工作。当事件发生地不具备应急监测能力时，应及时报告省级生态环境部门，由省级生态环境部门组织本行政区域内力量支援。流域生态环境监督管理局在生态环境部的统一部署下，根据需要委派技术专家和业务骨干赶赴现场，指导、参与应急监测工作。必要时调集监测设备、物资，及时进行支援。生态环境部指导督促地方开展应急监测，根据需要安排中国环境监测总站参与应急监测工作，必要时调集相关生态环境监测部门或社会环境监测机构的人员、物资或设备进行支援。

依据：《重特大突发水环境事件应急监测工作规程》。

4.5.6.14 简述重特大突发水环境事件应急监测布点与频次要求。

答案： 监测断面的布设参照《突发环境事件应急监测技术规范》（HJ 589—2021）执行。以准确掌握污染团移动情况为核心，以实时监控污染物浓度变化为目标，根据事件特点和应急处置措施实施情况，建立监测断面动态调整机制。对于污染带较长的河流型突发水环境事件，结合应急处置工程措施、饮用水水源地等敏感点分布情况，一般每10～20 km 布设一个控制断面。若污染带超过 100 km，可适当增加断面间距。必要时，根据信息发布要求固定若干个控制断面，作为对外发布信息的依据。断面的布设应考虑交通状况、人员安全等，确保采样的可行性和方便性（特征污染物，一般是事件中排放量较大或超标倍数较高，对水生态环境有较大影响，可以表征事态发展的污染物。根据事件类型、污染源特征、生产工艺等，并结合事件发生地沿线河流的水质本底值情况和应急监测初筛结果确定特征污染物。必要时需增加监测指标或开展水质全分析监测）。

监测频次：应急初期，控制断面原则上每 1～2 h 开展一次监测，其中，各控制断面采样时间应相同。用于发布信息的断面原则上每天监测次数不少于 1 次。根据处置情况和污染物浓度变化态势进行动态调整。

依据：《重特大突发水环境事件应急监测工作规程》。

4.5.6.15 简述重特大突发水环境事件应急监测采样分析人员、物资配备要求。

答案：（1）样品采集人员配备：初判为重特大突发水环境事件发生后，应第一时间调集本行政区域生态环境监测部门的临测人员开展监测，人员不足时可以协调社会环境监测机构进行补充。每个监测断面配备 2～4 组采样人员，每组至少 2 人，每组至少配备一辆样品运输车。对于交通不便的采样断面，可根据实际情况适当增加采样人员及样品运输车辆。注意事项：水质采样过程中应注意兼顾安全和代表性，尽量选择混合均匀、便于采样的河段采集样品，可根据现场实际情况适当调整距离并做好记录。石油类应使用专用采样器在水面至 300 mm 采集柱状水样，重金属应分析溶解态含量，样品浑浊时应离心或过滤。每次采样过程应留有一定量的备用样品，用于质控和复测。应急监测采样时，采样人员应拍照记录采样断面经纬度位置、采样时间和周边情况等。（2）分析测试实验室布设：污染带长度超过 30 km 的河流型突发水环境事件，以事件发生地为起点，每隔 30～50 km 布设一个现场实验室或应急监测车，负责附近监测断面的样品分析。人员配备：每个实验室按照监测项目配备分析人员，每个监测项目配备 2～3 组人员，24 h 轮流值班。对于前处理复杂的样品，每组配备 4 人；对于前处理简单的样品，每组配备 2 人。由省级生态环境监测部门委派质量监督员，在每个实验室定点监督，对数据质量进行审核。监测设备：结合现场条件，优先选用便携式或车载监测设备。常规项目优先采用现场便携或车载设备监测；重金属项目优先采用车载式电感耦合等离子体光谱仪（ICP）监测；挥发性有机物项目优先采用便携式气相色谱-质谱联用仪监测污染物种类和浓度；生物毒性项目优先采用便携式生物毒性分析仪等。试剂准备：应按照 10 个监测断面，每 2 h 监测一次，准备 2 天的试剂包，同时做好后续的试剂保障工作。

依据：《重特大突发水环境事件应急监测工作规程》。

4.6 应急处置

4.6.1 名词解释

4.6.1.1 尾矿库场外环境应急专篇

答案：尾矿库场外环境应急专篇是重大环境风险尾矿库环境应急预案的一部分，重点提出地方政府及其相关部门处置尾矿库突发环境事件的措施建议，以及尾矿库企业在企业外部可采取的处置措施，是地方政府制定尾矿库环境应急专项预案的基础，有利于实现企业应急处置工作与政府应急处置工作之间的有效衔接。尾矿库场外环境应急专篇作为预案的一部分一并评审报备。

依据：《尾矿库环境应急预案编制指南》。

4.6.2 单项选择题

4.6.2.1 较大、重大和特别重大突发环境事件发生后，企业事业单位未按要求执行停产、停排措施，继续违反法律法规规定排放污染物的，环境保护主管部门应当依法实施（　　）。

A. 没收   B. 查封、扣押

C. 监控   D. 关闭

答案： B

依据： 《环境保护主管部门实施查封、扣押办法》第四条。

4.6.2.2 应急处置期间，企业事业单位应当服从统一指挥，全面、准确地提供本单位与应急处置相关的（　），协助维护应急现场秩序，保护与突发环境事件相关的各项证据。

A. 财产   B. 设备

C. 技术资料   D. 应急预案

答案： C

依据： 《突发环境事件应急管理办法》。

4.6.2.3 较大、重大和特别重大突发环境事件发生后，企业事业单位未按要求执行停产、停排措施，继续违反法律法规规定排放污染物的，环境保护主管部门应当依法对造成污染物排放的设施、设备实施（　）。

A. 没收   B. 查封、扣押

C. 监控   D. 关闭

答案： B

依据： 《突发环境事件应急管理办法》。

4.6.2.4 突发环境事件应对，应当在县级以上地方人民政府的统一领导下，建立（　）、（　）、属地管理为主的应急管理体制。

A. 属地管理、逐级响应   B. 行业管理、逐级响应

C. 分类管理、分级负责   D. 行业管理、分级响应

答案： C

依据： 《突发环境事件应急管理办法》。

4.6.3 多项选择题

4.6.3.1 下列物质属于事故排水的是（　）。

A. 含有泄漏物   B. 生产废水

C. 清净下水   D. 雨水或消防水

答案： ABCD

依据： 《石化企业水体环境风险防控技术要求》（Q/SH 0729—2018）。

4.6.3.2 《突发环境事件应急管理办法》规定获知突发环境事件信息后，县级以上地方环境保护主管部门应当立即组织排查污染源，初步查明（ ）。

A. 事件发生的时间、地点、原因　　B. 污染物质及数量

C. 是否构成刑事犯罪　　　　　　　D. 周边环境敏感区

答案： ABD

依据： 《突发环境事件应急管理办法》。

4.6.3.3 较大、重大和特别重大突发环境事件发生后，企业事业单位未按要求执行停产、停排措施，继续违反法律法规规定排放污染物的，生态环境部门应当依法对造成污染物排放的设施、设备采取哪些措施？（ ）

A. 查封　　　　　　　　　　　　　B. 扣押

C. 收缴　　　　　　　　　　　　　D. 以上均不对

答案： AB

依据： 《突发环境事件应急管理办法》。

4.6.3.4 应急处置方案主要明确"谁负责、做什么、怎么做"，包括该事件情景下的（ ）、责任人、（ ）、（ ）、注意事项、时限要求等内容。

A. 应急预案　　　　　　　　　　　B. 应急响应程序

C. 具体处置措施　　　　　　　　　D. 所需应急物资

答案： BCD

依据： 《企业事业单位突发环境事件应急预案评审工作指南（试行）》。

4.6.3.5 对水源地应急预案适用地域范围内的污染源，应明确负责实施切断污染源的（ ）、（ ）、（ ）及工作要点；对水源地应急预案适用地域范围外的污染源，按有关突发环境事件应急预案要求进行处置。

A. 部门　　　　　　　　　　　　　B. 程序

C. 方法　　　　　　　　　　　　　D. 物资

答案： ABC

依据： 对水源地应急预案适用地域范围内的污染源，应明确负责实施切断污染源的部门、程序、方法及工作要点；对水源地应急预案适用地域范围外的污染源，按有关突发环境事件应急预案要求进行处置。处置措施主要采取切断污染源、收集和围堵污染物等，包括但不限于以下内容。（1）对发生非正常排放或有毒有害物质泄漏的固定源突发环境事件，应尽快采取关闭、封堵、收集、转移等措施，切断污染源或泄漏源。（2）对

道路交通运输过程中发生的流动源突发事件，可启动路面系统的导流槽、应急池或紧急设置围堰、闸坝等，对污染源进行围堵并收集污染物。（3）对水上船舶运输过程中发生的流动源突发事件，主要采取救援打捞、油毡吸附、围油栏、闸坝拦截等方式，对污染源进行围堵并收集污染物。（4）启动应急收集系统集中收集陆域污染物，设立拦截设施，防止污染物在陆域蔓延，组织有关部门对污染物进行回收处置。（5）根据现场事态发展对扩散至水体的污染物进行处置。

4.6.4 判断题

4.6.4.1 生产、储存危险化学品的企业事业单位，应当采取措施，防止在处理突发环境事件处置过程中产生的可能严重污染水体的消防废水、废液直接排入水体。

答案：×

依据：《中华人民共和国环境保护法》第七十七条第二款：生产、储存危险化学品的企业事业单位，应当采取措施，防止在处理安全生产事故过程中产生的可能严重污染水体的消防废水、废液直接排入水体。

4.6.4.2 突发环境事件风险防控措施，应当包括有效防止泄漏物质、消防水、污染雨水等扩散至外环境的收集、导流、拦截、降污等措施。

答案：√

依据：《企业突发环境事件风险评估指南（试行）》。

4.6.4.3 日常状态下，企业化学品罐区围堰雨水排放管道闸阀应处于开启状态。

答案：×

依据：根据《企业突发环境事件风险评估指南（试行）》罐区围堰外设排水切换阀，正常情况下通向雨水系统的阀门关闭。

4.6.4.4 应急处置期间，事发地县级以上地方环境保护主管部门应当组织开展事件信息的分析、评估，提出应急处置方案和建议报本级人民政府。

答案：√

依据：《突发环境事件应急管理办法》。

4.6.4.5 在突发环境事故处置中涉及的危险废物在应急响应阶段可以豁免管理。

答案：√

依据：列入 2021 版《国家危险废物名录》附录《危险废物豁免管理清单》的危险废物共 32 种/类，其中涉及突发环境事故处置中涉及危险废物豁免内容包括：（1）突发环境事件及其处理过程中产生的 HW900-042-49 类危险废物和其他需要按危险废物进行处理处置的固体废物，以及事件现场遗留的其他危险废物和废弃危险化学品按事发地的县级以上人民政府确定的处置方案进行运输的，不按危险废物进行运输；按事发地的县级以上人民政府确定的处置方案进行利用或处置的，利用或处置过程不按危险废物管理。

（2）历史填埋场地清理，以及水体环境治理过程产生的需要按危险废物进行处理处置的固体废物按事发地的设区市级以上生态环境部门同意的处置方案进行运输的，不按危险废物进行运输；按事发地的设区市级以上生态环境部门同意的处置方案进行利用或处置的，利用或处置过程不按危险废物管理。

4.6.5 填空题

4.6.5.1 水源地突发环境事件现场处置方案包括但不限于以下内容：应急监测、污染处置措施、（ ）、应急队伍和人员安排、供水单位应对等。

答案： 物资调集

依据： 现场处置方案包括但不限于以下内容：应急监测、污染处置措施、物资调集、应急队伍和人员安排、供水单位应对等。根据污染特征，水源地突发环境事件的污染处置措施如下。（1）水华灾害突发事件。对一级、二级水源保护区的水华发生区域，采取增氧机、藻类打捞等方式减少和控制藻类生长和扩散；有条件的，可采用生态调水的方式，通过增加水体扰动控制水华灾害。（2）水体内污染物治理、总量或浓度削减。根据应急专家组等意见，制定综合处置方案，经现场应急指挥部确认后实施。一般采取隔离、吸附、打捞、扰动等物理方法，氧化、沉淀等化学方法，利用湿地生物群消解等生物方法和上游调水等稀释方法，可以采取一种或多种方式，力争短时间内削减污染物浓度。现场应急指挥部可根据需要，对水源地汇水区域内的污染物排放企业实施停产、减产、限产等措施，削减水域污染物总量或浓度。（3）应急工程设施拦截污染水体。在河道内启用或修建拦截坝、节制闸等工程设施拦截污染水体；通过导流渠将未受污染水体导流至污染水体下游，通过分流沟将污染水体分流至水源保护区外进行收集处置；利用前置库、缓冲池等工程设施，降低污染水体的污染物浓度，为应急处置争取时间。不能建设永久应急工程的，应事先论证确定可建设应急工程的地址，并在预案中明确。

4.6.6 简答题

4.6.6.1 企业事业单位造成或者可能造成水污染事故的，应当采取哪些措施？

答案：企业事业单位发生事故或者其他突发性事件，造成或者可能造成水污染事故的，应当立即启动本单位的应急方案，采取隔离等应急措施，防止水污染物进入水体，并向事故发生地的县级以上地方人民政府或者生态环境主管部门报告。造成渔业污染事故或者渔业船舶造成水污染事故的，应当向事故发生地的渔业主管部门报告，接受调查处理。其他船舶造成水污染事故的，应当向事故发生地的海事管理机构报告，接受调查处理；给渔业造成损害的，海事管理机构应当通知渔业主管部门参与调查处理。

依据：《中华人民共和国水污染防治法》第七十八条。

4.6.6.2 获知突发环境事件信息后，县级以上地方生态环境主管部门应当开展哪些工作？

答案：应当立即组织排查污染源，初步查明事件发生的时间、地点、原因、污染物质及数量、周边环境敏感区等情况；按照《突发环境事件应急监测技术规范》（HJ 589—2021）开展应急监测，及时向本级人民政府和上级生态环境主管部门报告监测结果。

依据：《突发环境事件应急管理办法》。

4.6.6.3 在应急处置期间，县级以上地方生态环境主管部门应当开展哪些工作？

答案：应急处置期间，事发地县级以上地方生态环境主管部门应当组织开展事件信息的分析、评估，提出应急处置方案和建议报本级人民政府。突发环境事件的威胁和危害得到控制或者消除后，事发地县级以上地方生态环境主管部门应当根据本级人民政府的统一部署，停止应急处置措施。

依据：《突发环境事件应急管理办法》。

4.6.6.4 突发环境事件现场应对需要研判哪些情况？

答案：①是否影响到学校、医院等敏感人群；②是否影响周边群众生产、生活或存在潜在威胁；③是否危及生态敏感区或脆弱区；④是否需要群众转移；⑤是否影响到或危及饮用水水源地；⑥污染是否在可控范围，是否造成跨界污染；⑦是否需要有关部门协助和支援；⑧是否需要有关专家提出科学处置方案；⑨是否向上级报告、下游通报，启动更高一级的应急预案；⑩是否扩大信息公开范围。

依据：《典型行业企业突发环境事件应急预案编制指南》。

4.6.6.5 尾矿输送和回水系统泄漏情景应急处置方案应重点从哪几个方面实施？

答案：（1）进一步确认泄漏位置，判断分析泄漏量和泄漏水质。（2）明确切断泄漏源的有效方法以及泄漏至外环境的污染物控制、消减技术方法。（3）明确防止污染物扩散的程序和措施，说明相关设施使用方法，特别注意防止泄漏尾矿通过清净下水系统或雨水系统进入环境或者公共排水设施。防止扩散的程序和措施可以参考：①通过源头控制，启动截流措施、事故排水收集措施减少污染物外排量和速度；②启动清净下水系统防控措施、雨水系统防控措施，及时切断、分流无污染的水流，减少事件产生的污水量；③启动应急排污泵、生产废水系统防控措施等，及时转移、处理事故排水；④采取围堵措施，防止污染物进入外环境，减少事件影响区域和范围。（4）可能受影响水体情况，包括水体规模、水文情况、水体功能、水质现状以及是否有饮用水水源地等。

依据：《尾矿库环境应急预案编制指南》。

4.6.6.6　排洪系统泄漏情景应急处置方案重点从哪几个方面实施？

答案：（1）进一步确定排洪系统损坏的具体位置，判断分析已经泄漏的尾矿量、尾矿水质。（2）疏通堵塞或修补更换损坏排水设施的有效措施以及采取该措施将取得的效果。（3）泄漏尾矿扩散控制和消减技术方法、控制点位。（4）可能受影响水体情况，包括水体规模、水文情况、水体功能、水质现状以及是否有饮用水水源地等。（5）其他需要说明的情况。

依据：《尾矿库环境应急预案编制指南》。

4.6.6.7　尾矿库渗漏情景应急处置方案重点从哪几个方面实施？

答案：（1）进一步确定渗漏的具体位置，已经渗漏尾矿量和尾矿水质。（2）根据渗漏程度，确定停产的条件。（3）尾矿渗漏控制技术和该技术控制渗漏效果。（4）防止渗漏尾矿和尾矿水扩散的具体措施以及对渗漏尾矿和尾矿水的消减技术。（5）可能受影响水体情况，包括水体规模、水文情况、水体功能、水质现状以及是否有饮用水水源地等，有条件的要提供地下水情况。

依据：《尾矿库环境应急预案编制指南》。

4.6.6.8　尾矿库坝体管涌情景应急处置方案重点从哪几个方面实施？

答案：（1）进一步确定管涌具体位置，判断分析尾矿泄漏量和泄漏水质。（2）尾矿库坝体管涌现象控制技术以及该技术控制效果。（3）防止泄漏尾矿和尾矿水扩散的具体措施，设置围堰、围挡坝的具体位置。（4）对泄漏尾矿和尾矿水的消减技术。（5）可能受影响水体情况，包括水体规模、水文情况、水体功能、水质现状以及是否有饮用水水源地等，有条件的可以提供地下水情况。

依据：《尾矿库环境应急预案编制指南》。

4.6.6.9　尾矿库坝体裂缝情景应急处置方案重点从哪几个方面实施？

答案：（1）进一步确定裂缝具体位置，判断分析尾矿泄漏量和泄漏水质。（2）尾矿库坝体裂缝现象控制技术以及该技术控制效果。（3）防止泄漏尾矿和尾矿水扩散的具体措施，设置围堰、围挡坝的具体位置。（4）对泄漏尾矿和尾矿水的消减技术。（5）所需应急防护措施、应急救援物资和装备及其获得方式和途径。（6）可能受影响水体情况，包括水体规模、水文情况、水体功能、水质现状以及是否有饮用水水源地等，有条件的可以提供地下水情况。

依据： 《尾矿库环境应急预案编制指南》。

4.6.6.10 尾矿库溃坝情景应急处置方案重点从哪几个方面实施？

答案： （1）判断分析尾矿泄漏量和尾矿水质。（2）防止泄漏尾矿和尾矿水扩散的具体措施，设置围堰、围挡坝的具体位置。（3）对泄漏尾矿和尾矿水的消减技术。（4）所需应急防护措施、应急救援物资和装备及其获得方式和途径。（5）可能受影响水体情况，包括水体规模、水文情况、水体功能、水质现状以及是否有饮用水水源地等，有条件的可以提供地下水情况。

依据： 《尾矿库环境应急预案编制指南》。

4.6.6.11 尾矿水超标外排情景应急处置方案重点从哪几个方面实施？

答案： （1）明确停止尾矿水持续外排的措施。（2）调查尾矿水超标原因，提出消减尾矿水污染技术方法。（3）水质监测方案，组织人员及时跟踪水质变化措施。（4）可能受影响水体情况说明，包括水体规模、水文情况、水体功能、水质现状等，特别应关注是否对饮用水水源地造成影响。（5）其他需要说明的情况。尾矿库扬尘可能对周边造成较大影响的，尾矿库企业要编制针对性的处置方案。尾矿库企业环境应急预案、尾矿库安全生产相关应急预案或者其他专项应急预案中，对上述情景处置措施已有规定的，可以不再规定，并遵照执行。

依据： 《尾矿库环境应急预案编制指南》。

4.6.6.12 尾矿库场外环境应急专篇的主要内容是什么？

答案： （1）应急准备措施。根据尾矿库环境风险评估报告分析的尾矿库突发环境事件影响范围，结合尾矿库周边地形地貌以及单位、居民和饮用水水源地等环境敏感点分布特点，提出在尾矿库下游总排口、地表水汇入处及其沿线，建设拦截、围堵、贮存等设施的具体位置、数量和规模等建议，并说明其用途。（2）环境应急监测。提出地方政府及其环境保护主管部门组织成立环境应急监测队伍的建议；按照尾矿库特征污染物种类、数量、影响范围以及周边环境敏感点的分布，提出环境应急监测方案、必要的监测设备配置、监测队伍要求等方面的建议。当尾矿库企业自身具备环境应急监测能力时，环境应急监测方案建议中，要明确企业环境应急监测人员的工作职责。环境应急监测方案要明确在污染区域和未被污染区域分别进行采样的规定，以便掌握污染带移动过程。污染区域的监测点位至少包括尾矿库下游地表水汇入处及受污染地表水河段沿线，必要时需考虑跨界断面。在事件发生初期，根据突发环境事件的危害程度，适当增加监测点位和频次；随着污染物的扩散和应急处置工作的进行，根据监测结果的变化情况适时调整监测频次和监测点位。环境应急监测方案要明确监测结果分析的负责人、分析流程、分析结果论证等内容。环境应急监测分析结论是预测尾矿库突发环境事件情况和污染物变化情况的依据，为应急处置的决策提供技术支持。（3）应急处置措施。尾矿库场外环境应急专篇要提出应急处置方案的具体内容和实施单位建议，明确尾矿库企业可以配合现场处置工作的具体内容。根据尾矿库突发环境事件的情景，应急处置方案包括：①根据尾矿库企业环境应急预案，提出切断污染源的有效方法建议；分析污染物可能对外环境造成污染的途径，提出泄漏至外环境的污染物控制技术方法建议。②结合现有应急物资情况，提出应当调用的应急物资、装备及设施的建议。③提出处理好公众咨询、接待和安抚受害者等的措施建议。④提出指挥企业对泄漏源进行围堵和控制方法建议，可以结合现场情况，启动应急泵将尾矿或尾矿水及时转移到事故池，或通过人工敷设管渠将其截流至临近其他存储设施中，并用示意图指出转移的具体路线。⑤提出在尾矿库下游至受影响河段设置围挡、拦截设施的位置、规模等建议，并用示意图明示。⑥当尾矿库突发环境事件对饮用水水源地造成影响时，提出报请地方政府即刻下令关闭取水口，同时启动备用水源，直至达标后恢复使用的建议。⑦提出进行人员疏散和安置的建议，指出可以使用的避险场所，具体路线和避难场所位置用示意图明示。⑧提出承担污染造成受伤人员救治任务医院的建议；当饮用水水源地受到污染时，提出加大对居民用水的监测密度、根据水质情况提出恢复供水的建议。⑨提出将事件信息、影响、救援工作的进展等情况及时向媒体和公众公布的建议，以消除公众的恐慌心理，避免群体性事件的发生。

依据：《尾矿库环境应急预案编制指南》。

4.7 处置技术

4.7.1 名词解释

4.7.1.1 "南阳实践"

答案："南阳实践"是生态环境部在长期实践中的经验总结和方法创新，用于指导突发水污染事件应急处置，重点围绕不让受污染水体进入敏感水域（水源地）的目标，从汇水河流入手，按照以"空间换时间"的思路，把现场临时找"应急池"变为提前规划，通过落实"找空间、定方案、抓演练"三项工作，构建能够满足应急处置需要的污染团截留暂存区，提升突发水污染事件应急处置的能力和水平。

依据：《流域突发水污染事件环境应急"南阳实践"实施技术指南》。

4.7.1.2 环境应急空间与设施

答案：指在水污染事件发生时可用于储存受污染水体，以及便于实施截流、引流、投药、稀释等处置措施的空间与设施，包括 11 种类型。分别是水库、湿地、坑塘、闸坝、引水式电站、坝式水电站、干枯河道、江心洲型河道、桥梁、临时筑坝点、其他设施。

依据：《流域突发水污染事件环境应急"南阳实践"实施技术指南》。

4.7.1.3 水库

答案：指拦洪蓄水和调节水流的水利工程建筑物，可以用来灌溉、发电、防洪和养鱼等。

依据：《流域突发水污染事件环境应急"南阳实践"实施技术指南》。

4.7.1.4 湿地

答案：指地表过湿或经常积水，生长湿地生物的地区。

依据：《流域突发水污染事件环境应急"南阳实践"实施技术指南》。

4.7.1.5 坑塘

答案：指面积在 1 000 m^2 以上或容量 1 000 m^3 以上的水塘、坑、景观池、人工湖等。

依据：《流域突发水污染事件环境应急"南阳实践"实施技术指南》。

4.7.1.6 闸坝

答案：指为调节水位、引水灌溉而建立的水利设施，多见于周边有农田或耕地的小型河流上。

依据：《流域突发水污染事件环境应急"南阳实践"实施技术指南》。

4.7.1.7 引水式电站

答案：指河流坡降较陡、落差比较集中的河段，以及河湾或相邻两河河床高程相差较大的地方，利用坡降平缓的引水道引水而与天然水面形成符合要求的落差（水头）发电的水电站。

依据：《流域突发水污染事件环境应急"南阳实践"实施技术指南》。

4.7.1.8 坝式水电站

答案：指筑坝抬高水头，集中调节天然水流，用以生产电力的水电站。

依据：《流域突发水污染事件环境应急"南阳实践"实施技术指南》。

4.7.1.9　干枯河道

答案：指河道由于自然或人工的影响改变走向后遗留的干枯河床。

依据：《流域突发水污染事件环境应急"南阳实践"实施技术指南》。

4.7.1.10　江心洲型河道

答案：指在河道中存在一个相对孤立的洲或岛屿的河段。

依据：《流域突发水污染事件环境应急"南阳实践"实施技术指南》。

4.7.1.11　桥梁

答案：指跨越河道的桥梁，高速公路、铁路跨河桥梁除外。

依据：《流域突发水污染事件环境应急"南阳实践"实施技术指南》。

4.7.1.12　临时筑坝点

答案：指在河道较窄（一般河宽小于 200 m）、便于施工筑坝且交通便利的点位。

依据：《流域突发水污染事件环境应急"南阳实践"实施技术指南》。

4.7.1.13　河流

答案：指降水或由地下涌出地表的水汇集在地面低洼处，在重力作用下经常地或周期地沿流水本身造成的洼地流动。

依据：《流域突发水污染事件环境应急"南阳实践"实施技术指南》。

4.7.1.14　重点环境风险源

答案：指较大及以上环境风险等级的企业和其他可能对生态环境造成重大影响的企业与设施等。

依据：《流域突发水污染事件环境应急"南阳实践"实施技术指南》。

4.7.2　单项选择题

4.7.2.1　"南阳实践"中（　）是掌握河流水文、闸坝信息，确定能实现清污隔离的"临时应急池"。

A．找空间　　　　　　　　　B．定方案

C．抓演练　　　　　　　　　D．建工程

答案：A

依据：《流域突发水污染事件环境应急"南阳实践"实施技术指南》。

4.7.2.2 突发环境事件风险防控措施，应当包括有效防止泄漏物质、消防水、污染雨水等扩散至外环境的（　）等措施。

    A．收集   B．导流

    C．拦截、降污   D．以上均是

    答案： D

    依据： 《突发环境事件应急管理办法》。

4.7.2.3 油类污染物污染场地事故应急处置措施包括收集泄漏油品、清运处置污染土壤、（　）、地下水污染修复等。

    A．土壤污染修复   B．收集泄漏油污

    C．导流污染水体   D．以上均不对

    答案： A

    依据： 《典型行业企业突发环境事件应急预案编制指南》。

4.7.2.4 河道顺直（河宽＜50 m）情况围油栏布设，可采用絮流栏、导流栏和（　）组合的形式，能够快速将溢油集中到固定收油点上，围油栏根据水流速及溢油量选择规格型号。

    A．导流板   B．收油机

    C．收油栏   D．以上均不对

    答案： C

    依据： 《典型行业企业突发环境事件应急预案编制指南》。

4.7.3　多项选择题

4.7.3.1 油污染场地事故应急处置措施在收集泄漏油品时，可根据管道油品泄漏位置与泄漏量，在油品泄漏的下游低洼处（　）、（　）、（　）。集油池和导油沟内应敷设防渗塑料布。

    A．修筑集油池同时开挖导油沟

    B．将泄漏油品汇集至集油池中

    C．用防爆泵或真空抽油机对油品进行回收

    D．使用活性炭吸附

    答案： ABC

    依据： 《典型行业企业突发环境事件应急预案编制指南》。

4.7.3.2　油类物质泄漏土壤污染修复中，针对油污染后的场地修复，依据修复技术原理可以划分为四类，分别是（　　）。

A．物理修复　　　　　　　　　　B．化学修复

C．生物修复　　　　　　　　　　D．联合修复

答案：ABCD

依据：《典型行业企业突发环境事件应急预案编制指南》。

4.7.3.3　油污染地表水事故应急处置措施主要有（　　）。

A．闸坝调控　　　　　　　　　　B．筑坝拦截

C．围油栏拦截　　　　　　　　　D．泄漏油品收集与残油清理

答案：ABCD

依据：《典型行业企业突发环境事件应急预案编制指南》。

4.7.4　判断题

4.7.4.1　油污泄漏应急处置中，在清运处置污染土壤时，应彻底挖掘和收集被泄漏油品污染的土壤，委托具有相关资质的单位进行安全处置。

答案：√

依据：《典型行业企业突发环境事件应急预案编制指南》。

4.7.4.2　针对油污染后的场地修复，依据修复技术原理可以划分为物理修复、化学修复、生物修复和联合修复。

答案：√

依据：针对油污染后的场地修复，依据修复技术原理可以划分为四类：物理修复、化学修复、生物修复和联合修复。根据油品污染的特点选择合适的修复方式。（1）物理修复。以物理手段对油品污染场地进行处理。结合人力、物力和财力等方面考虑，目前广泛使用电修复法、超声波降解法、通气法等一批经济可行的工艺。（2）化学修复。化学修复技术对于土壤的修复会影响到土壤的结构，甚至对其生物活性也会造成很多的影响，并且其所花费的成本较高，还容易产生二次污染，因此化学修复技术在土壤修复的使用上存在一定的局限性。目前我国油品污染化学场地修复技术主要有以下几种：化学氧化法、溶液淋洗萃取法以及光催化氧化法等。（3）生物修复。通过生物降解的方法进行油污染场地的修复，包括微生物修复、植物修复以及动物修复三类。生物修复不会对环境产生二次污染，缺点是修复时间长，降解速度慢。（4）联合修复。由于油污染场地

的复杂性和单一修复方法的不足，采用多种修复技术联合进行油污染场地的修复。如微生物—植物—动物联合修复、光降解—生物联合修复等，均可以达到缩短修复周期，提高修复效果的作用。

4.7.4.3 油污染地下水污染修复时，按修复方式可分为异位修复和原位修复两类。

答案：√

依据：对于油污染地下水的修复，按修复方式可分为异位修复和原位修复两类。（1）油污染地下水原位修复。在不破坏环境结构的前提下，对污染原始场地进行修复。主要的油污染地下水原位修复技术包括监测自然衰减修复技术、渗透性反应墙修复技术、空气曝气修复技术和生物曝气修复技术。相对于异位修复，原位修复对环境影响小，成本低等特点。（2）油污染地下水异位修复。抽出处理技术被广泛应用到异位修复中，利用泵将地下水中受到污染的部分抽出到地表，经污水处理单元净化后，再回灌入地下水层中，如此往复循环，达到对油污染地下水的修复。

4.7.4.4 油污染地表水事故应急处置措施首先应考虑吸附浮油。

答案：×

依据：首先考虑是否采取闸坝调控措施。当发现管道油品泄漏时，应充分利用河道上的闸门，控制好水位，做好溢油回收。（1）控制好溢油逃逸路线上河流相关水闸，包括管道泄漏点上游的水闸，根据上游来水量合理控制，既保证水位不漫过水闸导致溢油下泄，又不因为放水过多致使收油工作艰难。（2）尽可能关闭所有向溢油逃逸河流汇集的其他河流上的水闸，在水系发达地区，可通过关闸倒闸等分流水量，降低流速，缓解收油压力。（3）在无水闸的河流上，可采用筑坝措施，对不重要的河流筑坝闸死。

4.7.4.5 泄漏油品进入沟渠、小溪、河流等水域后，应采取筑坝方式进行拦截。

答案：√

依据：泄漏油品进入沟渠、小溪、河流等水域后，应采取筑坝方式进行拦截。按照坝体结构与适用情况，拦截坝可分为实体坝和控制坝；按照坝体材料，可分为草垛坝、沙土坝和活性炭坝。（1）沟渠、小溪构筑实体坝拦截。若沟渠、小溪内干涸无水，直接在漏油点下游低洼处筑实体坝将沟渠、小溪闸死。在泄漏点附近若有废弃的矿坑或更大的干涸沟渠等，同时开挖导油沟至此存油。还应根据泄漏点及两侧的高差，估算可能泄漏的油量。集油坑和导油沟内应敷设防渗塑料布。（2）沟渠、小溪构筑控制坝拦截。若沟渠、小溪有水，当水面宽度不大于 10 m 的沟渠、小溪及河流时，在管道泄漏初始，专用抢险物资到来之前，应以草垛（玉米秸秆）为原料构筑草垛坝进行拦截。当河流、沟渠及小溪的水面宽度在 20 m 以下时，应在泄漏点下游低洼处或管道泄漏处筑控制坝（堰）。泄漏点周围若有废弃的矿坑或更大的干涸沟渠及鱼塘等，同时开挖导油沟至此存油。集油坑和导油沟内应敷设防渗塑料布。（3）沟渠、河流附近发生泄漏的围堵。若管道在离沟渠、小溪及河流等水域较远的地方发生泄漏，应首先考虑地形地势，在地势低洼处且易流向附近沟渠、小溪或河流的部位砌筑实体坝，坝体高度不宜小于 1.5 m。同时在远离水域的部位挖集油坑和导油沟，集油坑和导油沟内应敷设防渗塑料布。坝体材料宜就地取材，夯实坚固。集油坑及实体坝围起来的容积应能满足油品泄漏量在油槽车到来之前的存放。

4.7.4.6　突发水污染事件应急处置中主要依靠各类闸坝沟渠构成"空间"。这些闸坝沟渠以永久性为主，必要时选择合适地点，修筑临时性设施。

　　答案：√

　　依据：《突发水污染事件以空间换时间的应急处置技术方法指导手册》。

4.7.4.7　闸坝沟渠在应急处置中，主要发挥"挡水、排水、引水"三种作用。

　　答案：√

　　依据：《突发水污染事件以空间换时间的应急处置技术方法指导手册》。

4.7.4.8　使用引水式电站，既可以在河道临时筑坝蓄污并通过电站引水渠分流清水，也可以通过电站引水渠分流蓄污并通过河道分流清水。

　　答案：√

　　依据：《突发水污染事件以空间换时间的应急处置技术方法指导手册》。

4.7.5　填空题

4.7.5.1　电站拦水坝下游要适合筑坝且坝体安全能够得到保证，形成的"临时应急池"或多级"临时应急池"能够满足（　　）需求。

　　答案：截蓄水量

　　依据：《突发水污染事件以空间换时间的应急处置技术方法指导手册》。

4.7.5.2　泄漏油品进入水面较宽的河流后，应采用（　　）进行拦截收油工作。

　　答案：围油栏

　　依据：围油栏种类一般有篱笆式和窗帘式，窗帘式围油栏又分为固体浮子、充气浮子和岸滩型围油栏。篱笆式围油栏由浮子、镇重、锚链及栏裙组成。此种围油栏抗垃圾杂物能力强，适用于平静水面的河流。围油栏布设需在河道两岸打坚固的钢桩、木桩或利用已有的树木等，围油栏与河道的夹角跟河水的流速有关，流速越大，夹角越小，夹角一般应控制在 15°～60°。

4.7.5.3 湿地一般应独立于（　　），进出口要有控制闸坝或适合建设临时闸坝，湿地蓄水量能够满足要求。

答案： 主河道

依据：《突发水污染事件以空间换时间的应急处置技术方法指导手册》。

4.7.5.4 残油清理的方法主要有消油剂结合活性炭坝清油、（　　）、河道清理及拦截点依次撤除、细菌降解。

答案： 燃烧或焚烧

依据：（1）消油剂结合活性炭坝清油，在桥上或水闸上游人工抛撒消油剂处理残余油花。消油剂的使用应严格遵守国家有关法规。同时在桥上或水闸下游适当河段修筑活性炭坝，以进一步提高油品清理效果。（2）燃烧或焚烧。①使用便携式多用途焚化炉处理少量的固体油污物。大量的固体油污物运至化工垃圾场焚烧处理。②对于水面油品不易回收时，使用耐火围油栏将油品圈围至水流平稳且周边环境空旷的河段点燃。燃烧法相对其他油品回收方法能较好地保护环境且费用较低。（3）河道清理及拦截点依次撤除。在确定油品泄漏抢修完成之后，依次从油品入河点沿河岸两侧清理残留在土体和植物上的油污。拦截点也依次从上游向下游撤除，最后一个拦截点在上游全部清理完毕符合要求后，再予撤除。（4）细菌降解。对清理完的河道和土地，可利用嗜油性细菌将残余污油进行生物降解。（5）应急物资准备。清理残油可能会应用到的物资有消油剂、溢油分散剂、活性炭、固体油污物转运车、耐火围油栏、便携式多用途焚化炉、嗜油性细菌等。

4.7.6　简答题

4.7.6.1 几类常见污染事故现场的应急处置要点有哪些？

答案：（1）有毒气体：居民尽量向上风向转移，发现中毒者立即移至空气新鲜处，向当地医疗急救中心和有关部门及时报告。（2）有毒化学品：及时将中毒者转移至安全地带或送医院抢救。对于苯、甲苯等液体类有毒化学品严禁使用自来水冲洗，应使用沙土、泥块或适合的吸附剂予以吸附，防止污染蔓延。（3）腐蚀性污染物：采用中和的办法。如盐酸、硫酸可用石灰进行中和处理。同时，处置人员需穿戴好全副防护用品。一般碱性腐蚀污染物用乙酸进行处理。（4）溢油事故应急处置：减少、切断溢油，如在陆地上，尽量使溢出油品局限在某一区域内，利用低洼地形汇集，或进行堵截，也可以利用自然沟渠，因势利导防止外流、外溢。当溢油集中到某一区域范围内，再做回收处理。

（5）放射性：出现放射源丢失或发现不明放射源后，应立即划定警戒区域，尽可能减少与放射源的接触时间。同时，立即向公安、环保部门报告，如有人员伤亡，应立即报告卫生部门，组织救治。

依据：《典型行业企业突发环境事件应急预案编制指南》。

4.7.6.2 发生危险化学品突发环境事件，应当如何处置？

答案：（1）切断污染源：修筑围堰、启用应急池和应急处理装置、封闭雨水排口。

（2）泄漏物处置：及时对现场泄漏物进行覆盖、收容、稀释、吸附、中和、固化等处理，防止二次污染发生。收集污染物送专业处理系统进行无害化处理。

依据：《典型行业企业突发环境事件应急预案编制指南》。

4.7.6.3 发生交通事故引发的突发环境事件，应当如何处置？

答案：（1）气态污染物：修筑围堰后，由消防部门在消防水中加入适当比例的洗消药剂，在下风向喷水雾洗消，消防水收集后进行无害化处理。（2）液态污染物：修筑围堰，防止进入水体或下水道，利用消防泡沫覆盖或就近取土覆盖，收集污染物进行无害化处理。

依据：《突发环境事件典型案例选编（第二辑）》。

4.7.6.4 发生用水污染事件，居民应当如何处置？

答案：应立即停止使用，及时向卫生监督部门或疾病预防控制中心报告情况，并告知居委会、物业部门和周围邻居停止使用。不慎饮用了被污染的水，应密切关注其身体有无不适，如异常，应立即到医院就诊。接到政府管理部门有关水污染问题被解决的正式通知后，才能恢复使用饮用水。

依据：《突发环境事件典型案例选编（第二辑）》。

4.7.6.5 危险化学品运输过程涉及气体泄漏事故的处置流程原则上应怎样实施？

答案：（1）侦查检测：询问知情人或利用仪器设备，对泄漏气体浓度、范围进行检测。可采用人工侦检、无人装备侦检或两者相结合侦检。（2）驱散防爆：利用排烟机、排烟车等排风装备对聚集在低洼、地沟等处的蒸气云进行驱散，抑制爆炸性混合物形成。（3）防控结合：相对于空气密度，比重较轻的气体，在泄漏点四周设置水幕，防止泄漏区域扩大，在水幕后方重点部位利用机器人、移动炮、水枪等喷射开花水流控制保护；比重较重的气体，在泄漏点前方利用机器人、移动炮、水枪等喷射开花水流控制保护，在进攻方向和地势低洼等处设置水幕，阻隔泄漏气体向安全区域扩散；对于一些以液态存储运输且事故造成液态泄漏的，可先实施泡沫覆盖，减缓气化挥发速度，为进一步应急处置争取时间。（4）关堵排险：事故车辆具备关阀断料条件的，可在技术人员指导协助下，由消防人员利用雾状水掩护，完成关阀断料处置；事故车辆具备堵漏条件的，制定堵漏方案，选择适当的堵漏工具，派出精干人员在雾状水保护下完成堵漏作业。（5）倒罐输转：事故车辆具备倒罐输转条件的，消防人员应利用机器人、移动炮、水枪等喷射雾状水，保护专业人员通过静压高位差法、压缩气体加压法或利用防爆输转设备，将泄漏物料从事故罐体中倒入接卸罐内。（6）控烧排空：事故车辆具备引流控烧条件的，派出精干力量掩护专业人员或在专业人员指导下，连接导管、喷嘴，将泄漏气体输送至安全区域点燃控烧。对于天然气等气体也可引流至安全地点，设置水幕或在开花射流保护下进行排空处置。（7）预警撤离：明确安全撤离路线及撤离后的集结点，设置现场安全观察员，根据救援现场安全风险变化，及时发出安全预警，人员撤离到达集结点后，应及时清点人员并汇报。

依据：《突发环境事件典型案例选编（第二辑）》。

4.7.6.6 危险化学品运输气体泄漏着火事故应如何有效应对？

答案：（1）视情定策：根据事故现场实际情况，遵循"控制燃烧、防止扩散、安全处置"的原则，选择机器人、遥控水枪（炮）等无人化设备，喷射开花水流控制火点，使之保持稳定燃烧，减少前方人员。利用屏障水枪、水幕水带等设备加强对临近车辆、设施的保护，阻隔火势防止蔓延。（2）冷却控烧：事故车辆罐体受损泄漏着火时，利用灭火侦查机器人、移动炮、水枪等装备，喷射开花或雾状水，对罐体火点部分均匀冷却，降低罐体内压，控制燃烧。（3）隔离保护：在着火罐车与受到火势威胁的重点部位之间，可设置水枪、水炮或水幕，降低热辐射对其造成的威胁。（4）关阀断料：事故车辆具备关阀断料条件的，可在技术人员指导协助下，由消防人员利用雾状水掩护，完成关阀断料处置。（5）封堵排险：事故车辆具备堵漏条件的，制定方案充分准备，灭火、保护、堵漏等各组人员详细分工，配备适当工具器材和防护装备，灭火后迅速派出精干人员在雾状水保护下完成堵漏作业。（6）倒罐输转：事故车辆具备倒罐输转条件的，应配合专业人员通过静压高位差法、压缩气体加压法或利用防爆输转设备，将泄漏物料从事故罐体中倒入到接卸罐内。（7）预警撤离：明确安全撤离路线及撤离后的集结点，设置现场安全观察员，根据救援现场安全风险变化，及时发出安全预警，人员撤离到达集结点后，应及时清点人员并汇报。

依据：《突发环境事件典型案例选编（第二辑）》。

4.7.6.7 简述危险化学品运输过程涉及液体物质泄漏应急处置程序。

答案：（1）侦查检测：利用仪器设备，对泄漏物质挥发气体的浓度、范围进行检测。可采用人工侦检、无人装备侦检或两者相结合侦检。（2）覆盖抑爆：利用灭火侦查机器人、移动炮、水枪等装备，喷射泡沫，对地面泄漏流淌物料进行覆盖保护，防爆抑爆。（3）筑堤导流：采取筑堤或挖沟等方式，将泄漏物导流限定在安全地带，防止危害范围扩大。（4）关堵排险：事故车辆具备关阀断料条件的，可在技术人员指导协助下，由消防人员利用雾状水掩护，完成关阀断料处置；具备堵漏条件的，制定堵漏方案，选择适当的堵漏工具，派出精干人员在雾状水保护下完成堵漏作业；对地下排水、电信、供电的管道、地井等，可利用沙土覆盖、沙袋填充、灌注泡沫等方法封堵，防止泄漏液体进入。（5）收集吸附：利用防爆泵、吸油毡等收集回收泄漏液体，交由专业人员进行处置。（6）倒罐输转：事故车辆具备倒罐输转条件的，应配合专业人员通过静压高位差法或利用防爆输转设备，将泄漏物料从事故罐体中倒入到接卸罐内。（7）预警撤离：明确安全撤离路线及撤离后的集结点，设置现场安全观察员，根据救援现场安全风险变化，及时发出安全预警，人员撤离到达集结点后，应及时清点人员并汇报。（8）防毒洗消：处置有毒、腐蚀性物料泄漏时，现场人员应针对危害性穿戴相应的个体防护装备。事故处置结束后，应对人员、装备进行洗消。

依据：《突发环境事件典型案例选编（第二辑）》。

4.7.6.8 危险化学品泄漏液态物质着火情况下的主要应急处置措施有哪些？

答案：（1）视情定策：根据事故现场水源情况，遵循"先控制、后消灭"的原则，选择适当的灭火器材，控制火势扑救火灾，对地面流淌火应筑堤围堵，利用泡沫、干粉进行灭火。（2）灭火冷却：事故车辆罐体受损泄漏着火时，水源充足具备灭火条件的，利用灭火侦查机器人、移动炮、水枪等装备，集中力量灭火。地面有流淌火的应先清理地面，再灭罐火。对于能溶于水或部分溶于水的易燃液体，应选用抗溶性泡沫、干粉等灭火剂进行扑救。（3）梯次推进：对于多辆罐车起火或形成较大地面流淌的，前方作战人员应着防火隔热服，利用无人化装备或掩体设置枪（炮）阵地，划分若干作战小组，交替保护，由外向内、由后向前，梯次推进灭火。（4）关堵排险：事故车辆具备关阀断料条件的，可在技术人员指导协助下，由消防人员利用雾状水掩护，完成关阀断料处置；具备堵漏条件的，应提前制定堵漏方案，灭火后立即利用适当的堵漏工具，派出精干人员在雾状水保护下完成堵漏作业。（5）倒罐输转：事故车辆具备倒罐输转条件的，应配合专业人员通过静压高位差法或利用防爆输转设备，将泄漏物料从事故罐体中倒入接卸罐内。（6）预警撤离：明确安全撤离路线及撤离后的集结点，设置现场安全观察员，根据救援现场安全风险变化，及时发出安全预警，人员撤离到达集结点后，应及时清点人员并汇报。（7）防毒洗消：处置有毒、腐蚀性物料泄漏时，现场人员应针对危害性穿戴相应的个体防护装备。事故处置结束后，应对人员、装备进行洗消。

依据：《突发环境事件典型案例选编（第二辑）》。

4.7.6.9 危险化学品运输事故应急处置的关键应对要素有哪些？

答案：（1）应急处置人员、车辆应从上风或侧上风方向进入现场，与泄漏点应保持适当安全距离，战斗展开阵地不应设置在低洼处。（2）参与应急处置和灭火战斗的前方人员，应根据物料的危害性和受火势威胁情况，穿着佩戴相应的防护服和消防器材，做好个体防护。（3）应急处置中遇有突发险情，现场处置人员应从上风或侧上风方向撤离。（4）侦检小组不得少于 2 人，侦检工作应贯穿应急救援全过程。（5）应急处置中应尽量减少前方人员，具备条件的应使用无人化装备器材替代人员，降低安全风险。（6）压缩气体、液化气体罐车事故，禁止向安全阀等安全附件部位和罐体进行射水，防止安全附件结冰失效或罐体内压升高造成次生事故。（7）应急人员冷却着火罐体时，应不留空白点，防止罐体破裂。（8）在未做好现场堵漏等准备时，严禁将明火打灭。（9）禁止使用直流水直射有毒、腐蚀性物质，防止飞溅造成伤害。（10）洗消后的液体不得任意排放，应由专业人员回收并做无害化处理。

依据：《突发环境事件典型案例选编（第二辑）》。

4.7.6.10 突发性水污染环境事件主要处理技术有哪些？

答案：处理突发性有机污染物的方法主要有吸附、氧化分解等物理化学方法。吸附法是利用活性炭等吸附材料去除水中苯系物、酚类、农药等有机污染物；氧化分解法采用高锰酸钾、臭氧等氧化剂将水中有机污染物氧化去除。

针对突发性重金属污染事故的应急处理方法主要有化学沉淀及吸附法。化学混凝沉淀技术是通过调整水厂混凝处理的 pH，使重金属污染物生成金属氢氧化物或碳酸盐等沉淀物，再通过铝盐、铁盐等絮凝及沉淀去除；吸附法工艺简单、效果稳定，尤其适用于大流量低污染物含量的去除，成为应对重金属突发水污染事故的首选应急处理技术。

突发性油类污染的应急处理方法主要有两种：化学法及物理回收法。化学法通常采用分散剂将油污分散成极微小的油滴，增大其与微生物接触的表面积，同时，降低油污的黏性，减少其黏附于沉积物、水生生物及海岸线的机会。物理回收法中的围栏法可以阻止油的扩散以利于油的回收；吸油法使用亲油性的吸油材料回收油类，是解决油污染的根本方法。

生物性污染物污染可采用化学氧化及消毒技术等进行处理。

此外，通过水利工程技术对水资源在时间和空间上的调度运用，可快速减轻突发性水污染事故的危害，其方式主要有拦水、排水、截污或引污、引水等。

依据：《突发环境事件典型案例选编（第二辑）》。

4.7.6.11　"南阳实践"中"找空间"技术要点是什么？

答案：通过资料收集、影像分析和现场踏勘，建立"南阳实践"基础信息清单，汇总整理成 Excel 电子表格。一是资料收集，调查收集流域内（河道收水范围内）重点环境风险源、环境敏感目标、水文水系、水环境功能及水质目标、环境应急空间与设施等基础资料并进行分析。二是影像识别，利用遥感卫星影像，通过地图软件等工具，识别出流域内需调查的环境应急空间与设施。三是现场踏勘，对重点环境应急空间及设施开展现场调查，核实并采集现场照片和相关数据。

依据：《流域突发水污染事件环境应急"南阳实践"实施技术指南》。

4.7.6.12　"南阳实践"中"定方案"技术要点是什么？

答案：一是编制《流域"一河一策一图"环境应急响应方案》。根据"南阳实践"基础信息清单，明确环境应急空间与设施建设或使用方法、运转方式，结合环境风险源分布等情况，确定突发环境事件情景，针对如何隔离拦截污染团、如何控制清水等问题，以地市级行政区域为单位编制《流域"一河一策一图"环境应急响应方案》，该方案主要包括编制说明、流域水系及敏感点分布图、流域重点环境风险源分布图、流域环境应急空间与设施分布图、流域环境应急空间与设施使用说明 5 部分内容。涉及跨市界河流的，由省级生态环境部门协调指导上下游地区做好《流域"一河一策一图"环境应急响应方案》编制。二是明确环境应急空间与设施使用原则与主要方法。（1）拦污截污。发现河水受到污染后，通过查询上下游环境应急空间与设施、环境敏感目标等信息，第一时间就近利用闸坝、电站或临时筑坝点截断污染团、拦截清水，减轻截污压力，降低污染团推移速度。（2）分流、引流。在应急处置中，应充分利用闸坝沟渠等"分流、引流"作用，实现清污分离。"分流"主要指分流清水，即通过支汊河道、排水管道及其他连通水道将清水分流，绕开事故点或污染团。"引流"指引流污水，即将污染团从流动水域引流至封闭场所，以便处理处置。（3）调蓄降污。调度流域水资源，合理利用河流自净及稀释能力，降低污染物浓度，必要时利用沿程拦河闸坝、桥梁等设施或临时筑坝，建设应急处置点，采用物理、化学等方法削减污染物。

依据：《流域突发水污染事件环境应急"南阳实践"实施技术指南》。

4.7.6.13 泄漏油品收集可采用哪些应急物资？

答案：不同收油设备应与现场实际有机结合，将泄漏油品及其所污染的水、固体杂质等收纳至安全的地方。（1）泵。①适用于倒运或回收陆上被围堵在一定范围内，相对量较大、较集中的泄漏油品。②采用可对原油、成品油、含油泥浆等进行作业的防爆型泵类，具体应结合泄漏油品的物理特性（黏度、挥发性等）选择适合参数的泵及其附件。③选择可直接利用或易于现场修筑的地方，便于泵类及其配套设备、装运泄漏油品的容器进出现场作业，合理布放作业面和收油设备。应综合考虑油罐车、轻便储油罐或储油囊的位置、泵的吸程是否满足、泵吸入口是否能将大多数油品倒空到该处、是否存在即使经过现场修筑也无法将油品直接泵入罐车，需要多台泵、罐接力倒运装车等各种因素。④对于泄漏量较大、水面上的油层厚度大于 3 cm 的现场回收，可在岸边再挖一个集油坑，将水面上的油品直接引入坑内，引流渠的沟底高度与水面平齐，将集油坑内的油品直接用泵排油入罐。（2）真空收油机。①适用于陆上分散在滩涂、岩石、坑壁等无法集中的油品和油泥；还可配合水上铲式收油头和收油机，回收介于收油机和吸油毡两种设备能力之间的黏度较小的浅水面的溢油。②陆上集油坑内的溢油在泵无法继续回收的情况下，首选利用真空收油机直接抽吸进行回收。也可向坑内适当注水，使油品漂浮后，在表层回收。③在静水或河湾水流较缓、较浅、杂草丛生的区域，亦适合采用真空吸油机。（3）水上收油机。水上收油机一般有轮鼓式、毛刷式、蝶式及绳式等，在泄漏油品围控时应提前考虑为收油设备收油创造有利条件，主要考虑以下几个方面：①收油点选择：收油设备、人员便于快速到达，首先，选择"一河一策一图"中的已经确定的拦截点；其次，考虑与公路的距离、选择能快速构筑现场作业条件的有利地点；再次，选择水流较平缓，油品不易逃逸的河段，兼顾人员较少相对安全等因素。②现场布置：杂物拦截栅的设置应确保水上杂物被拦截，满足收油机不卡堵、下游围油栏拦油效果不受影响；满足漂浮杂物回收到环保防渗的固体杂物坑内，同时坑内靠近较低一侧设有集油小坑，及时将空出的油水以及收油机回收的溢油直接收纳到罐车、移动油囊或轻便储油罐中。③为了发挥收油机的最大效能，应修建或利用地形构筑收油现场，尽可能减少已集结的油品受河道水流的冲击而逃逸。（4）吸油栏、吸油毡联合吸油。在油层较薄、收油机回收效果不好的时候，应考虑采用吸油毡和吸油栏进行吸附，设置的吸附点应优先考虑有桥梁的河段，亦可利用围油栏制造静水区，在上游投放吸油毡，增大吸收效果且便于打捞，吸油毡和吸油栏的处理按照固体杂物的处理方法处置。（5）凝油剂。在静水、油层薄和相对面积较小的区域，宜选择采用凝油剂进行油品回收。同时采用船只和吸油栏配合作业。（6）应急物资准备。泄漏油品回收可能用到的应急物资有泵、真空收油机、水上收油机、吸油栏、吸油毡、凝油剂、罐车、移动油囊、轻便储油罐以及船只等。

依据：《突发环境事件典型案例选编（第二辑）》。

4.7.6.14　油气管道有毒有害气体泄漏环境应急措施有哪些？

答案：（1）处置措施。油气管道事故导致有毒有害气体（甲烷、一氧化碳、硫化氢、二氧化硫）泄漏、挥发，一旦发生事故，应在最短的时间内有序实施应急处理处置与救援。①切断事故源，防止爆炸火灾。组织人员切断事故源，如关闭阀门。事故现场应使用防爆工具并在最短时间内堵住泄漏源稀释泄漏气体，防止可能爆炸区域遇火发生爆炸。②控制危险区。警戒人员接到救援通知后配备相应的个人防护设备立刻赶赴现场担任警戒工作，维护现场治安秩序，保证交通畅通，隔离危险区，竖立危险警示标志，封锁道路，对周边实施交通管制，严禁闲杂人员和车辆进入危险区，避免不必要的伤亡。③监测有毒有害、可燃气体的浓度，掌握有毒有害气体的扩散情况。通知下风向潜在危害范围内的人员撤离现场，具体范围应根据泄漏物质的种类及半致死浓度及物质扩散速率来计算。④组织污染区人员防护和转移。转移污染区人员时应注意：一是做好防护再撤离。污染区域人员转移前应佩戴好防护面具或者用湿毛巾、衣物捂住口鼻，扎紧裤脚和袖口，用雨衣、床单等把暴露的皮肤保护起来，尽量避免接触有毒有害气体。二是迅速判断上风方向。转移疏散人员时应迅速正确地判断风向，可通过观察树叶、手帕、烟层飘动方向来判断风向。三是防止继发伤害。保证人员转移的安全有序。⑤对受污染区实施洗消。根据有毒有害气体的物理化学性质，利用喷洒洗消液、抛撒粉状消毒剂等方式消除有毒有害气体污染。同时要杜绝洗消废水乱排乱放，以免造成二次灾害。事故处置现场可采用三种洗消方式：一是源头洗消。在事故发生初期，对事故发生点、设备或厂房洗消，把污染源严密控制在最小范围内。二是隔离洗消。当污染蔓延时，对下风向暴露的设备、厂房，特别是高大建筑物喷洒洗消液，抛洒粉状消毒剂，形成保护层，污染物降落或流经时即可产生反应，降低甚至消除危害。三是延伸消洗。在污染源控制后，从事故发生地开始向下风向对污染区逐次进行全面彻底的洗消。

依据：《突发环境事件典型案例选编（第二辑）》。

第 5 章 事后恢复

事后恢复是在突发环境事件影响得到初步控制后，为使生产、生活及生态环境尽快恢复到正常状态而进行的各种善后工作。主要包括突发环境事件损失评估、事故原因调查、事发现场清理、损害赔偿等。

5.1 事件调查

5.1.1 单项选择题

5.1.1.1 违反国家规定，将境外的固体废物进境倾倒、堆放、处置的，处五年以下有期徒刑或者拘役，并处罚金；造成重大环境污染事故，致使公司财产遭受重大损失或者严重危害人体健康的，处（ ）有期徒刑，并处罚金；后果特别严重的，处十年以上有期徒刑，并处罚金。

A．三年以上五年以下　　　　　B．五年以上七年以下

C．五年以上十年以下　　　　　D．三年以上七年以下

答案：C

依据：《中华人民共和国刑法》第三百三十九条第一款。

5.1.1.2 违反国家规定，将境外的固体废物进境倾倒、堆放、处置的，处五年以下有期徒刑或者拘役，并处罚金；造成重大环境污染事故，致使公司财产遭受重大损失或者严重危害人体健康的，处五年以上十年以下有期徒刑，并处罚金；后果特别严重的，处（ ）有期徒刑，并处罚金。

A．三年以上　　　　　　　　　B．五年以上

C．七年以上　　　　　　　　　D．十年以上

答案：D

依据：《中华人民共和国刑法》第三百三十九条第一款。

5.1.1.3 未经国务院有关主管部门许可，擅自进口固体废物用作原料，造成重大环境污染事故，致使公私财产遭受重大损失或严重危害人体健康的，处（ ）有期徒刑或者拘役，并处罚金；后果特别严重的，处五年以上十年以下有期徒刑，并处罚金。

A．三年以下 　　　　　　　　　　B．五年以下

C．七年以下 　　　　　　　　　　D．十年以下

答案：B

依据：《中华人民共和国刑法》第三百三十九条第二款。

5.1.1.4 未经国务院有关主管部门许可，擅自进口固体废物用作原料，造成重大环境污染事故，致使公私财产遭受重大损失或严重危害人体健康的，处五年以下有期徒刑或者拘役，并处罚金；后果特别严重的，处（ ）有期徒刑，并处罚金。

A．三年以上五年以下 　　　　　　B．五年以上七年以下

C．五年以上十年以下 　　　　　　D．三年以上七年以下

答案：C

依据：《中华人民共和国刑法》第三百三十九条第二款。

5.1.1.5 负有环境保护监督管理职责的国家机关工作人员严重不负责任，导致发生重大环境污染事故，致使公私财产遭受重大损失或者造成人身伤亡的严重后果的，处（ ）有期徒刑或者拘役。

A．三年以下 　　　　　　　　　　B．五年以下

C．七年以下 　　　　　　　　　　D．十年以下

答案：A

依据：《中华人民共和国刑法》第四百零八条。

5.1.1.6 省级环境保护主管部门负责组织（ ）突发环境事件的调查处理。

A．特别重大 　　　　　　　　　　B．重大

C．较大 　　　　　　　　　　　　D．一般

答案：C

依据：《突发环境事件调查处理办法》第四条。

5.1.1.7 《中华人民共和国大气污染防治法》规定：对造成一般或者较大大气污染事故的，按照（ ）计算罚款。

A．污染事故造成的直接损失的百分之二十

B．污染事故造成直接损失的一倍以上三倍以下

C．污染事故造成的直接损失的百分之三十

D．污染事故造成直接损失的一倍以上二倍以下

答案：B

依据：《中华人民共和国大气污染防治法》第一百二十二条第二款。

5.1.1.8　《中华人民共和国固体废物污染环境防治法》规定：造成一般或较大固体废物污染环境事故的，按照（　）计算罚款。

A．污染事故造成的直接损失的百分之二十

B．事故造成的直接经济损失的一倍以上三倍以下

C．污染事故造成的直接损失的百分之三十

D．污染事故造成直接损失的三倍以上五倍以下

答案：B

依据：《中华人民共和国固体废物污染环境防治法》第一百一十八条第二款。

5.1.1.9　《中华人民共和国固体废物污染环境防治法》规定：造成重大或者特大固体废物污染环境事故的，按照（　）计算罚款。

A．污染事故造成的直接损失的百分之二十

B．事故造成的直接经济损失的一倍以上三倍以下

C．污染事故造成的直接损失的百分之三十

D．事故造成的直接经济损失的三倍以上五倍以下

答案：D

依据：《中华人民共和国固体废物污染环境防治法》第一百一十八条第二款。

5.1.1.10　事发地设区的市级环境保护主管部门视情况组织（　）突发环境事件的调查处理。

A．特别重大　　　　　　　　　　B．重大

C．较大　　　　　　　　　　　　D．一般

答案：D

依据：《突发环境事件调查处理办法》第四条。

5.1.1.11　特别重大突发环境事件、重大突发环境事件的调查期限为（　）日；较大突发环境事件和一般突发环境事件的调查期限为（　）日。突发环境事件污染损害评估所需

时间不计入调查期限。

  A．六十，三十   B．六十，四十

  C．三十，二十   D．三十，十五

  答案： A

  依据：《突发环境事件调查处理办法》。

5.1.1.12 一般情况下较大级别突发环境事件由（   ）组织调查。

  A．生态环境部

  B．省级生态环境主管部门

  C．事发地设区的市级生态环境主管部门

  D．县级生态环境主管部门

  答案： C

  依据：《突发环境事件调查处理办法》。

5.1.1.13 生态环境部负责组织重大和特别重大突发环境事件的调查处理；省级生态环境主管部门负责组织较大突发环境事件的调查处理；（   ）视情况组织一般突发环境事件的调查处理。

  A．事发地设区的市级生态环境主管部门

  B．事发地设区的县级生态环境主管部门

  C．事发地市级人民政府

  D．事发地县级人民政府

  答案： A

  依据：《突发环境事件调查处理办法》。

5.1.1.14 《中华人民共和国刑法》第三百三十八条规定：违反国家规定，排放、倾倒或者处置有放射性的废物、含传染病病原体的废物、有毒物质或者其他有害物质，严重污染环境的，处三年以下有期徒刑或者拘役，并处或者单处罚金；情节严重的，处（   ）有期徒刑，并处罚金。

  A．五年以上十年以下   B．三年以上五年以下

  C．三年以上十年以下   D．三年以上七年以下

  答案： D

  依据：《中华人民共和国刑法》。

5.1.1.15 造成一般或者较大固体废物或大气污染环境事故的，按照事故造成的直接经济

损失的（   ）计算罚款。

A．一倍以上三倍以下   B．二倍以上五倍以下

C．三倍以上五倍以下   D．五倍以上十倍以下

答案：A

依据：《中华人民共和国大气污染防治法》第一百二十二条。

5.1.1.16 事发地设区的市级生态环境主管部门视情况组织（   ）突发环境事件的调查处理，调查期限为（   ）。

A．较大，三十日   B．一般，三十日

C．较大，六十日   D．一般，六十日

答案：B

依据：《突发环境事件调查处理办法》第四条规定：环境保护部负责组织重大和特别重大突发环境事件的调查处理；省级环境保护主管部门负责组织较大突发环境事件的调查处理；事发地设区的市级环境保护主管部门视情况组织一般突发环境事件的调查处理。第十六条规定：特别重大突发环境事件、重大突发环境事件的调查期限为六十日；较大突发环境事件和一般突发环境事件的调查期限为三十日。突发环境事件污染损害评估所需时间不计入调查期限。

5.1.1.17 开展突发环境事件调查，下列（   ）不属于《突发环境事件调查处理办法》规定应当查明的情况。

A．按规定赶赴现场并及时报告的情况

B．按规定组织开展环境应急监测的情况

C．按规定组织开展分析研判的情况

D．按规定开展突发环境事件污染损害评估的情况

答案：C

依据：《突发环境事件调查处理办法》第十二条规定：开展突发环境事件调查，应当查明有关环境保护主管部门环境应急管理方面的下列情况：（一）按规定编制环境应急预案和对预案进行评估、备案、演练等的情况，以及按规定对突发环境事件发生单位环境应急预案实施备案管理的情况；（二）按规定赶赴现场并及时报告的情况；（三）按规定组织开展环境应急监测的情况；（四）按职责向履行统一领导职责的人民政府提出突发环境事件处置或者信息发布建议的情况；（五）突发环境事件已经或者可能涉及相邻行政区域时，事发地环境保护主管部门向相邻行政区域环境保护主管部门的通报情况；

（六）接到相邻行政区域突发环境事件信息后，相关环境保护主管部门按规定调查了解并报告的情况；（七）按规定开展突发环境事件污染损害评估的情况。

5.1.1.18 突发环境事件调查组应当按期完成调查工作，并向（　）和（　）提交调查报告。

    A. 同级人民政府，上一级环境保护主管部门

    B. 上一级人民政府，上一级环境保护主管部门

    C. 同级人民政府，同级环境保护主管部门

    D. 上一级人民政府，同级环境保护主管部门

    答案： A

    依据： 《突发环境事件调查处理办法》。

5.1.1.19 开展突发环境事件调查，应当收集（　）在突发环境事件发生单位建设项目立项、审批、验收、执法等日常监管过程中和突发环境事件应对、组织开展突发环境事件污染损害评估等环节履职情况的证据材料。

    A. 企业   B. 地方人民政府和有关部门

    C. 环保部门   D. 应急部门

    答案： B

    依据： 《突发环境事件调查处理办法》。

5.1.2 多项选择题

5.1.2.1 地方各级人民政府、县级以上人民政府环境保护主管部门和其他负有环境保护监督管理职责的部门对超标排放污染物、采用逃避监管的方式排放污染物、造成环境事故以及不落实生态保护措施造成生态破坏等行为，发现或者接到举报未及时查处的，对直接负责的主管人员和其他直接责任人员给予（　）处分；造成严重后果的，给予（　）处分，其主要负责人应当（　）。

    A. 警告、记过或者记大过   B. 记过、记大过或者降级

    C. 撤职或者开除   D. 引咎辞职

    答案： BCD

    依据： 《中华人民共和国环境保护法》第六十八条第四项规定：地方各级人民政府、县级以上人民政府环境保护主管部门和其他负有环境保护监督管理职责的部门有下列行为之一的，对直接负责的主管人员和其他直接责任人员给予记过、记大过或者降级处分；

造成严重后果的，给予撤职或者开除处分，其主要负责人应当引咎辞职；（四）对超标排放污染物、采用逃避监管的方式排放污染物、造成环境事故以及不落实生态保护措施造成生态破坏等行为，发现或者接到举报未及时查处的。

5.1.2.2 生态环境部负责组织（　　）突发环境事件的调查处理。

    A．特别重大　　　　　　　　　　B．重大

    C．较大　　　　　　　　　　　　D．一般

    答案： AB

    依据：《突发环境事件调查处理办法》第四条规定：环境保护部负责组织重大和特别重大突发环境事件的调查处理；省级环境保护主管部门负责组织较大突发环境事件的调查处理；事发地设区的市级环境保护主管部门视情况组织一般突发环境事件的调查处理。

5.1.2.3 突发环境事件调查应当查明哪些情况？（　　）

    A．突发环境事件发生单位基本情况

    B．突发环境事件发生的时间、地点、原因和事件经过

    C．突发环境事件造成的人身伤亡、直接经济损失情况，环境污染和生态破坏情况

    D．突发环境事件发生单位、地方人民政府和有关部门日常监管和事件应对情况

    E．其他需要查明的事项

    答案： ABCDE

    依据：《突发环境事件调查处理办法》第九条。

5.1.2.4 开展突发环境事件调查应当查明突发环境事件发生单位下列情况（　　）。

    A．建立环境应急管理制度、明确责任人和职责的情况；环境风险防范设施建设及运行情况；定期排查环境安全隐患并及时落实环境风险防控措施的情况

    B．环境应急预案的编制、备案、管理及实施情况

    C．突发环境事件发生后的信息报告或者通报情况

    D．突发环境事件发生后，启动环境应急预案，并采取控制或者切断污染源防止污染扩散的情况；服从应急指挥机构统一指挥，并按要求采取预防、处置措施的情况；是否存在伪造.故意破坏事发现场，或者销毁证据阻碍调查的情况

    E．生产安全事故、交通事故、自然灾害等其他突发事件发生后，采取预防次生突发环境事件措施的情况

    答案： ABCDE

    依据：《突发环境事件调查处理办法》第十一条规定：（一）建立环境应急管理制

度、明确责任人和职责的情况；（二）环境风险防范设施建设及运行情况；（三）定期排查环境安全隐患并及时落实环境风险防控措施的情况；（四）环境应急预案的编制、备案、管理及实施情况；（五）突发环境事件发生后的信息报告或者通报情况；（六）突发环境事件发生后，启动环境应急预案，并采取控制或者切断污染源防止污染扩散的情况；（七）突发环境事件发生后，服从应急指挥机构统一指挥，并按要求采取预防、处置措施的情况；（八）生产安全事故、交通事故、自然灾害等其他突发事件发生后，采取预防次生突发环境事件措施的情况；（九）突发环境事件发生后，是否存在伪造、故意破坏事发现场，或者销毁证据阻碍调查的情况。

5.1.2.5　开展突发环境事件调查应当查明有关环境保护主管部门环境应急管理方面的下列情况（　　）。

A. 按规定编制环境应急预案和对预案进行评估、备案、演练等的情况，以及按规定对突发环境事件发生单位环境应急预案实施备案管理的情况

B. 按规定赶赴现场并及时报告的情况；按规定组织开展环境应急监测的情况

C. 按职责向履行统一领导职责的人民政府提出突发环境事件处置或者信息发布建议的情况

D. 突发环境事件已经或者可能涉及相邻行政区域时，事发地环境保护主管部门向相邻行政区域环境保护主管部门的通报情况；接到相邻行政区域突发环境事件信息后，相关环境保护主管部门按规定调查了解并报告的情况

E. 按规定开展突发环境事件污染损害评估的情况

答案：ABCDE

依据：《突发环境事件调查处理办法》第十二条规定：（一）按规定编制环境应急预案和对预案进行评估、备案、演练等的情况，以及按规定对突发环境事件发生单位环境应急预案实施备案管理的情况；（二）按规定赶赴现场并及时报告的情况；（三）按规定组织开展环境应急监测的情况；（四）按职责向履行统一领导职责的人民政府提出突发环境事件处置或者信息发布建议的情况；（五）突发环境事件已经或者可能涉及相邻行政区域时，事发地环境保护主管部门向相邻行政区域环境保护主管部门的通报情况；（六）接到相邻行政区域突发环境事件信息后，相关环境保护主管部门按规定调查了解并报告的情况；（七）按规定开展突发环境事件污染损害评估的情况。

5.1.2.6 开展突发环境事件调查，应当收集地方人民政府和有关部门（ ）等环节履职情况的证据材料。

A. 在突发环境事件发生单位建设项目立项、审批、验收、执法等日常监管过程中

B. 突发环境事件应对

C. 组织开展突发环境事件污染损害评估

D. 开展突发环境事件调查

答案：ABC

依据：《突发环境事件调查处理办法》第十三条。

5.1.2.7 突发环境事件调查应当遵循（ ）的原则，及时、准确查明事件原因，确认事件性质，认定事件责任，总结事件教训，提出防范和整改措施建议以及处理意见。

A. 依法开展   B. 实事求是

C. 客观公正   D. 权责一致

答案：BCD

依据：《突发环境事件调查处理办法》第三条。

5.1.2.8 突发环境事件调查应当成立调查组，由环境保护主管部门主要负责人或者主管环境应急管理工作的负责人担任组长，（ ）等相关机构的有关人员参加。

A. 企业法人、当事员工   B. 应急管理、环境监测

C. 政府部门、园区管理部门   D. 环境影响评价管理、环境监察

答案：BD

依据：《突发环境事件调查处理办法》第五条第一款。

5.1.2.9 突发生态环境事件应急处置阶段直接经济损失评估结论可以作为（ ）等工作依据。

A. 确定突发生态环境事件等级   B. 行政处罚

C. 生态环境损害赔偿   D. 提起诉讼

答案：ABCD

依据：《突发生态环境事件应急处置阶段直接经济损失评估工作程序规定》第八条。

5.1.2.10 评估机构应当按照相关标准规范对突发生态环境事件造成的（ ）进行核定。

A. 人身损害的数额   B. 财产损害的数额

C. 生态环境损害的数额   D. 应急处置费用

E. 应急处置阶段可以确定的其他直接经济损失

答案：ABCDE

依据：《突发生态环境事件应急处置阶段直接经济损失评估工作程序规定》第十一条。

5.1.2.11　组织开展评估的生态环境部门在报请本级人民政府批准后，应当依法向社会公开（　）等内容。

A．评估工作的评估机构　　　　　B．主要评估内容和方法

C．评估结论　　　　　　　　　　D．直接经济损失核定结果

答案：ABCD

依据：《突发生态环境事件应急处置阶段直接经济损失评估工作程序规定》第十二条。

5.1.2.12　应急处置费用包括（　）等。

A．污染处置费用　　　　　　　　B．保障工程费用

C．应急监测费用　　　　　　　　D．人员转移安置费用

E．组织指挥和后勤保障费用

答案：ABCDE

依据：《突发生态环境事件应急处置阶段直接经济损失核定细则》"二、核算范围"应急处置费用包括污染处置费用、保障工程费用、应急监测费用、人员转移安置费用以及组织指挥和后勤保障费用等。

5.1.2.13　突发环境事件调查应当成立调查组，由应急管理、（　）等相关机构的有关人员参加。

A．环境监测　　　　　　　　　　B．环境影响评价管理

C．环境监察　　　　　　　　　　D．总量控制

答案：ABC

依据：《突发环境事件调查处理办法》。

5.1.2.14　下列说法中不正确的是（　）。

A．生态环境部负责组织特别重大突发环境事件的调查处理

B．省级生态环境主管部门负责组织重大突发环境事件的调查处理

C．事发地设区的市级生态环境主管部门视情况组织较大突发环境事件的调查处理

D．事发地县（区、市）生态环境主管部门视情况组织一般突发环境事件的调查处理

答案：BCD

依据：《突发环境事件调查处理办法》。

5.1.2.15 应急处置工作结束后，县级以上环境保护主管部门应当按照有关规定开展事件调查，主要包括（　　）。

A. 查清突发环境事件原因　　　　B. 确认事件性质

C. 认定事件责任　　　　　　　　D. 提出整改措施和处理意见

答案：ABCD

依据：《突发环境事件调查处理办法》。

5.1.2.16 企业事业单位造成或者可能造成突发环境事件时，应当展开的工作包括：接受调查处理，（　　）。

A. 立即启动突发环境事件应急预案

B. 采取切断或者控制污染源以及其他防止危害扩大的必要措施

C. 及时通报可能受到危害的单位和居民

D. 向事发地市级以上环境保护主管部门报告

答案：ABC

依据：《突发环境事件调查处理办法》。

5.1.2.17 开展突发环境事件调查，应当制定调查方案，主要明确的内容包括（　　）。

A. 方法步骤　　　　　　　　　　B. 职责分工

C. 调查依据　　　　　　　　　　D. 时间安排

答案：ABD

依据：《突发环境事件调查处理办法》。

5.1.2.18 现场勘查笔录、检查笔录、询问笔录等，应当签名的人员包括（　　）。

A. 调查人员　　　　　　　　　　B. 勘查现场有关人员

C. 参加现场救援人员　　　　　　D. 被询问人员签名

答案：ABD

依据：《突发环境事件调查处理办法》。

5.1.2.19 突发环境事件调查报告应当包括（　　）。

A. 突发环境事件发生单位的概况和突发环境事件发生经过

B. 突发环境事件发生单位对环境风险的防范、隐患整改和应急处置情况

C. 地方政府和相关部门日常监管和应急处置情况

D. 责任认定和对突发环境事件发生单位、责任人的处理建议

答案：ABCD

依据：《突发环境事件调查处理办法》。

5.1.3　判断题

5.1.3.1　企业事业单位违反本法规定，造成水污染事故的，除依法承担赔偿责任外，由县级以上人民政府环境保护主管部门依照《中华人民共和国水污染防治法》第九十四条第二款的规定处以罚款，责令限期采取治理措施，消除污染；未按照要求采取治理措施或者不具备治理能力的，由环境保护主管部门指定有治理能力的单位代为治理，所需费用由违法者承担；对造成重大或者特大水污染事故的，还可以报经有批准权的人民政府批准，责令关闭；对直接负责的主管人员和其他直接责任人员可以处上一年度从本单位取得的收入百分之五十以下的罚款；有《中华人民共和国环境保护法》第六十三条规定的违法排放水污染物等行为之一，尚不构成犯罪的，由公安机关对直接负责的主管人员和其他直接责任人员处十日以上十五日以下的拘留；情节较轻的，处五日以上十日以下的拘留。

答案：√

依据：《中华人民共和国水污染防治法》第九十四条第一款。

5.1.3.2　《中华人民共和国水污染防治法》规定：对造成一般或者较大水污染事故的，按照水污染事故造成的直接损失的百分之二十计算罚款。

答案：√

依据：《中华人民共和国水污染防治法》第九十四条第二款。

5.1.3.3　《中华人民共和国水污染防治法》规定：对造成重大或者特大水污染事故的，按照水污染事故造成的直接损失的百分之三十计算罚款。

答案：√

依据：《中华人民共和国水污染防治法》第九十四条第二款。

5.1.3.4　违反《中华人民共和国大气污染防治法》规定，造成大气污染事故的，由县级以上人民政府环境保护主管部门依照《中华人民共和国大气污染防治法》第一百二十二条第二款的规定处以罚款；对直接负责的主管人员和其他直接责任人员可以处上一年度从本企业事业单位取得收入百分之五十以下的罚款。

答案：√

依据：《中华人民共和国大气污染防治法》第一百二十二条第一款。

5.1.3.5 违反《中华人民共和国固体废物污染环境防治法》规定,造成固体废物污染环境事故的,除依法承担赔偿责任外,由生态环境主管部门依照《中华人民共和国固体废物污染环境防治法》第一百一十八条第二款的规定处以罚款,责令限期采取治理措施;造成重大或者特大固体废物污染环境事故的,还应当报经有批准权的人民政府批准,责令关闭。

答案: ×

依据:《中华人民共和国固体废物污染环境防治法》第一百一十八条第一款:违反本法规定,造成固体废物污染环境事故的,除依法承担赔偿责任外,由生态环境主管部门依照本条第二款的规定处以罚款,责令限期采取治理措施;造成重大或者特大固体废物污染环境事故的,还可以报经有批准权的人民政府批准,责令关闭。

5.1.3.6 突发环境事件调查应当遵循实事求是、客观公正、权责一致的原则。

答案: √

依据:《突发环境事件调查处理办法》。

5.1.3.7 上级环境保护主管部门可以视情况委托下级环境保护主管部门开展突发环境事件调查处理,也可以对由下级环境保护主管部门负责的突发环境事件直接组织调查处理,并及时通知下级环境保护主管部门。

答案: √

依据:《突发环境事件调查处理办法》。

5.1.3.8 环境保护主管部门应当依法向社会公开突发环境事件的调查结论、环境影响和损失的评估结果等信息。

答案: √

依据:《突发环境事件调查处理办法》。

5.1.3.9 进行突发环境事件调查现场勘查、检查或者询问,不得少于三人。

答案: ×

依据:《突发环境事件调查处理办法》规定,进行现场勘查、检查或者询问,不得少于两人。

5.1.3.10 突发环境事件调查过程中发现突发环境事件发生单位存在环境违法行为的,调查组应当及时向相关生态环境主管部门提出处罚建议。相关生态环境主管部门应当依法对事发单位及责任人员予以行政处罚;涉嫌构成犯罪的,依法移送司法机关追究刑事责任。发现其他违法行为的,生态环境主管部门应当及时向有关部门移送。

答案：√

依据：《突发环境事件调查处理办法》。

5.1.3.11　突发环境事件调查过程中发现国家机关及工作人员、突发环境事件发生单位中由国家行政机关任命的人员涉嫌违法违纪的，生态环境主管部门应当依法及时向监察机关或者有关部门提出处分建议。

答案：√

依据：《突发环境事件调查处理办法》。

5.1.3.12　对于连续发生突发环境事件，或者突发环境事件造成严重后果的地区，有关生态环境主管部门可以约谈下级地方人民政府主要领导。

答案：√

依据：《突发环境事件调查处理办法》。

5.1.4　填空题

5.1.4.1　负有环境保护监督管理职责的国家机关工作人员严重不负责任，导致发生重大环境污染事故，致使公私财产遭受重大损失或者造成人身伤亡的严重后果的，处（　）年以下有期徒刑或者拘役。

答案：三

依据：《中华人民共和国刑法》第四百零八条。

5.1.4.2　负有环境保护监督管理职责的国家机关工作人员严重不负责任，导致发生（　），致使公私财产遭受重大损失或者造成人身伤亡的严重后果的，处三年以下有期徒刑或者拘役。

答案：重大环境污染事故

依据：《中华人民共和国刑法》。

5.1.4.3　突发环境事件调查应当遵循实事求是、客观公正、（　）的原则，及时、准确查明事件原因，确认事件性质，认定事件责任，总结事件教训，提出防范和整改措施建议以及处理意见。

答案：权责一致

依据：《突发环境事件调查处理办法》。

5.1.4.4　开展突发环境事件调查，应当收集地方人民政府和有关部门在突发环境事件发生单位建设项目立项、审批、验收、（　）等日常监管过程中和突发环境事件应对、组织开展突发环境事件污染损害评估等环节履职情况的证据材料。

答案：执法

依据：《突发环境事件调查处理办法》。

5.1.4.5 生态环境主管部门应当依法向社会公开突发环境事件的（　　）、环境影响和损失的评估结果等信息。

答案：调查结论

依据：《突发环境事件调查处理办法》。

5.1.5 简答题

5.1.5.1 突发环境事件调查应当查明哪些情况？

答案：（1）突发环境事件发生单位基本情况；（2）突发环境事件发生的时间、地点、原因和事件经过；（3）突发环境事件造成的人身伤亡、直接经济损失情况，环境污染和生态破坏情况；（4）突发环境事件发生单位、地方人民政府和有关部门日常监管和事件应对情况；（5）其他需要查明的事项。

依据：《突发环境事件调查处理办法》。

5.1.5.2 关于水污染事故，企业事业有哪些行为将受到行政处罚？

答案：《中华人民共和国水污染防治法》第九十三条规定：企业事业单位有下列行为之一的，由县级以上人民政府生态环境主管部门责令改正；情节严重的，处二万元以上十万元以下的罚款：（1）不按照规定制定水污染事故的应急方案的；（2）水污染事故发生后，未及时启动水污染事故的应急方案，采取有关应急措施的。

依据：《中华人民共和国水污染防治法》第九十三条。

5.1.5.3 企业事业单位违反本法规定，造成水污染事故后，应当依法承担哪些责任？

答案：《中华人民共和国水污染防治法》第九十四条规定：企业事业单位违反本法规定，造成水污染事故的，除依法承担赔偿责任外，由县级以上人民政府生态环境主管部门依照本条第二款的规定处以罚款，责令限期采取治理措施，消除污染；未按照要求采取治理措施或者不具备治理能力的，由生态环境主管部门指定有治理能力的单位代为治理，所需费用由违法者承担；对造成重大或者特大水污染事故的，还可以报经有批准权的人民政府批准，责令关闭；对直接负责的主管人员和其他直接责任人员可以处上一年度从本单位取得的收入百分之五十以下的罚款；有《中华人民共和国环境保护法》第六十三条规定的违法排放水污染物等行为之一，尚不构成犯罪的，由公安机关对直接负责的主管人员和其他直接责任人员处十日以上十五日以下的拘留；情节较轻的，处五日以上十日以下的拘留。对造成一般或者较大水污染事故的，按照水污染事故造成的直接损失的百分之二十计算罚款；对造成重大或者特大水污染事故的，按照水污染事故造成的直接损失的百分之三十计算罚款。造成渔业污染事故或者渔业船舶造成水污染事故的，由渔业主管部门进行处罚。

依据：《中华人民共和国水污染防治法》第九十四条。

5.1.5.4 造成大气污染事故的，将如何承担法律责任？

答案：《中华人民共和国大气污染防治法》第一百二十二条规定：违反本法规定，造成大气污染事故的，由县级以上人民政府生态环境主管部门依照本条第二款的规定处以罚款；对直接负责的主管人员和其他直接责任人员可以处上一年度从本企业事业单位取得收入百分之五十以下的罚款。对造成一般或者较大大气污染事故的，按照污染事故造成直接损失的一倍以上三倍以下计算罚款；对造成重大或者特大大气污染事故的，按照污染事故造成的直接损失的三倍以上五倍以下计算罚款。

依据：《中华人民共和国大气污染防治法》第一百二十二条。

5.1.5.5 各级生态环境部门负责调查处理的突发环境事件权限有何规定？

答案：生态环境部负责组织重大和特别重大突发环境事件的调查处理；省级生态环境主管部门负责组织较大突发环境事件的调查处理；事发地设区的市级生态环境主管部门视情况组织一般突发环境事件的调查处理。上级生态环境主管部门可以视情况委托下级生态环境主管部门开展突发环境事件调查处理，也可以对由下级生态环境主管部门负责的突发环境事件直接组织调查处理，并及时通知下级生态环境主管部门。下级生态环境主管部门对其负责的突发环境事件，认为需要由上一级生态环境主管部门调查处理的，可以报请上一级生态环境主管部门决定。

依据：《突发环境事件调查处理办法》。

5.1.5.6 如何组织突发环境事件的调查？

答案：突发环境事件调查应当成立调查组，由生态环境主管部门主要负责人或者主管环境应急管理工作的负责人担任组长，应急管理、环境监测、环境影响评价管理、生态环境执法等相关机构的有关人员参加。生态环境主管部门可以聘请环境应急专家库内专家和其他专业技术人员协助调查。生态环境主管部门可以根据突发环境事件的实际情况邀请公安、交通运输、水利、农业、卫生、安全监管、林业、地震等有关部门或者机构参加调查工作。调查组可以根据实际情况分为若干工作小组开展调查工作。工作小组负责人由调查组组长确定。

依据：《突发环境事件调查处理办法》。

5.1.5.7 突发环境事件调查对调查组成员和受聘请协助调查的人员有哪些要求？

答案：调查组成员和受聘请协助调查的人员不得与被调查的突发环境事件有利害关系。调查组成员和受聘请协助调查的人员应当遵守工作纪律，客观公正地调查处理突发环境事件，并在调查处理过程中恪尽职守，保守秘密。未经调查组组长同意，不得擅自发布突发环境事件调查的相关信息。

依据：《突发环境事件调查处理办法》。

5.1.5.8 如何对突发环境事件现场进行勘查？

答案：对突发环境事件现场进行勘查，并可以采取以下措施：（1）通过取样监测、拍照、录像、制作现场勘查笔录等方法记录现场情况，提取相关证据材料；（2）进入突发环境事件发生单位、突发环境事件涉及的相关单位或者工作场所，调取和复制相关文件、资料、数据、记录等；（3）根据调查需要，对突发环境事件发生单位有关人员、参与应急处置工作的知情人员进行询问，并制作询问笔录。进行现场勘查、检查或者询问，不得少于两人。

依据：《突发环境事件调查处理办法》。

5.1.5.9 突发环境事件发生单位应当如何配合调查？

答案：突发环境事件发生单位的负责人和有关人员在调查期间应当依法配合调查工作，接受调查组的询问，并如实提供相关文件、资料、数据、记录等。因客观原因确实无法提供的，可以提供相关复印件、复制品或者证明该原件、原物的照片、录像等其他证据，并由有关人员签字确认。现场勘查笔录、检查笔录、询问笔录等，应当由调查人员、勘查现场有关人员、被询问人员签名。

依据：《突发环境事件调查处理办法》。

5.1.5.10 开展突发环境事件调查，应当查明突发环境事件发生单位的哪些情况？

答案：应当查明突发环境事件发生单位的下列情况：（1）建立环境应急管理制度、明确责任人和职责的情况；（2）环境风险防范设施建设及运行的情况；（3）定期排查环境安全隐患并及时落实环境风险防控措施的情况；（4）环境应急预案的编制、备案、管理及实施情况；（5）突发环境事件发生后的信息报告或者通报情况；（6）突发环境事件发生后，启动环境应急预案，并采取控制或者切断污染源防止污染扩散的情况；（7）突发环境事件发生后，服从应急指挥机构统一指挥，并按要求采取预防、处置措施的情况；（8）生产安全事故、交通事故、自然灾害等其他突发事件发生后，采取预防次生突发环境事件措施的情况；（9）突发环境事件发生后，是否存在伪造、故意破坏事发现场，或者销毁证据阻碍调查的情况。

依据：《突发环境事件调查处理办法》。

5.1.5.11　开展突发环境事件调查，应当查明有关生态环境主管部门环境应急管理方面的哪些情况？

答案：应当查明有关生态环境主管部门环境应急管理方面的下列情况：（1）按规定编制环境应急预案和对预案进行评估、备案、演练等的情况，以及按规定对突发环境事件发生单位环境应急预案实施备案管理的情况；（2）按规定赶赴现场并及时报告的情况；（3）按规定组织开展环境应急监测的情况；（4）按职责向履行统一领导职责的人民政府提出突发环境事件处置或者信息发布建议的情况；（5）突发环境事件已经或者可能涉及相邻行政区域时，事发地生态环境主管部门向相邻行政区域生态环境主管部门的通报情况；（6）接到相邻行政区域突发环境事件信息后，相关生态环境主管部门按规定调查了解并报告的情况；（7）按规定开展突发环境事件污染损害评估的情况。

依据：《突发环境事件调查处理办法》。

5.1.5.12　突发环境事件调查报告应当包括哪些内容？

答案：应当包括下列内容：（1）突发环境事件发生单位的概况和突发环境事件发生经过；（2）突发环境事件造成的人身伤亡、直接经济损失，环境污染和生态破坏的情况；（3）突发环境事件发生的原因和性质；（4）突发环境事件发生单位对环境风险的防范、隐患整改和应急处置情况；（5）地方政府和相关部门日常监管和应急处置情况；（6）责任认定和对突发环境事件发生单位、责任人的处理建议；（7）突发环境事件防范和整改措施建议；（8）其他有必要报告的内容。

依据：《突发环境事件调查处理办法》。

5.1.5.13　不同级别的突发环境事件，调查期限如何规定？

答案：特别重大突发环境事件、重大突发环境事件的调查期限为六十日；较大突发环境事件和一般突发环境事件的调查期限为三十日。突发环境事件污染损害评估所需时间不计入调查期限。调查期限从突发环境事件应急状态终止之日起计算。

依据：《突发环境事件调查处理办法》。

5.1.5.14　突发环境事件调查结束后，相关生态环境主管部门应当开展哪些工作？

答案：生态环境主管部门应当将突发环境事件发生单位的环境违法信息记入社会诚

信档案，并及时向社会公布。生态环境主管部门可以根据调查报告，对下级人民政府、下级生态环境主管部门下达督促落实突发环境事件调查报告有关防范和整改措施建议的督办通知，并明确责任单位、工作任务和完成时限。接到督办通知的有关人民政府、生态环境主管部门应当在规定时限内，书面报送事件防范和整改措施建议的落实情况。

依据：《突发环境事件调查处理办法》。

5.1.5.15 企业事业单位违反《中华人民共和国水污染防治法》规定，造成水污染事故后，应当依法承担哪些责任？

答案：《中华人民共和国水污染防治法》第九十四条规定：企业事业单位违反本法规定，造成水污染事故的，除依法承担赔偿责任外，由县级以上人民政府环境保护主管部门依照本条第二款的规定处以罚款，责令限期采取治理措施，消除污染；未按照要求采取治理措施或者不具备治理能力的，由环境保护主管部门指定有治理能力的单位代为治理，所需费用由违法者承担；对造成重大或者特大水污染事故的，还可以报经有批准权的人民政府批准，责令关闭；对直接负责的主管人员和其他直接责任人员可以处上一年度从本单位取得的收入百分之五十以下的罚款；有《中华人民共和国环境保护法》第六十三条规定的违法排放水污染物等行为之一，尚不构成犯罪的，由公安机关对直接负责的主管人员和其他直接责任人员处十日以上十五日以下的拘留；情节较轻的，处五日以上十日以下的拘留。对造成一般或者较大水污染事故的，按照水污染事故造成的直接损失的百分之二十计算罚款；对造成重大或者特大水污染事故的，按照水污染事故造成的直接损失的百分之三十计算罚款。造成渔业污染事故或者渔业船舶造成水污染事故的，由渔业主管部门进行处罚；其他船舶造成水污染事故的，由海事管理机构进行处罚。

依据：《中华人民共和国水污染防治法》第九十四条。

5.2　损害评估

5.2.1　名词解释

5.2.1.1　应急处置阶段直接经济损失评估

答案：突发生态环境事件应急处置阶段直接经济损失评估，是指事件发生后至应急处置结束期间，对应急处置过程进行梳理，以及对事件造成的人身损害和财产损害、生态环境损害数额、应急处置费用以及其他可以确定的直接经济损失进行评估的活动。

依据：《突发生态环境事件应急处置阶段直接经济损失评估工作程序规定》、《突发生态环境事件应急处置阶段直接经济损失核定细则》（环应急〔2020〕28 号）。

5.2.1.2　生态环境损害

答案：因污染环境、破坏生态造成环境空气、地表水、沉积物、土壤、地下水、海水等环境要素和植物、动物、微生物等生物要素的不利改变，及上述要素构成的生态系统的功能退化和服务减少。

依据：《生态环境损害鉴定评估技术指南　总纲和关键环节　第 1 部分：总纲》（GB/T 39791.1—2020）。

5.2.1.3　生态服务功能

答案：生态系统在维持生命的物质循环和能量转换过程中，为人类与生物提供的各种惠益，通常包括供给服务、调节服务、文化服务和支持功能。

依据：《生态环境损害鉴定评估技术指南　总纲和关键环节　第 1 部分：总纲》（GB/T 39791.1—2020）。

5.2.1.4　基线

答案：污染环境或破坏生态未发生时评估区生态环境及其服务功能的状态。

依据：《生态环境损害鉴定评估技术指南　总纲和关键环节　第 1 部分：总纲》（GB/T 39791.1—2020）。

5.2.1.5　期间损害

答案：自生态环境损害发生到恢复至基线期间，生态系统提供服务功能的丧失或减少。

依据：《生态环境损害鉴定评估技术指南　总纲和关键环节　第 1 部分：总纲》（GB/T 39791.1—2020）。

5.2.1.6　污染清除

答案：采用工程和技术手段，将生态环境中的污染物阻断、控制、移除、转移、固定和处置的过程。

依据：《生态环境损害鉴定评估技术指南　总纲和关键环节　第 1 部分：总纲》（GB/T 39791.1—2020）。

5.2.1.7　环境修复

答案：污染清除完成后，为进一步降低环境中的污染物浓度，采用工程和管理手段将环境污染导致的人体健康或生态风险降至可接受风险水平的过程。

依据：《生态环境损害鉴定评估技术指南 总纲和关键环节 第 1 部分：总纲》（GB/T 39791.1—2020）。

5.2.1.8 生态环境恢复

答案：采取必要、合理的措施将受损生态环境及其服务功能恢复至基线并补偿期间损害的过程，包括环境修复和生态服务功能的恢复。按照恢复目标和阶段不同，生态环境恢复可分为基本恢复、补偿性恢复和补充性恢复。

依据：《生态环境损害鉴定评估技术指南 总纲和关键环节 第 1 部分：总纲》（GB/T 39791.1—2020）。

5.2.1.9 基本恢复

答案：采取必要、合理的自然或人工措施将受损的生态环境及其服务功能恢复至基线的过程。

依据：《生态环境损害鉴定评估技术指南 总纲和关键环节 第 1 部分：总纲》（GB/T 39791.1—2020）。

5.2.1.10 补偿性恢复

答案：采取必要、合理的措施补偿生态环境期间损害的过程。

依据：《生态环境损害鉴定评估技术指南 总纲和关键环节 第 1 部分：总纲》（GB/T 39791.1—2020）。

5.2.1.11 补充性恢复

答案：基本恢复无法完全恢复受损的生态环境及其服务功能，或补偿性恢复无法补偿期间损害时，采取额外的、弥补性的措施进一步恢复受损的生态环境及其服务功能并补偿期间损害的过程。

依据：《生态环境损害鉴定评估技术指南 总纲和关键环节 第 1 部分：总纲》（GB/T 39791.1—2020）。

5.2.1.12 永久损害

答案：受损生态环境及其生态服务功能难以恢复，其向人类或其他生态系统提供服务的能力完全丧失。

依据：《生态环境损害鉴定评估技术指南 总纲和关键环节 第 1 部分：总纲》（GB/T 39791.1—2020）。

5.2.1.13 生态环境损害鉴定评估

答案：按照规定的程序和方法，综合运用科学技术和专业知识，调查污染环境、破坏生态行为与生态环境损害情况，分析污染环境或破坏生态行为与生态环境损害间的因果关系，评估污染环境或破坏生态行为所致生态环境损害的范围和程度，确定生态环境恢复至基线并补偿期间损害的恢复措施，量化生态环境损害数额的过程。

依据：《生态环境损害鉴定评估技术指南　总纲和关键环节　第 1 部分：总纲》（GB/T 39791.1—2020）。

5.2.2　单项选择题

5.2.2.1　突发环境事件应急处置工作结束后，有关（　）应当立即组织评估事件造成的环境影响和损失，并及时将评估结果向社会公布。

　　A．企业事业单位　　　　　　　B．环境保护主管部门

　　C．人民政府　　　　　　　　　D．社会组织

　　答案：C

　　依据：《中华人民共和国环境保护法》第四十七条第四款。

5.2.2.2　《突发环境事件应急管理办法》规定，县级以上地方环境保护主管部门应当在本级人民政府的统一部署下，组织开展（　），并依法向有关人民政府报告。

　　A．事件原因调查

　　B．责任追究

　　C．问题整改

　　D．突发环境事件环境影响和损失等评估工作

　　答案：D

　　依据：《突发环境事件应急管理办法》第三十一条。

5.2.2.3　根据《国家突发环境事件应急预案》，发生突发环境事件的后期工作不包括（　）。

　　A．损害评估　　　　　　　　　B．事件调查

　　C．善后处置　　　　　　　　　D．预案修订

　　答案：D

　　依据：《国家突发环境事件应急预案》。

5.2.2.4　环境保护主管部门应当按照（　）的要求，根据突发环境事件应急处置阶段污染损害评估工作的有关规定，开展应急处置阶段污染损害评估。

　　A．上级环保部门　　　　　　　B．上级人民政府

　　C．所在地人民政府　　　　　　D．上述三者均可

答案：C

依据：《突发环境事件应急处置阶段污染损害评估工作程序规定》。

5.2.2.5 提起环境损害赔偿诉讼的时效为（ ）年，从当事人知道或者应当知道其受到损害时起计算。

A. 2   B. 3

C. 4   D. 5

答案：B

依据：《中华人民共和国环境保护法》第六十六条。

5.2.2.6 县级以上环境保护主管部门应当遵循（ ）、及时反应、科学严谨、公正公开的原则，组织开展污染损害评估工作。有关单位和个人应当积极配合开展污染损害评估工作。

A. 属地管理   B. 分级负责

C. 属地负责   D. 高效有序

答案：B

依据：《突发环境事件应急处置阶段污染损害评估工作程序规定》。

5.2.3 多项选择题

5.2.3.1 违反国家规定造成生态环境损害的，国家规定的机关或者法律规定的组织有权请求侵权人赔偿下列哪些损失和费用？（ ）

A. 生态环境受到损害至修复完成期间服务功能丧失导致的损失

B. 生态环境功能永久性损害造成的损失

C. 生态环境损害调查、鉴定评估等费用

D. 清除污染、修复生态环境费用

E. 防止损害的发生和扩大所支出的合理费用

答案：ABCDE

依据：《中华人民共和国民法典》第一千二百三十五条。

5.2.3.2 突发生态环境事件应急处置阶段直接经济损失评估结论可以作为确定（ ）等工作的依据。

A. 突发生态环境事件等级   B. 行政处罚

C. 生态环境损害赔偿   D. 提起诉讼

答案： ABCD

依据：《突发生态环境事件应急处置阶段直接经济损失评估工作程序规定》。

5.2.3.3 污染环境行为与生态环境损害间因果关系分析的内容包括（　　）。

A. 时间顺序分析　　　　　　　　B. 污染物同源性分析

C. 迁移路径合理性分析　　　　　D. 生物暴露可能性分析

E. 生物损害可能性分析

答案： ABCDE

依据：《生态环境损害鉴定评估技术指南　总纲和关键环节　第 1 部分：总纲》（GB/T 39791.1—2020）明确，污染环境行为与生态环境损害间因果关系分析的内容包括：（1）时间顺序分析。分析判断污染环境行为与生态环境损害发生的时间先后顺序。污染环境行为应发生在生态环境损害之前；（2）污染物同源性分析。采样分析污染源、环境介质和生物中污染物的成分、浓度、同位素丰度等，采用稳定同位素、放射性同位素、指纹图谱、多元统计分析等技术方法，判断污染源、环境介质和生物中的污染物是否具有同源性；（3）迁移路径合理性分析。分析评估区气候气象、地形地貌、水文地质等自然环境条件，判断污染物从污染源迁移至环境介质的可能性；造成生物损害的，进一步判断污染物到达生物的可能性。建立从污染源经环境介质到生物的迁移路径假设，识别划分迁移路径的每一个单元，利用空间分析、迁移扩散模型等方法分析污染物迁移方向、浓度变化等情况，分析判断各个单元是否可以组成完整的链条，验证迁移路径的连续性、合理性和完整性；（4）生物暴露可能性分析。识别生物暴露于污染物的暴露介质、暴露途径和暴露方式，结合生物内暴露和外暴露剂量，判断生物暴露于污染物的可能性；（5）生物损害可能性分析。通过文献查阅、专家咨询和毒理实验等方法，分析污染物暴露与生物损害间的关联性，阐明污染物暴露与生物损害间可能的作用机理；建立污染物暴露与损害间的剂量-反应关系，结合环境介质中污染物浓度、生物内暴露和外暴露量等，分析判断生物暴露水平产生损害的可能性。

5.2.3.4 生态破坏行为与生态环境损害间因果关系分析的内容包括（　　）。

A. 时间顺序分析　　　　　　　　B. 损害可能性分析

C. 因果关系链建立　　　　　　　D. 其他因果链分析

答案： ABCD

依据：《生态环境损害鉴定评估技术指南　总纲和关键环节　第 1 部分：总纲》（GB/T 39791.1—2020）明确，生态破坏行为与生态环境损害间因果关系分析的内容包括：

（1）时间顺序分析。分析判断破坏生态行为与生态环境损害发生的时间先后顺序。破坏生态行为应发生在生态环境损害之前。（2）损害可能性分析。根据生态学理论，通过文献查阅、专家咨询、遥感影像分析、样方调查和生态实验等方法，分析破坏生态行为与生态环境损害之间的关联。（3）因果关系链建立。根据生态学理论，结合生态系统过程分析、水动力过程分析等，建立破坏生态行为导致生态系统结构、过程与功能受损的损害原因（源）-损害方式（路径）-损害后果的因果关系链，分析因果关系链条的科学性和合理性。（4）分析自然和其他人为可能的因素的影响，并阐述因果关系分析的不确定性。

5.2.3.5　生态环境损害实物量化包括（　　）。

　　A. 损害范围和程度量化　　　　B. 可恢复性评价

　　C. 恢复方案制定　　　　　　　D. 以上均不对

　　答案：ABC

　　依据：《生态环境损害鉴定评估技术指南　总纲和关键环节　第 1 部分：总纲》（GB/T 39791.1—2020）。

5.2.4　判断题

5.2.4.1　突发生态环境事件责任方为保护公众健康、公私财产和生态环境，减轻或者消除危害主动支出的应急处置费用，一并计入直接经济损失。

　　答案：×

　　依据：《突发生态环境事件应急处置阶段直接经济损失核定细则》"二、核算范围"突发生态环境事件责任方为保护公众健康、公私财产和生态环境，减轻或者消除危害主动支出的应急处置费用，不计入直接经济损失。

5.2.4.2　各级生态环境部门可以在突发生态环境事件应急处置期间组织开展与评估相关的资料数据收集等前期准备工作。应急处置工作结束后，应当立即组织开展评估工作，并于 10 个工作日内完成。情况特别复杂的，可以延长 30 个工作日。

　　答案：×

　　依据：《突发生态环境事件应急处置阶段直接经济损失评估工作程序规定》指出，各级生态环境部门可以在突发生态环境事件应急处置期间组织开展与评估相关的资料数据收集等前期准备工作。应急处置工作结束后，应当立即组织开展评估工作，并于 30 个工作日内完成。情况特别复杂的，可以延长 30 个工作日。

5.2.4.3　地方各级人民政府或者其他有关部门组织开展的损害评估，已经包含突发生态环

境事件直接经济损失评估有关内容的，生态环境部门或者评估机构可以直接采用有关
结果。

　　答案：√

　　依据：《突发生态环境事件应急处置阶段直接经济损失评估工作程序规定》。

5.2.4.4　对比评估区生态环境及其服务功能现状与基线，必要时开展专项研究，确定评估
区生态环境损害的事实和损害类型。

　　答案：√

　　依据：《生态环境损害鉴定评估技术指南　总纲和关键环节　第 1 部分：总纲》
（GB/T 39791.1—2020）明确，生态环境损害确定应满足以下任一条件：（1）评估区环境
空气、地表水、沉积物、土壤、地下水、海水中特征污染物浓度或相关理化指标超过基
线；（2）评估区环境空气、地表水、沉积物、土壤、地下水、海水中物质的浓度足以导
致生物毒性反应；（3）评估区生物个体发生死亡、病变、行为异常、肿瘤、遗传突变、
生理功能失常、畸形；（4）评估区生物种群特征（如种群密度、性别比例、年龄组成等）、
群落特征（如多度、密度、盖度、频度、丰度等）或生态系统特征（如生物多样性）与
基线相比发生不利改变；（5）与基线相比，评估区生态服务功能降低或丧失；（6）造
成生态环境损害的其他情形。

5.2.4.5　可以利用统计分析、空间分析、模型模拟、专家咨询等方法量化生态环境损害的
范围和程度。

　　答案：√

　　依据：《生态环境损害鉴定评估技术指南　总纲和关键环节　第 1 部分：总纲》
（GB/T 39791.1—2020）明确，损害范围和程度量化可以利用统计分析、空间分析、模型
模拟、专家咨询等方法。根据生态环境损害类型、指标和方法适用性、资料完备程度等
情况，选择适当的实物量化指标和方法。对环境要素的损害，一般以特征污染物浓度为
量化指标；对生物要素的损害，一般选择生物的种群特征、群落特征或生态系统特征等
指标作为量化指标。对于生态服务功能的损害，应明确受损生态服务功能类型，如提供
栖息地、食物和其他生物资源、娱乐、地下水补给、防洪等，并根据功能或服务类型选
择适合的量化指标，如栖息地面积、受损地表水资源量等。在量化生态服务功能时，应
识别相互依赖的生态服务功能，确定生态系统的主导生态服务功能并针对主导生态服务
功能选择适用的方法进行评估，以避免重复计算。生态环境损害实物量化的内容可能包
括：（1）确定评估区环境空气、地表水、沉积物、土壤、地下水、海水等环境介质中特

征污染物浓度劣于基线的时间、面积、体积或程度等；（2）确定评估区生物个体发生死亡、疾病、行为异常、肿瘤、遗传突变、生理功能失常或畸形的数量；（3）确定评估区生物种群特征、群落特征或生态系统特征劣于基线的时间、面积、生物量或程度等；（4）确定评估区生态服务功能劣于基线的时间、服务量或程度等。

5.2.4.6 通过文献调研、专家咨询、案例研究、现场实验等方法，评价受损生态环境及其服务功能恢复至基线的经济、技术和操作的可行性。

　　答案：√

　　依据：《生态环境损害鉴定评估技术指南　总纲和关键环节　第 1 部分：总纲》（GB/T 39791.1—2020）。

5.2.4.7 原则上，应将受损生态环境及其服务功能恢复至基线。

　　答案：√

　　依据：《生态环境损害鉴定评估技术指南　总纲和关键环节　第 1 部分：总纲》（GB/T 39791.1—2020）。原则上，应将受损生态环境及其服务功能恢复至基线。自生态环境损害发生到恢复至基线的持续时间大于一年的，应计算期间损害，制定基本恢复方案和补偿性恢复方案；小于等于一年的，仅需制定基本恢复方案。当不具备经济、技术和操作可行性时，环境空气、地表水、沉积物、土壤、地下水、海水等环境要素应修复至维持其基线功能的可接受风险水平；可接受风险水平与基线之间不可恢复的部分，可以采取适合的替代性恢复方案，或采用环境价值评估方法进行价值量化。应根据生态环境损害的类型、范围和程度，选择反映生态环境损害关键特征、易于定量测量评价的指标，明确生态环境恢复目标。当损害类型以供给服务为主时，一般采用资源数量、密度等指标；当损害类型以支持服务为主时，一般采用栖息地面积、重要保护物种的种群数量等指标；当损害类型以调节服务为主时，一般采用湿地面积、森林面积等指标；当损害类型以环境质量为主时，一般采用环境介质中特征污染物的浓度作为评价指标。

5.2.4.8 生态环境损害恢复模式具有优先序。

　　答案：√

　　依据：《生态环境损害鉴定评估技术指南　总纲和关键环节　第 1 部分：总纲》（GB/T 39791.1—2020）明确，按照以下优先序选择生态环境恢复的模式：（1）在受损区域原位恢复与受损生态环境基线同等类型和质量的生态服务功能；（2）在受损区域外异位恢复与受损生态环境基线同等类型和质量的生态服务功能；（3）在受损区域原位恢复与受损生态环境基线不同类型但同等价值的生态服务功能；（4）在受损区域外异位恢复与受损生态环境基线不同类型但同等价值的生态服务功能。对于污染环境行为造成的生态环境损害,当生态环境风险不可接受时,应采用人工恢复或人工恢复与自然恢复相结合的恢复方式;当生态环境风险可接受时,宜采用自然恢复方式。对于破坏生态行为造成的生态环境损害,原则上以自然恢复为主,人工恢复为辅。

5.2.4.9　对于自然保护区、生态保护红线、重点生态功能区等具有栖息地生境功能的区域,建议采用陈述偏好法进行环境价值评估。

　　答案:　√

　　依据:　《生态环境损害鉴定评估技术指南　总纲和关键环节　第 1 部分:总纲》(GB/T 39791.1—2020)。

5.2.4.10　当基本恢复或补偿性恢复未达到预期效果时,应进一步量化损害,制定补充性恢复方案;当补充性恢复不可行或无法达到预期效果的,采用适合的环境价值评估方法量化生态环境损失。

　　答案:　√

　　依据:　《生态环境损害鉴定评估技术指南　总纲和关键环节　第 1 部分:总纲》(GB/T 39791.1—2020)。

5.2.5　填空题

5.2.5.1　突发生态环境事件应急处置阶段直接经济损失评估工作应当遵循科学严谨、( )、及时高效的原则。

　　答案:　公开公正

　　依据:　《突发生态环境事件应急处置阶段直接经济损失评估工作程序规定》、《突发生态环境事件应急处置阶段直接经济损失核定细则》(环应急〔2020〕28 号)。

5.2.5.2　突发生态环境事件应急处置阶段直接经济损失评估结论可以作为确定突发生态环境事件等级、行政处罚、( )、提起诉讼等工作的依据。

　　答案:　生态环境损害赔偿

　　依据:　《突发生态环境事件应急处置阶段直接经济损失评估工作程序规定》、《突发生态环境事件应急处置阶段直接经济损失核定细则》(环应急〔2020〕28 号)。

5.2.5.3　生态环境损害鉴定评估的时间范围以污染环境或破坏生态行为发生为起点,以受损生态环境及其服务功能恢复至( )为终点。

　　答案:　基线

依据： 《生态环境损害鉴定评估技术指南 总纲和关键环节 第 1 部分：总纲》（GB/T 39791.1—2020）。

5.2.5.4 生态环境损害鉴定评估的空间范围应综合利用现场调查、环境监测、遥感分析和模型预测等方法，根据污染物（ ）或破坏生态行为的影响范围确定。

答案： 迁移扩散范围

依据： 《生态环境损害鉴定评估技术指南 总纲和关键环节 第 1 部分：总纲》（GB/T 39791.1—2020）。

5.2.5.5 通过资料收集与分析、人员访谈、现场踏勘、环境监测、问卷调查、生态调查、遥感影像分析等，掌握污染环境或破坏生态行为的事实，调查评估区生态环境质量及其（ ）现状和基线。

答案： 服务功能

依据： 《生态环境损害鉴定评估技术指南 总纲和关键环节 第 1 部分：总纲》（GB/T 39791.1—2020）明确，生态环境损害调查内容可包括：（1）污染环境行为的发生时间和地点，污染源分布情况（如数量和位置），特征污染物种类及其排放情况（如排放方式、排放去向、排放频率、排放浓度和总量等）；（2）破坏生态行为的发生时间、地点、破坏方式、破坏对象、破坏范围以及土地利用或植被覆盖类型改变等情况；（3）评估区环境空气、地表水、沉积物、土壤、地下水、海水等环境质量现状及基线；（4）评估区生态系统结构、服务功能类型的现状及基线；（5）评估区已经开展的污染清除、生态环境恢复措施及其费用；（6）可能开展替代恢复区域的生态环境损害现状和可恢复性。

5.2.5.6 生态环境恢复费用计算需要测算最佳恢复方案的实施费用，包括直接费用和间接费用。其中，直接费用包括（ ）主体设备、材料、工程实施等费用，间接费用包括恢复工程监测、工程监理、质量控制、安全防护、二次污染或破坏防治等费用。

答案： 生态环境恢复工程

依据： 《生态环境损害鉴定评估技术指南 总纲和关键环节 第 1 部分：总纲》（GB/T 39791.1—2020）明确，测算最佳恢复方案的实施费用，包括直接费用和间接费用。其中，直接费用包括生态环境恢复工程主体设备、材料、工程实施等费用，间接费用包括恢复工程监测、工程监理、质量控制、安全防护、二次污染或破坏防治等费用。按照下列优先级顺序选择恢复费用计算方法，相关成本和费用以恢复方案实施地的实际调查数据为准。（1）费用明细法。适用于恢复方案比较明确，各项具体工程措施及其规模比较具体，所需要的设施、材料、设备、人工等比较明确，且鉴定评估机构对恢复方案各要素的成本比较清楚的情况。费用明细法应列出恢复方案的各项具体工程措施、各项措施的规模，明确需要的设施以及需要用到的材料和设备的数量和规格、能耗等内容，根据各种设施、材料、设备、能耗的单价，列出恢复工程费用明细。（2）指南或手册参考法。适用于恢复技术有确定的工程投资手册可以参照的情况，根据确定的恢复工程量，参照相关指南或手册，计算恢复工程费用。（3）承包商报价法。适用于恢复方案比较明确，各项具体工程措施及其规模比较具体、所需要的设施、材料、设备等比较确切，但鉴定评估机构对方案各要素的成本不清楚或不确定的情况。承包商报价法应选择3家或3家以上符合要求的承包商，由承包商根据恢复目标和恢复方案提出报价，对报价进行综合比较，确定合理的恢复工程费用。（4）案例比对法。适用于恢复技术不明确的情况，通过调研与本项目规模、损害特征、生态环境条件相类似且时间较为接近的案例，基于类似案例的恢复费用，计算恢复工程费用。

5.2.6　简答题

5.2.6.1　突发生态环境事件应急处置阶段直接经济损失评估工作的组织方式是什么？

答案： 各级生态环境部门应当在本级人民政府的统一部署下，组织开展突发生态环境事件应急处置阶段直接经济损失评估工作。跨行政区域的突发生态环境事件应急处置阶段直接经济损失评估工作，由共同上级人民政府生态环境部门组织开展，或者协商由一个区域牵头组织开展。生态环境部门可以组织突发生态环境事件的责任方、受影响方等相关单位开展应急处置阶段直接经济损失评估工作，并做好相关协调和监督工作。组织开展评估的单位可以委托有技术能力的第三方机构开展评估工作。开展评估的机构对直接经济损失评估结论负责。

依据： 《突发生态环境事件应急处置阶段直接经济损失评估工作程序规定》、《突发生态环境事件应急处置阶段直接经济损失核定细则》（环应急〔2020〕28号）。

5.2.6.2　突发生态环境事件应急处置阶段直接经济损失评估的内容是什么？

答案： 评估机构应当对突发生态环境事件的发生发展过程、控制和清理污染的应急处置措施等进行梳理，说明污染物排放量、污染物迁移扩散和在生态环境中的留存、事件发生前后生态环境质量变化情况，分析应急处置措施的成本、效果和潜在生态环境风险等内容。评估机构应当按照相关标准规范对突发生态环境事件造成的人身损害、财产损害和生态环境损害的数额、应急处置费用以及应急处置阶段可以确定的其他直接经济损失进行核定。

依据：《突发生态环境事件应急处置阶段直接经济损失评估工作程序规定》、《突发生态环境事件应急处置阶段直接经济损失核定细则》（环应急〔2020〕28 号）。

5.2.6.3 突发生态环境事件应急处置阶段直接经济损失评估的信息如何公开？

答案：组织开展评估的生态环境部门在报请本级人民政府批准后，应当依法向社会公开评估工作的评估机构、主要评估内容和方法、评估结论和直接经济损失核定结果等内容。评估结果涉及国家秘密、商业秘密、个人隐私的信息，依据相关法律规定予以处理。公开方式主要包括政府公报、政府网站、新闻发布会以及报刊、电视和官方两微等。

依据：《突发生态环境事件应急处置阶段直接经济损失评估工作程序规定》、《突发生态环境事件应急处置阶段直接经济损失核定细则》（环应急〔2020〕28 号）。

5.2.6.4 突发生态环境事件应急处置阶段直接经济损失的核算范围是什么？

答案：突发生态环境事件应急处置阶段直接经济损失包括人身损害、财产损害和应急处置阶段可以确定的生态环境损害数额，应急处置费用以及应急处置阶段可以确定的其他直接经济损失。其中应急处置费用包括污染处置费用、保障工程费用、应急监测费用、人员转移安置费用以及组织指挥和后勤保障费用等。突发生态环境事件责任方为保护公众健康、公私财产和生态环境，减轻或者消除危害主动支出的应急处置费用，不计入直接经济损失。

依据：《突发生态环境事件应急处置阶段直接经济损失评估工作程序规定》、《突发生态环境事件应急处置阶段直接经济损失核定细则》（环应急〔2020〕28 号）。

5.2.6.5 突发生态环境事件应急处置阶段直接经济损失的核定程序是什么？

答案：直接经济损失核定工作程序包括基础数据资料收集、数据审核、确定核定结果三个主要阶段。基础数据资料收集是对各项费用产生情况、费用数额、合同票据等资料进行统一收集的过程；数据审核是对收集的数据资料进行初审、确认、复审等一系列审查，确定有效数据，并进行整理分析的过程；确定核定结果是将审定的数据整理分析后，给出明确的核定结论的过程。

依据：《突发生态环境事件应急处置阶段直接经济损失评估工作程序规定》、《突发生态环境事件应急处置阶段直接经济损失核定细则》（环应急〔2020〕28 号）。

5.2.6.6 突发生态环境事件应急处置阶段直接经济损失的核定原则是什么？

答案：（1）规范性原则。直接经济损失核定要收集完整的损失或费用数据的证明材料，数据与证明材料要真实可靠且一一对应，缺失证明材料的损失和费用不能计入。对同一突发生态环境事件的直接经济损失核定要采用统一的数据调查统计方法、计算方法和核定标准，保证核定结果规范公正。产生应急处置费用的工作措施应当与应急处置方案的要求或者应急指挥部的部署一致，应当与减轻对生态环境损害的措施直接相关。（2）时效性原则。应急处置费用必须是在应急处置和预警期间，以及在受突发生态环境事件影响的区域范围内发生的费用。应急处置和预警期以应急处置方案界定的或者以应急指挥部研判确定的时间为准。事件发生前已列入财政支出预算或工作计划，因事件发生而提前执行的设备购置费、租赁费、工程施工费等支出，不计入直接经济损失。各应急工作参与单位的正式工作人员和长期聘用人员在应急处置期间的劳务费和工资性收入不计入直接经济损失。但由于事件引发计划变动产生的额外费用，可计入直接经济损失。（3）合理性原则。对于同一突发生态环境事件，不同单位、不同地区填报的损失和费用数据要符合逻辑，同类型损失和费用单价的差异要控制在合理范围内，根据实际调查或者历史相关数据，以上下浮动在一倍以内视为合理。因突发生态环境事件发生造成的材料、交通、人工等价格上涨，以不高于市场价一倍视为合理。由其他突发事件次生突发生态环境事件的情况，应当明确原生事件的核定时限和地域范围，避免重复或遗漏核定。

依据：《突发生态环境事件应急处置阶段直接经济损失评估工作程序规定》、《突发生态环境事件应急处置阶段直接经济损失核定细则》（环应急〔2020〕28 号）。

5.2.6.7 应急处置费用的核定方法是什么？

答案：（1）污染处置费用。污染处置费用是指从源头控制或者减少污染物的排放，以及为防止污染物继续扩散，而采取的清除、转移、存储、处理和处置被污染的环境介质、污染物和回收应急物资等措施所产生的费用，主要包括投加药剂、筑坝拆坝、开挖导流、放水稀释、废弃物处置、污水或者污染土壤处置、设备洗消等产生的费用。污染处置费用的计算方法有两种：方法一：污染处置费用=材料和药剂费+设备或房屋、场地租赁费+应急设备维修或重置费+人员费+后勤保障费+其他。方法二：对于工作量能够用指标进行统一量化的污染处置措施，可以采用工作量核算法，根据事件发生地物价部门制定的收费标准和相关规定或调查获得的费用计算。（2）保障工程费用。保障工程费用是指应急处置期间为了保障受污染影响区域公众正常生产生活，以及为了保障污染处置措施能够顺利实施而采取的必要的应急工程措施所产生的费用，主要包括道路整修、场地平整、管线引水、车辆送水、自来水厂改造等措施产生的费用。保障工程费用=材料和药剂费+设备或房屋租赁费+应急设备维修或购置费用+人员费+后勤保障费+其他。（3）应急监测费用。应急监测费用是指应急处置期间，为发现和查明环境污染情况和污染范围而进行的采样、监测与检测分析活动所产生的费用。应急监测费用的计算方法有两种：方法一：应急监测费用=材料和药剂费+设备或房屋租赁费+应急设备维修或购置费用+人员费+后勤保障费+其他；方法二：样品数量（单样/项）×样品检测单价+样品数量（点/个/项）×样品采样单价+运输费+其他。（4）人员转移安置费用。人员转移安置费用是指应急处置期间，疏散、转移和安置受影响和受威胁人员所产生的费用。人员转移安置费用=材料费+设备或房屋租赁费+人员费+后勤保障费+其他。（5）组织指挥及后勤保障费用。组织指挥及后勤保障费用是指应急处置期间应急指挥和组织管理部门以及其他相关单位针对应急处置工作，开展的办公和公务接待活动等产生的相关费用。保障费用=办公用品费+餐费+住宿费+会议费+专家技术咨询费+印刷费+交通费+水电费+取暖费+其他。

依据：《突发生态环境事件应急处置阶段直接经济损失核定细则》（环应急〔2020〕28号）。

5.2.6.8 人身损害费用的核定方法是什么？

答案： 人身损害费用指在应急处置阶段可以确定的、因突发生态环境事件污染造成的人员就医治疗、误工、致残或者致死产生的相关费用。人身损害需要有专业医疗或鉴定机构出具的鉴定意见，或者相关政府部门出具的正式文件。就医治疗的人身损害费用=医疗费+误工费+护理费+交通费+住宿费+住院伙食补助费+营养费+其他。致残的：人身损害费用=医疗费+误工费+护理费+交通费+住宿费+住院伙食补助费+营养费+残疾赔偿金+残疾辅助器具费+被扶养人生活费+后续康复费+后续护理费+后续治疗费+其他。致死的：人身损害费用=医疗费+误工费+护理费+交通费+住宿费+住院伙食补助费+营养费+丧葬费+被抚养人生活费+死亡赔偿金+亲属办理丧葬事宜支出的交通费/住宿费/误工费+其他。以上医疗费、误工费、护理费、交通费、住宿费、住院伙食补助费、营养费、残疾赔偿金、残疾辅助器具费、被抚养人生活费、丧葬费、死亡赔偿金等费用的计算参考《最高人民法院关于审理人身损害赔偿案件适用法律若干问题的解释》，计费标准应符合国家或地方相关规范标准要求。

依据：《突发生态环境事件应急处置阶段直接经济损失核定细则》（环应急〔2020〕28号）。

5.2.6.9 财产损害费用的核定方法是什么？

答案： 财产损害费用指因环境污染或者采取污染处置措施导致的财产损毁、数量或价值减少的费用，包括固定资产、流动资产、农产品和林产品等损害的直接经济价值。财产损害费用=固定资产损害费用+流动资产损害费用+农产品损害费用+林产品损害费用+其他。固定资产损害费用=固定资产维修费+固定资产重置费。流动资产损害费用=流动资产数量×购置时价格–残值，其中残值应由专业技术人员或专业资产评估机构进行定价评估。农林产品损害费用=农林产品损害总量×（正常产品市场单价–工业原材料市场单价）。当农林产品质量受损、但不影响其作为工业原材料等其他用途时，计算其用途变更后造成的直接经济损失。

依据：《突发生态环境事件应急处置阶段直接经济损失核定细则》（环应急〔2020〕28 号）。

5.2.6.10　生态环境损害数额的核定方法是什么？

答案：突发生态环境事件对生态环境造成损害、不能在应急处置阶段恢复至基线水平需要对生态环境进行修复或恢复，且修复或恢复方案及其实施费用在环境损害评估规定期限内可以明确的，生态环境损害数额计入直接经济损失，费用根据修复或恢复方案的实际实施费用计算。

依据：《突发生态环境事件应急处置阶段直接经济损失核定细则》（环应急〔2020〕28 号）。

5.2.6.11　根据鉴定评估需要，生态环境损害鉴定评估的主要内容有哪些？

答案：（1）调查污染环境或破坏生态行为的事实；（2）确定生态环境损害的事实和类型；（3）分析污染环境或破坏生态行为与生态环境损害之间的因果关系；（4）确定生态环境损害的时空范围和程度；（5）评估生态环境恢复的可能性，制定恢复方案；（6）量化生态环境损害价值；（7）评估生态环境恢复效果。

依据：《生态环境损害鉴定评估技术指南　总纲和关键环节　第 1 部分：总纲》（GB/T 39791.1—2020）。

5.2.6.12　简述生态环境损害鉴定评估的程序。

答案：（1）工作方案制定。通过收集资料、现场踏勘、座谈走访、文献查阅、遥感影像分析等方式，掌握污染环境或破坏生态行为以及生态环境的基本情况，确定生态环境损害鉴定评估的目的、对象、范围、内容、方法、质量控制和质量保证措施等，编制鉴定评估工作方案。（2）损害调查确认。掌握污染环境或破坏生态行为的事实，调查并对比生态环境及其服务功能现状和基线，确定生态环境损害的事实及其类型。（3）因果关系分析。根据污染环境或破坏生态行为和生态环境损害的调查结果，分析污染环境或破坏生态行为与生态环境损害的因果关系。（4）损害实物量化。明确不同生态环境损害类型的量化指标，量化生态环境损害的时空范围和程度；分析恢复受损生态环境的可行性；明确生态环境恢复的目标，制定生态环境恢复备选方案，筛选确定最佳恢复方案。

（5）损害价值量化。统计实际发生的污染清除费用；估算最佳生态环境恢复方案的实施费用；当生态环境无法恢复或仅部分恢复时，可采用环境价值评估方法，量化生态环境损害价值。（6）评估报告编制。编制生态环境损害鉴定评估报告（意见）书，同时建立完整的鉴定评估工作档案。（7）恢复效果评估。跟踪生态环境损害基本恢复和补偿恢复方案的实施情况，开展必要的调查和监测，评估生态环境恢复的效果，必要时开展补充性恢复。

依据：《生态环境损害鉴定评估技术指南　总纲和关键环节　第 1 部分：总纲》（GB/T 39791.1—2020）。

5.2.6.13 简述生态环境基线的确定方法。

答案：（1）历史数据。优先利用评估区污染环境或破坏生态行为发生前的历史数据确定基线。可以利用评估区既往开展的常规监测、专项调查、学术研究等历史数据。对搜集的历史资料，应注明资料来源和时间，使用的资料应经过筛选和甄别。历史数据应对评估区具有较好的时间和空间代表性，且历史数据的采样、检测等数据收集方法与现状调查数据具有可比性，样本数（点位数量或采样次数）不少于 5 个。（2）对照数据。当缺乏评估区的历史数据或历史数据不满足要求时，可以利用未受污染环境或破坏生态行为影响的"对照区域"的历史或现状数据确定基线。应选择一个或多个与评估区具有可比性且未受污染环境或破坏生态行为影响的对照区域。对照区域数据应具有较好的时间和空间代表性，且其数据收集方法应与评估区具有可比性，并遵守评估方案的质量保证规定，样本数（点位数量或采样次数）不少于 5 个。对搜集的历史资料，应注明资料来源和时间，使用的资料应经过筛选和甄别。应对"对照区域"数据的变异性进行统计描述，识别数据中的极值或异常值并分析其原因确定是否剔除极值或异常值，根据专业知识和评价指标的意义确定基线，确定原则同（1）。（3）标准基准。当利用历史数据或对照数据确定基线不可行时，可参考适用的国家或地方环境质量标准或环境基准确定基线；当标准和基准同时存在时，优先适用环境质量标准；当缺乏适用的标准或基准时，可参考国外政府部门或国际组织发布的相关标准或基准。（4）专项研究。必要时应开展专项研究，按照相关环境基准制定技术指南，推导环境基准作为基线；也可以构建生态环境质量与生物体的毒性效应、种群密度、物种丰度、生物多样性等评价指标之间的剂量-反应关系确定基线。

依据：《生态环境损害鉴定评估技术指南　总纲和关键环节　第 1 部分：总纲》（GB/T 39791.1—2020）。

5.2.6.14　简述生态环境损害价值量化方法选择原则。

　　答案：生态环境损害的价值量化应遵循以下原则：（1）污染环境或破坏生态行为发生后，为减轻或消除污染或破坏对生态环境的危害而发生的污染清除费用，以实际发生费用为准，并对实际发生费用的必要性和合理性进行判断；（2）当受损生态环境及其服务功能可恢复或部分恢复时，应制定生态环境恢复方案，采用恢复费用法量化生态环境损害价值；（3）当受损生态环境及其服务功能不可恢复或只能部分恢复或无法补偿期间损害时，选择适合的其他环境价值评估方法量化未恢复部分的生态环境损害价值；（4）当污染环境或破坏生态行为事实明确，但损害事实不明确或无法以合理的成本确定生态环境损害范围和程度时，采用虚拟治理成本法量化生态环境损害价值，不再计算期间损害。

　　依据：《生态环境损害鉴定评估技术指南　总纲和关键环节　第 1 部分：总纲》（GB/T 39791.1—2020）。

第6章 环境污染强制责任保险

环境污染强制责任保险，指排污单位必须投保的，以其污染环境导致损害应当承担责任为标的的强制性保险。2022年，甘肃省印发《甘肃省环境污染强制责任保险试点工作实施方案》。强制保险企业范围确定了"重金属污染、危险废物污染、使用尾矿库、其他环境高风险、曾经发生突发环境事件、生产生态环境部相关名录中高风险产品"等行业企业范围；强制保险赔偿范围确定了"第三者人身损害和财产损失、生态环境损害、应急处置与清污费用、法律费用"等赔偿范围。同时，明确了投保程序，设定了"开展环境风险评估、协商确定责任限额和保费、订立合同、开展环境风险管理、及时进行理赔、办理续保手续、依法处理争议"7项投保程序及各单位对应责任。

6.1 基本概念与法律法规

6.1.1 名词解释

6.1.1.1 突发环境事件

答案：指由于污染物排放或者自然灾害、安全生产事故等因素，导致污染物或者放射性物质等有毒有害物质进入大气、水体、土壤等环境介质，突然造成或者可能造成环境质量下降，危及公众身体健康和财产安全，或者造成生态环境破坏，或者造成重大社会影响，需要采取紧急措施予以应对的事件，主要包括大气污染、水体污染、土壤污染等突发性环境污染事件和辐射污染事件。

依据：《甘肃省环境污染强制责任保险企业环境风险评估指南》。

6.1.1.2 突发环境事件风险

答案：指企业发生突发环境事件的可能性及可能造成的危害程度。

依据：《企业突发环境事件风险分级方法》（HJ 941—2018）。

6.1.1.3　突发环境事件风险物质

答案：指具有有毒、有害、易燃易爆、易扩散等特性，在意外释放条件下可能对企业外部人群和环境造成伤害、污染的化学物质。

依据：《企业突发环境事件风险分级方法》（HJ 941—2018）。

6.1.1.4　突发环境事件风险物质的临界量

答案：指根据物质毒性、环境危害性以及易扩散特性，对某种或某类突发环境事件风险物质规定的数量。

依据：《甘肃省环境污染强制责任保险企业环境风险评估指南》。

6.1.1.5　环境污染强制责任保险

答案：指以从事环境高风险生产经营活动的企业事业单位或其他生产经营者因其污染环境导致损害应当承担的赔偿责任为标的的强制性保险。

依据：《关于开展环境污染强制责任保险试点工作的指导意见》（环发〔2013〕10 号）。

6.1.1.6　渐进性环境风险

答案：指企业在依法从事经营生产活动的过程中长期向外部环境中排放污染物，当所排放的污染物经过一定时间的累积，其浓度或总量超过了该区域环境容量和人体健康接受浓度，进而对生态环境和人体健康造成的致害后果。

依据：《甘肃省环境污染强制责任保险企业环境风险评估指南》。

6.1.1.7　渐进性环境风险物质

答案：指对生态环境和人体健康具有危害大、难以降解并长期持久存在，且可能通过食物链进入生态系统和人体并富集的有毒有害化学品。

依据：《甘肃省环境污染强制责任保险企业环境风险评估指南》。

6.1.1.8　环境风险单元

答案：指长期地或临时地生产、加工、使用或储存风险物质的一个（套）装置、设施或场所，或同属一个企业的且边缘距离小于 500 m 的几个（套）装置、设施或场所。

依据：《企业突发环境事件风险分级方法》（HJ 941—2018）。

6.1.1.9　环境风险受体

答案：指在突发环境事件中可能受到危害的企业外部人群、具有一定社会、经济价值或者生态环境功能的单位或者区域等。

依据：《企业突发环境事件风险分级方法》（HJ 941—2018）。

6.1.2　单项选择题

6.1.2.1　各地环保、保险监管部门要积极协调当地政府有关部门，推进本行政区域环境污染责任保险制度的实施。其中，环保部门会同保险监管部门负责（　　）。

A. 加强行业监督管理，推进环境责任保险市场的规范

B. 提出投保企业或设施的范围以及损害赔偿标准

C. 开发环境责任险产品

D. 加强环境风险管理，主动如实报告有关信息

答案：B

依据：《关于环境污染责任保险工作的指导意见》（环发〔2007〕189 号）。

6.1.2.2　充分发挥政府部门政策制度的引领推动作用，引导保险市场激发活力、提高效率，鼓励支持环境污染强制责任保险管理平台主体、（　　）和企业参与环境污染强制责任保险工作。

A. 相关政府部门　　　　　　　　B. 承保机构

C. 保险机构　　　　　　　　　　D. 保险监督管理机构

答案：B

依据：《甘肃省环境污染强制责任保险试点工作实施方案》提出，鼓励支持环境污染强制责任保险管理平台主体、承保机构和企业参与环境污染强制责任保险工作。

6.1.2.3　2015 年 9 月，中共中央、国务院出台《生态文明体制改革总体方案》，其中明确指出"在（　　）建立环境污染强制责任保险制度"。

A. 风险企业　　　　　　　　　　B. 环境高风险领域

C. 环境敏感目标领域　　　　　　D. 风险源聚集度高

答案：B

依据：《生态文明体制改革总体方案》。

6.1.2.4　投保企业应建立环境污染强制责任保险制度，积极配合好（　　）等工作，及时向承保机构提交相关投保手续，配合开展事故调查和保险赔偿定损。

A. 风险评估　　　　　　　　　　B. 环境风险评估和隐患排查

C. 应急能力建设　　　　　　　　D. 环境风险识别

答案：B

依据：《甘肃省环境污染强制责任保险试点工作实施方案》（甘环法发〔2022〕2 号）。

6.1.2.5　《"十四五"节能减排综合工作方案》提出完善经济政策若干措施，指出积极推进（　　）企业投保环境污染责任保险。

A．环境高风险领域

B．环境敏感领域

C．风险聚集

D．以上均不对

答案： A

依据：《国务院关于印发"十四五"节能减排综合工作方案的通知》（国发〔2021〕33 号）。

6.1.2.6　危险废物相关企业依法及时公开危险废物污染环境防治信息，依法依规投保（　　）。

A．环境污染责任强制保险

B．环境污染责任保险

C．环境保护税

D．以上均不对

答案： B

依据：《国务院办公厅关于印发强化危险废物监管和利用处置能力改革实施方案的通知》。

6.1.3　多项选择题

6.1.3.1　各地环保、保险监管部门要积极协调当地政府有关部门，推进本行政区域环境污染责任保险制度的实施；环保部门会同保险监管部门从防范环境风险出发，（　　）；保险监管部门加强行业监督管理，（　　）；保险公司积极（　　），按市场经济法律法规要求履行保险人的责任；投保企业（　　）。

A．提出投保企业或设施的范围以及损害赔偿标准等

B．推进环境责任保险市场的规范

C．开发环境责任险产品

D．加强环境风险管理，主动如实报告有关信息

答案： ABCD

依据：《关于环境污染责任保险工作的指导意见》（环发〔2007〕189 号）。

6.1.3.2　《甘肃省环境污染强制责任保险试点工作实施方案》提出，要坚持以（　　）、（　　）、周边环境敏感的行业企业为重点，按照先重后轻、先急后缓的顺序，分类别分阶段逐步将环境污染强制责任保险向自主责任保险推进。

A．风险大

B．污染重

    C．风险源强   D．排污量大

    答案：AB

    依据：《甘肃省环境污染强制责任保险试点工作实施方案》。

6.1.3.3 2013 年 1 月 21 日，环境保护部和国家银保监会联合出台《关于开展环境污染强制责任保险试点工作的指导意见》（环发〔2013〕10 号），明确了环境污染强制责任保险的（ ）、（ ）、（ ）和投保程序等。

    A．试点企业范围   B．保险行业推荐名单

    C．保险条款和保险费率的设计要求   D．风险评估

    答案：ACD

    依据：《关于开展环境污染强制责任保险试点工作的指导意见》（环发〔2013〕10 号）。

6.1.3.4 甘肃银保监局依法进行业务监督，指导承保机构（ ）等工作，督促承保机构依法合规经营、有序竞争；依法（ ）行为，维护保险市场秩序，配合生态环境部门协调解决推进过程中的问题。

    A．开展好各项承保、理赔   B．查处违法违规

    C．做好风险评估工作   D．制定投保企业名录

    答案：AB

    依据：《甘肃省环境污染强制责任保险试点工作实施方案》。

6.1.3.5 甘肃省金融监管局负责配合生态环境部门做好承保机构的（ ）工作，督促其积极开展（ ）、（ ）等工作，引导其提升保险保障服务水平，确保市场有序、合规、稳健发展。

    A．协调服务   B．承保理赔

    C．查勘定损   D．监督管理

    答案：ABC

    依据：《甘肃省环境污染强制责任保险试点工作实施方案》。

6.1.3.6 2022 年，甘肃银保监局联合省生态环境厅、省地方金融监管局印发《甘肃省环境污染强制责任保险试点工作实施方案》，按照（ ）、（ ）、（ ）的方法积极稳妥推进环境污染强制责任保险试点工作。

    A．高危先行   B．重点突破

    C．分步实施   D．稳步推进

    答案：ABC

依据：《甘肃省环境污染强制责任保险试点工作实施方案》。

6.1.4 判断题

6.1.4.1 我国第一部提出环境污染责任保险的制度性文件是 2006 年国务院出台《国务院关于保险业改革发展的若干意见》（国发〔2006〕23 号）。

答案：√

依据：2006 年，国务院出台《国务院关于保险业改革发展的若干意见》（国发〔2006〕23 号）指出要大力发展环境污染责任保险在内的责任保险。

6.1.4.2 2022 年，甘肃省印发《甘肃省环境污染强制责任保险试点工作实施方案》，是作为深入贯彻习近平生态文明思想，全面落实《甘肃省人民政府办公厅关于构建绿色金融体系的意见》（甘政办发〔2018〕1 号）和《甘肃省人民政府办公厅印发关于金融助力实体经济高质量发展若干措施的通知》（甘政办发〔2021〕35 号）的重要举措。

答案：√

依据：《甘肃省环境污染强制责任保险试点工作实施方案》（甘环法发〔2022〕2 号）。

6.1.4.3 保险监管部门要加强对保险机构的监管，督促保险机构认真履行保险合同，为投保企业提供保障。

答案：√

依据：《关于开展环境污染强制责任保险试点工作的指导意见》（环发〔2013〕10 号）。

6.1.4.4 保险公司要加强对污染企业的环境监管，促进企业提高防范污染事故的水平。

答案：×

依据：《关于开展环境污染强制责任保险试点工作的指导意见》（环发〔2013〕10 号）提出，环保部门要加强对污染企业的环境监管，促进企业提高防范污染事故的水平。

6.1.4.5 环保部门、保监部门加大执法力度，履行监管职责，增强企业环保责任意识和风险防范意识，规范和壮大环境污染责任保险市场，有效化解污染事故带来的环境和社会矛盾。

答案：√

依据：《关于环境污染责任保险工作的指导意见》（环发〔2007〕189 号）。

6.1.4.6 《关于环境污染责任保险工作的指导意见》（环发〔2007〕189 号）指出，各省、自治区、直辖市及有立法权的市可以在有关地方环保法中增加"环境污染责任保险"条款。

答案： √

依据： 《关于环境污染责任保险工作的指导意见》（环发〔2007〕189号）。

6.1.4.7 为贯彻落实2016年由中国人民银行、环境保护部、银监会等7部门联合印发的《关于构建绿色金融体系的指导意见》（银发〔2016〕228号）中关于"由环境保护部门会同保险监管机构发布实施性规章"的要求，环境保护部和保监会联合研究制定了《环境污染强制责任保险管理办法（征求意见稿）》。

答案： √

依据： 《关于构建绿色金融体系的指导意见》（银发〔2016〕228号）。

6.1.4.8 参与甘肃省环境污染强制责任保险的承保机构,应当在全省境内有经营责任保险的资质,其中高风险业务应有总公司的授权。

答案： √

依据： 《甘肃省环境污染强制责任保险试点工作实施方案》。

6.1.4.9 参与甘肃省环境污染强制责任保险的承保机构省级分公司,应具备完善的环境责任保险管理制度体系,内控管理良好,近5年内未因责任保险业务受到重大行政处罚。

答案： ×

依据： 根据《甘肃省环境污染强制责任保险试点工作实施方案》，省级分公司应具备完善的环境责任保险管理制度体系，内控管理良好，近3年内未因责任保险业务受到重大行政处罚。

6.1.4.10 承保机构应及时将企业投保、理赔等信息录入管理平台。

答案： √

依据： 《关于开展环境污染强制责任保险试点工作的指导意见》（环发〔2013〕10号）。

6.1.4.11 《"无废城市"建设试点工作方案》指出，到2020年，在试点城市危险废物经营单位全面推行环境污染责任保险。

答案： √

依据： 《"无废城市"建设试点工作方案》"（六）激发市场主体活力，培育产业发展新模式：到2020年，在试点城市危险废物经营单位全面推行环境污染责任保险"。

6.1.4.12 2013年印发的《国务院关于加快发展节能环保产业的意见》中提出，要加快发展生态环境修复、环境风险与损害评价、排污权交易、绿色认证、环境污染责任保险等新兴环保服务业。

答案： √

依据：《国务院关于加快发展节能环保产业的意见》（国发〔2013〕30 号）。

6.1.5　填空题

6.1.5.1　环境污染责任保险是以企业发生污染事故对（　）造成的损害依法应承担的赔偿责任为标的的保险。

　　答案：第三者

　　依据：《关于开展环境污染强制责任保险试点工作的指导意见》（环发〔2013〕10 号）。

6.1.5.2　2007 年，国家环境保护总局印发《关于环境污染责任保险工作的指导意见》，提出开展环境污染责任保险工作的指导原则是（　）。

　　答案：政府推动，市场运作；突出重点，先易后难；严格监管，稳健经营；互惠互利，双赢发展。

　　依据：《关于环境污染责任保险工作的指导意见》（环发〔2007〕189 号）。

6.1.5.3　建立环境污染强制责任保险制度，要坚持以（　）为导向，按照高危先行、重点突破、分步实施的方法积极稳妥推进，进一步拓宽生态环境损害赔偿渠道。

　　答案：市场化

　　依据：《甘肃省环境污染强制责任保险试点工作实施方案》（甘环法发〔2022〕2 号）。

6.1.5.4　有序推进环境污染责任强制保险，坚决落实"（　）、（　）"的制度规定，依法严格履行保险责任义务和生态环境损害赔偿责任，确保环境风险得到及时控制，受损生态环境得到有效修复

　　答案：环境有价、损害担责

　　依据：《甘肃省环境污染强制责任保险试点工作实施方案》（甘环法发〔2022〕2 号）。

6.1.5.5　2016 年 8 月，经习近平总书记主持召开的中央全面深化改革领导小组审议通过，国务院同意，由人民银行、环境保护部、银监会等 7 部门联合印发的《关于构建绿色金融体系的指导意见》规定：在（　）建立环境污染强制责任保险制度。

　　答案：环境高风险领域

　　依据：《关于构建绿色金融体系的指导意见》。

6.1.5.6　在甘肃省境内参与环境污染强制责任保险的承保机构，其拟开办的环境污染责任保险业务产品需按照规定向（　）部门审批或者备案。

　　答案：银行保险监管

　　依据：《甘肃省环境污染强制责任保险试点工作实施方案》（甘环法发〔2022〕2 号）。

6.1.5.7 《水污染防治行动计划》提出，鼓励涉重金属、石油化工、危险化学品运输等高环境风险行业投保（　　）。

　　答案：环境污染责任保险

　　依据：《水污染防治行动计划》。

6.1.5.8 《国务院关于加强环境保护重点工作的意见》（国发〔2011〕35号）指出，健全环境污染责任保险制度，开展（　　）。

　　答案：环境污染强制责任保险试点

　　依据：《国务院关于加强环境保护重点工作的意见》（国发〔2011〕35号）。

6.1.6　简答题

6.1.6.1 简述环境污染责任保险主要作用。

　　答案：利用保险工具来参与环境污染事故处理，有利于分散企业经营风险，促使其快速恢复正常生产；有利于发挥保险机制的社会管理功能，利用费率杠杆机制促使企业加强环境风险管理，提升环境管理水平；有利于使受害人及时获得经济补偿，稳定社会经济秩序，减轻政府负担，促进政府职能转变。

　　依据：《关于环境污染责任保险工作的指导意见》（环发〔2007〕189号）。

6.1.6.2 简述《甘肃省环境污染强制责任保险试点工作实施方案》中，对于生态环境部门工作职责的主要内容。

　　答案：省生态环境厅会同甘肃银保监局、省金融监管局负责统筹推进全省环境污染强制责任保险工作，制定实施意见和管理办法，明确保险范围和赔偿责任范围，确定环境污染强制责任保险承保机构条件。充分利用环境监管手段，推动环境高风险、重污染企业积极投保。强化信息公开，公布投保企业相关环境信息。市级生态环境局根据确定的投保企业范围，确定辖区内环境污染强制责任保险企业名单，开展企业参加环境污染强制责任保险管理，加强承保机构与投保企业的协调联络。

　　依据：《甘肃省环境污染强制责任保险试点工作实施方案》。

6.1.6.3 按照《甘肃省环境污染强制责任保险试点工作实施方案》的规定，甘肃省环责险管理平台主体的职责范围是什么？

　　答案：环责险管理平台主体严格履行委托责任和义务，积极为政府部门发挥监督管理作用提供咨询服务。在平台功能建设方面，具备投保企业信息管理、投保、理赔、环境风险防控服务、承保机构和专业第三方服务机构管理等功能，实现环境污染强制责任保险全流程管理；在数据分析及服务质量监控方面，对投保企业投保情况、承保机构环境风险管控服务情况进行分析，制定评分规则，及时调整服务差或不到位的承保机构，督促承保机构帮助投保企业提升环境风险管理和防范能力。

依据：《甘肃省环境污染强制责任保险试点工作实施方案》。

6.1.6.4　2022 年，甘肃银保监局联合省生态环境厅、省地方金融监管局印发《甘肃省环境污染强制责任保险试点工作实施方案》，其中试点企业范围有哪些？

答案：将涉重金属行业、涉危险废物行业、涉尾矿库企业、从事石油和天然气开采等环境高风险行业、发生过《甘肃省突发环境事件应急预案》规定突发环境事件的企业、生产《环境保护综合名录》所列具有高环境风险特性产品及《优先控制化学品名录》中所列化学品产品的企业，纳入环境污染强制责任保险试点范围，鼓励上述情形之外的其他排污企业投保环境污染强制责任保险。

依据：《甘肃省环境污染强制责任保险试点工作实施方案》。

6.2　投保与承保

6.2.1　名词解释

6.2.1.1　应急处置与清污费用

答案：发生保险责任范围内的环境污染事故，投保企业、第三者或者政府有关部门为避免或减少第三者人身损害、财产损失或者生态环境损害而支出的必要、合理的应急监测及处置费用、污染物清理及处置费用。

依据：《甘肃省环境污染强制责任保险试点工作实施方案》。

6.2.1.2　第三者人身损害

答案：投保单位因突发环境事件或者生产经营活动中污染环境，导致第三者生命、健康、身体遭受侵害，造成人体疾病、伤残、死亡等，依法应当承担的赔偿费用。

依据：《甘肃省环境污染强制责任保险试点工作实施方案》。

6.2.1.3　第三者财产损失

答案：投保单位因突发环境事件或者生产经营活动中污染环境，造成第三者财产损失，依法应当承担的赔偿费用。

依据：《甘肃省环境污染强制责任保险试点工作实施方案》。

6.2.1.4 应急处置与清污费用

答案：投保单位、第三者或者政府有关部门，为避免或者减少第三者人身损害、财产损失或者生态环境损害，支出的应急监测及处置费用、污染物清理及处理费用。

依据：《甘肃省环境污染强制责任保险试点工作实施方案》。

6.2.2 单项选择题

6.2.2.1 甘肃省环境污染强制责任保险投保程序包括开展环境风险评估，（ ），订立合同，开展环境风险管理服务，及时进行理赔，办理续保手续，依法处理争议。

A. 协商确定责任限额和保费　　　　B. 制定保险方案

C. 开展现场勘查　　　　　　　　　D. 手机企业风险管理资料

答案：A

依据：《甘肃省环境污染强制责任保险试点工作实施方案》。

6.2.2.2 环境污染强制责任保险费率应当按照（ ）和保本微利原则科学合理厘定，最大限度减轻投保企业负担。

A. 等价原则　　　　　　　　　　　B. 环境价值

C. 环境损害　　　　　　　　　　　D. 风险损失补偿

答案：D

依据：《甘肃省环境污染强制责任保险试点工作实施方案》。

6.2.2.3 拟投保企业和承保机构签订的保险合同约定的责任限额，不得低于（ ）。

A. 责任限额　　　　　　　　　　　B. 保额

C. 最低责任限额　　　　　　　　　D. 赔偿额度

答案：C

依据：《甘肃省环境污染强制责任保险试点工作实施方案》。

6.2.2.4 除另有约定外，甘肃省规定保险期限为（ ），以保险单载明的起讫时间为准。

A. 1年　　　　　　　　　　　　　B. 2年

C. 3年　　　　　　　　　　　　　D. 5年

答案：A

依据：《甘肃省环境污染强制责任保险试点工作实施方案》。

6.2.2.5 企业投保期满应当及时续保，投保期间按照规定做好环境污染防范，且未发生环境污染事故的，续保时承保机构应当（ ）其保险费率。

A．降低　　　　　　　　　　　B．提高

C．维持　　　　　　　　　　　D．减免

答案：A

依据：《甘肃省环境污染强制责任保险试点工作实施方案》。

6.2.2.6　《中华人民共和国环境保护法》第五十二条规定，国家鼓励投保（　　）。

A．环境污染责任保险　　　　　B．环境污染责任强制保险

C．环境保护税　　　　　　　　D．环境责任险

答案：A

依据：《中华人民共和国环境保护法》第五十二条。

6.2.3　多项选择题

6.2.3.1　甘肃省环境污染强制责任保险赔偿范围包括（　　）等情形。

A．第三者人身损害和财产损失　　B．生态环境损害

C．应急处置与清污费用　　　　　D．法律事务费用

答案：ABCD

依据：《甘肃省环境污染强制责任保险试点工作实施方案》。

6.2.3.2　环境污染强制责任保险费率包括（　　）。

A．附加费率　　　　　　　　　B．基准费率

C．保险保额　　　　　　　　　D．浮动费率

答案：BD

依据：《甘肃省环境污染强制责任保险试点工作实施方案》。

6.2.3.3　基准费率按照拟投保企业（　　）、生产经营规模、（　　）、服务频次等因素确定。

A．主营业务行业类型　　　　　B．风险等级

C．地理位置　　　　　　　　　D．环境敏感保护目标

答案：A、B

依据：《甘肃省环境污染强制责任保险试点工作实施方案》。

6.2.3.4　浮动费率在基准费率基础上，综合考虑拟投保企业管理水平、（　　）等因素，实行差别化浮动。

A．主营业务行业类型　　　　　B．环境污染情况

C．环境信用评价等级　　　　　D．风险等级

答案：BC

依据：《甘肃省环境污染强制责任保险试点工作实施方案》。

6.2.3.5 环境污染强制责任保险最低责任限额由市生态环境主管部门组织相关部门根据不同环境风险的单位可能致使第三者以及生态环境（　　）等因素确定或者调整。

A. 遭受损害范围　　　　　　　B. 程度

C. 污染因子种类　　　　　　　D. 损害

答案：AB

依据：《关于开展环境污染强制责任保险试点工作的指导意见》（环发〔2013〕10号）。

6.2.3.6 单位在投保前，应当向保险公司提交（　　）等与投保相关的材料。

A. 排污许可证　　　　　　　　B. 环境风险应急预案

C. 环境影响报告书　　　　　　D. 危险废物经营许可

答案：AB

依据：《关于开展环境污染强制责任保险试点工作的指导意见》（环发〔2013〕10号）。

6.2.4　判断题

6.2.4.1 由受到损害的第三者在保险期间内首次向被保险人提出损害赔偿请求，依法应由投保企业承担的经济赔偿责任，承保机构按照保险合同约定负责赔偿。

答案：√

依据：《甘肃省环境污染强制责任保险试点工作实施方案》。

6.2.4.2 甘肃省确定的生态环境损害包括生态环境修复费用，生态环境修复期间服务功能的损失和生态环境功能永久性损害造成的损失，生态环境损害赔偿调查、鉴定评估、生态环境损害修复效果评估等合理费用。

答案：√

依据：《甘肃省环境污染强制责任保险试点工作实施方案》。

6.2.4.3 国家和地方环保部门要开展高污染、高环境风险企业和工艺设施的调查，充分评估其环境风险和影响，制定开展环境污染责任保险的行业与工艺指导目录。

答案：√

依据：《关于环境污染责任保险工作的指导意见》（环发〔2007〕189号）。

6.2.4.4 承保机构应当向拟投保企业如实、完整地说明环境污染强制责任保险内容，在全甘肃省统一基础上与企业协商确定保额和费率。

答案： √

依据：《甘肃省环境污染强制责任保险试点工作实施方案》。

6.2.4.5　投保企业为所属集团公司在甘肃省设立的分支机构，应当按照要求单独购买环境污染强制责任保险。

答案： √

依据：《甘肃省环境污染强制责任保险试点工作实施方案》。

6.2.4.6　甘肃省内同一法人单位在本省不同地点设立的企业，可以统一购买环境污染强制责任保险。

答案： √

依据：《甘肃省环境污染强制责任保险试点工作实施方案》。

6.2.4.7　对未按照规定做好环境污染防范，或投保期发生环境污染事故，续保时承保机构应当在下一年度提高其保险费率。

答案： √

依据：《甘肃省环境污染强制责任保险试点工作实施方案》。

6.2.4.8　甘肃省环境污染强制责任保险实行全省统一的保险条款、基础保险费率及其调节系数、最低责任限额，并根据投保企业的环境风险变化情况实行浮动费率。

答案： √

依据：《甘肃省环境污染强制责任保险试点工作实施方案》。

6.2.4.9　收集、贮存、运输、利用、处置危险废物的单位，应当按照国家有关规定，投保环境污染责任保险。

答案： √

依据：《中华人民共和国固体废物污染环境防治法》第九十九条规定：收集、贮存、运输、利用、处置危险废物的单位，应当按照国家有关规定，投保环境污染责任保险。

6.2.5　填空题

6.2.5.1　第三者人身损害和财产损失包括由于环境污染造成承保区域内的第三者的生命、健康、身体遭受侵害，造成人体疾病、伤残、死亡等，以及（　　）或价值减少。

答案： 第三者财产损毁

依据：《甘肃省环境污染强制责任保险试点工作实施方案》。

6.2.5.2　生态环境损害包括生态环境修复费用，（　　）和生态环境功能永久性损害造成的损失，生态环境损害赔偿调查、鉴定评估、生态环境损害修复效果评估等合理费用。

答案： 生态环境修复期间服务功能的损失

依据：《甘肃省环境污染强制责任保险试点工作实施方案》。

6.2.5.3 环境污染强制责任保险实行甘肃省统一的保险条款、（　　）、最低责任限额，并根据投保企业的环境风险变化情况实行浮动费率。

答案： 基础保险费率及其调节系数

依据：《甘肃省环境污染强制责任保险试点工作实施方案》。

6.2.5.4 经过环境风险评估、协商确定责任限额和费率后，应当及时签订保险合同，并将投保信息报送当地生态环境部门和（　　）。

答案： 保险监管部门

依据：《甘肃省环境污染强制责任保险试点工作实施方案》。

6.2.5.5 同时约定了免赔额和免赔率的，免赔金额以免赔额和按照免赔率计算的金额二者以（　　）者为准。

答案： 高

依据：《甘肃省环境污染强制责任保险试点工作实施方案》。

6.2.5.6 多次发生环境违法行为、环境污染事故，或者发生较大以上突发环境事件的，承保机构可（　　）其保险费率的幅度。

答案： 提高

依据：《甘肃省环境污染强制责任保险试点工作实施方案》。

6.2.5.7 银行保险监管部门定期对保险公司的环境污染强制责任保险业务情况进行核查，根据总体盈利或者亏损情况，可以组织调整保险条款、（　　）和浮动费率。

答案： 基础保险费率

依据：《关于开展环境污染强制责任保险试点工作的指导意见》（环发〔2013〕10号）。

6.2.5.8 环境污染强制责任保险的保险期通常为（　　）年。

答案： 1

依据：《关于开展环境污染强制责任保险试点工作的指导意见》（环发〔2013〕10号）。

6.2.6　简答题

6.2.6.1 简述甘肃省环境污染强制责任保险企业范围。

答案：（1）涉重金属行业：从事铜、铅锌、镍钴、锡、锑采选冶炼，铅蓄电池极板制造、组装，皮革鞣制加工，电镀，生产活动中使用含汞催化剂生产氯乙烯、氯碱、乙醛、聚氨酯等；（2）涉危险废物行业：从事收集、贮存、运输、利用、处置危险废物的企业，危险废物产生单位自行焚烧、填埋危险废物的；（3）涉尾矿库企业：使用尾矿库，且环境风险等级根据《尾矿库环境风险评估技术导则（试行）》（HJ 740—2015）评估结果为较大及以上的；（4）其他环境高风险行业：从事石油和天然气开采的，石油加工、管道（石油、天然气）运输的，化学原料、化学药品原料药以及化学制品制造等，拥有Ⅲ类以上移动放射源的，排放二噁英的；运输、搬运或贮存危险化学品的，其他根据《企业突发环境事件分级方法》评估结果为较大以上的，以及生态环境部门评定为其他具有较高环境风险的；（5）省政府办公厅印发《甘肃省突发环境事件应急预案》以来，发生过该预案规定的突发环境事件；（6）生产《环境保护综合名录》中所列具有高环境风险特性的产品，或者生产《优先控制化学品名录》中所列化学品产品的；（7）国务院规定或者国务院授权生态环境部门会同金融监管部门规定应当投保环境污染强制责任保险的其他情形。

依据：《甘肃省环境污染强制责任保险试点工作实施方案》。

6.2.6.2　甘肃省对于承保机构资质规定具体有哪些要求？

答案：在甘肃省境内有经营责任保险的资质，其中高风险业务应有总公司的授权；拟开办的环境污染责任保险业务产品需按照规定向银行保险监管部门审批或者备案；省级分公司应具备完善的环境责任保险管理制度体系，内控管理良好，近 3 年内未因责任保险业务受到重大行政处罚；有专门的责任保险管理部门，并配备 5 名以上责任保险专业人员，具有较强的核保核赔和风险管理能力；在市（州）区域内经营环境污染强制责任保险业务的，应在当地设有分支机构，其中高风险业务应有省级分公司的授权，最近 3 年内未因责任保险业务受到监管部门重大行政处罚；经营环境污染强制责任保险的分支机构，应有较为完善的责任保险承保、理赔、风险管理、保险服务等制度，能够满足责任保险业务管理和服务要求的信息系统、查勘设备和交通工具等办公条件，并配备不少于 3 名具有责任保险经验的专业人员。

依据：《甘肃省环境污染强制责任保险试点工作实施方案》。

6.3 风险评估与排查服务

6.3.1 名词解释

略。

6.3.2 单项选择题

6.3.2.1 《甘肃省环境污染强制责任保险试点工作实施方案》规定，拟投保企业已按照国家有关规定制定并发布突发环境事件应急预案的，应当将突发环境事件应急预案中的环境风险评估报告和说明材料提交（   ）。

    A. 生态环境部门   B. 银保监会

    C. 承保机构   D. 投保企业

    答案：C

    依据：《甘肃省环境污染强制责任保险试点工作实施方案》。

6.3.2.2 突发环境事件风险评估首先应进行（   ）。

    A. 资料调查   B. 突发环境事件风险物质识别

    C. 风险受体评估   D. 风险等级确定

    答案：B

    依据：《甘肃省环境污染强制责任保险企业环境风险评估指南》。

6.3.2.3 突发大气环境事件风险分级主要内容包括计算涉气风险物质数量与临界量比值（Q）、（   ）、大气环境风险受体敏感程度（E）评估，按照风险划分矩阵表确定企业突发大气环境风险等级。

    A. 风险物质识别

    B. 生产工艺过程与大气环境风险控制水平（M）评估

    C. 风险受体识别评估

    D. 临界量确定

    答案：B

    依据：《甘肃省环境污染强制责任保险企业环境风险评估指南》。

6.3.2.4 企业周边 500 m 范围内工业企业固定资产总值 3 亿元以上，按照《甘肃省环境污染强制责任保险企业环境风险评估指南》，大气环境风险受体敏感程度类型应划分为（　　）。

    A．类型 1（$E1$）   B．类型 2（$E2$）

    C．类型 3（$E3$）

    答案：A

    依据：《甘肃省环境污染强制责任保险企业环境风险评估指南》。

6.3.2.5   企业周边 1 km 范围内经济作物、哺乳类经济动物、珍禽类经济动物、药用及其他经济动物年产值 500 万元以上，按照《甘肃省环境污染强制责任保险企业环境风险评估指南》，大气环境风险受体敏感程度类型应划分为（　　）。

    A．类型 1（$E1$）   B．类型 2（$E2$）

    C．类型 3（$E3$）

    答案：A

    依据：《甘肃省环境污染强制责任保险企业环境风险评估指南》。

6.3.2.6   企业周边 500 m 范围内工业企业固定资产总值 1 亿元以上、3 亿元以下，按照《甘肃省环境污染强制责任保险企业环境风险评估指南》，大气环境风险受体敏感程度类型应划分为（　　）。

    A．类型 1（$E1$）   B．类型 2（$E2$）

    C．类型 3（$E3$）

    答案：B

    依据：《甘肃省环境污染强制责任保险企业环境风险评估指南》。

6.3.2.7   企业周边 5 km 范围内居住区、医疗卫生机构、文化教育机构、科研单位、行政机关、企事业单位、商场、公园等人口总数 1 万人以下，且企业周边 500 m 范围内人口总数 500 人以下，按照《甘肃省环境污染强制责任保险企业环境风险评估指南》，大气环境风险受体敏感程度类型应划分为（　　）。

    A．类型 1（$E1$）   B．类型 2（$E2$）

    C．类型 3（$E3$）

    答案：C

    依据：《甘肃省环境污染强制责任保险企业环境风险评估指南》。

6.3.2.8   近（　　）年内发生过较大以上环境污染事件的企业，在已评定的环境风险等级基础上调高（　　）级，最高等级为重大。

A. 5，2   B. 3，2

C. 5，1   D. 3，1

答案： A

依据：《甘肃省环境污染强制责任保险企业环境风险评估指南》。

6.3.3　多项选择题

6.3.3.1　投保后，承保机构或承保机构委托的专业机构应当通过环责险管理平台建档并开展环境风险管理服务，主要包含（　）。

A. 环责险管理平台相关信息录入和使用

B. 环境风险管理指导

C. 排查企业环境风险隐患

D. 及时预警环境风险隐患、提出环境风险隐患整改措施

答案： ABCD

依据：《甘肃省环境污染强制责任保险试点工作实施方案》。

6.3.3.2　企业下设多个距离较远的独立厂区（超过 1 km 或有明显的物理间隔，例如山、河流、峡谷等），应（　）分别进行评估，每个厂区应（　）环境风险等级，按照风险等级评估结果（　）各厂区的投保责任限额。

A. 按厂区   B. 单独确定

C. 分别确定   D. 独立核算

答案： ABC

依据：《甘肃省环境污染强制责任保险试点工作实施方案》。

6.3.3.3　按照《甘肃省环境污染强制责任保险企业环境风险评估指南》，下列哪几种情况划分为水环境风险受体敏感程度类型 2（$E2$）？（　）

A. 废水排入受纳水体后 24 h 流经范围（按受纳河流最大日均流速计算）内涉及跨国界的

B. 企业周边 1 km 范围内经济作物、哺乳类经济动物、珍禽类经济动物、药用及其他经济动物年产值 500 万元以上

C. 企业雨水排口、清净废水排口、污水排口下游 10 km 流经范围内涉及跨省界的

D. 企业位于熔岩地貌、泄洪区、泥石流多发等地区

答案： CD

依据：《甘肃省环境污染强制责任保险企业环境风险评估指南》。

6.3.3.4　按照《甘肃省环境污染强制责任保险企业环境风险评估指南》，（　　）等行为受到环境保护主管部门处罚的企业，在已评定的环境风险等级基础上调高一级，最高等级为重大。

A．近 3 年内因违法排放污染物　　　B．非法转移处置危险废物

C．受到当地生态环境部门处罚　　　D．以上均是

答案：AB

依据：《甘肃省环境污染强制责任保险企业环境风险评估指南》。

6.3.3.5　甘肃省依照"风险越高、保额越高，管理越好，保额越低"的原则，投保限额选择主要由（　　）和（　　）两大因素决定。

A．企业环境风险评估等级　　　B．企业环境受体

C．环境风险管理水平　　　D．企业危险化学品贮存量

答案：AC

依据：《甘肃省环境污染强制责任保险企业环境风险评估指南》。

6.3.4　判断题

6.3.4.1　承保前，保险公司应对投保企业进行风险评估，根据企业生产性质、规模、管理水平及危险等级等要素合理厘定费率水平。

答案：√

依据：《关于开展环境污染强制责任保险试点工作的指导意见》（环发〔2013〕10 号）。

6.3.4.2　承保机构或承保机构委托的专业机构应及时对投保企业问题整改完成情况进行认定，形成书面材料留档并报当地生态环境部门。

答案：√

依据：《甘肃省环境污染强制责任保险试点工作实施方案》。

6.3.4.3　企业有毗邻的多个独立厂区，可以按厂区分别进行评估，以等级高者确定企业环境风险等级，按照风险等级评估结果确定投保责任限额，多个厂区不能共享保单下的投保限额。

答案：×

依据：《甘肃省环境污染强制责任保险试点工作实施方案》指出，企业有毗邻的多个独立厂区，可以按厂区分别进行评估，多个厂区可以共享保单下的投保限额。

6.3.4.4 根据企业所属行业选择相应评估指标表,采用评分法对企业生产工艺过程与大气环境风险控制水平进行评估。

　　答案: √

　　依据:《甘肃省环境污染强制责任保险企业环境风险评估指南》。

6.3.4.5 《甘肃省环境污染强制责任保险企业环境风险评估指南》规定,由于危险废物治理企业涉及的风险物质多为混合物、组分不固定且都属于高风险物质,Q 值计算不再考虑将风险物质折算为纯净物,直接按照《危险废物经营许可证》上标明的年收集、处理量作为划分依据,将 Q 划分为 3 个水平。

　　答案: √

　　依据:《甘肃省环境污染强制责任保险企业环境风险评估指南》。

6.3.5 填空题

6.3.5.1 承保后,保险公司要主动定期对投保企业环境事故预防工作进行检查,及时指出隐患与不足,并提出书面整改意见,督促投保企业加强事故预防能力建设,并将有关情况报送( )。

　　答案: 当地环保部门

　　依据:《关于开展环境污染强制责任保险试点工作的指导意见》(环发〔2013〕10 号)。

6.3.5.2 企业投保或者续签保险合同前,按照《甘肃省环境污染强制责任保险企业环境风险评估指南》,通过( )开展环境风险评估,如实反映环境风险信息。

　　答案: 环责险管理平台

　　依据:《甘肃省环境污染强制责任保险企业环境风险评估指南》。

6.3.5.3 《甘肃省环境污染强制责任保险企业环境风险评估指南》规定,近( )年内如企业已经按《企业突发环境事件风险分级方法》(HJ 941—2018)进行评估并已随突发环境事件应急预案备案的,可以沿用之前风险评估的结果。

　　答案: 3

　　依据:《甘肃省环境污染强制责任保险企业环境风险评估指南》。

6.3.5.4 《甘肃省环境污染强制责任保险企业环境风险评估指南》针对输油管线企业、涉尾矿库企业以及油气勘探开发、炼油、化工、销售、储运等企业,其风险评估分别适用( )等评估指南。

　　答案:《输油管道环境风险评估与防控技术指南》(GB/T 38076—2019)、《尾矿库环境风险评估技术导则（试行）》（HJ 740—2015）、《中国石化突发环境事件风险评估指南》（中国石油化工集团公司，2019 年）

依据：《甘肃省环境污染强制责任保险企业环境风险评估指南》。

6.3.5.5　根据《甘肃省环境污染强制责任保险企业环境风险评估指南》，从企业周边水环境风险受体敏感程度（E）、（　　）和生产工艺过程与水环境风险控制水平（M），按照风险矩阵表确定企业突发水环境事件风险等级。

答案：涉水风险物质数量与临界量比值（Q）

依据：《甘肃省环境污染强制责任保险企业环境风险评估指南》。

6.3.5.6　依据环境风险评估等级结果，甘肃省纳入投保范围内的企业购买环境污染强制责任保险的最低责任限额分为（　　）个类别。

答案：5

依据：《甘肃省环境污染强制责任保险企业环境风险评估指南》。

6.3.6　简答题

6.3.6.1　简述甘肃省投保环境污染强制责任保险企业的保前环境风险评估流程。

答案：（1）搜集企业资料，掌握企业风险现状资料。（2）根据企业所属行业类别选择相应的评估指南。（3）根据企业的实际情况，对企业生产、使用、存储和释放的环境事件风险物质数量与临界量比值（Q），生产工艺过程与大气环境风险控制水平（M）评估以及环境风险受体敏感程度（E）三大因素分别进行风险识别，并给出企业大气环境风险和水环境风险等级。（4）给出企业环境风险表征，以企业大气环境事件风险和水环境事件风险等级高者确定企业环境风险评估结果。（5）评估等级调整。根据企业近年来的环境管理情况（如行政处罚次数、环境事故发生情况等），对企业环境风险评估等级初评结果进行调整，给出最终的环境风险等级。（6）对照甘肃省风险评估指南，给出企业投保甘肃省环境污染强制责任保险的最低限额。（7）形成最终的环境污染强制责任保险企业环境风险评估报告。

依据：《甘肃省环境污染强制责任保险企业环境风险评估指南》。

6.3.6.2　简述甘肃省环境污染强制责任保险风险评估中，企业生产工艺过程与水环境风险控制水平评估指标内容。

答案：具体指标包括涉及风险工艺情况，环境风险防控措施（事故紧急切断措施：构成一级、二级重大危险源的危险化学品罐区具备紧急切断装置并处于正常使用状态；

截流措施；事故废水收集措施；清净废水系统风险防控措施；雨水排水系统风险防范措施；生产废水处理系统风险防控措施；废水排放去向；危险废物管理；环境应急资源配备）。

依据：《甘肃省环境污染强制责任保险企业环境风险评估指南》。

6.3.6.3 2013 年，环境保护部与保监会印发《关于开展环境污染强制责任保险试点工作的指导意见》对于投保企业环境风险评估，提出了哪些关于风险评估采用方法建议？

答案：一是对已有环境风险评估技术指南的氯碱、硫酸等行业，按照技术指南开展评估。二是对尚未颁布环境风险评估技术指南的行业，可以参照氯碱、硫酸等行业环境风险评估技术指南规定的基本评估方法，综合考虑生产因素、厂址环境敏感性、环境风险防控、事故应急管理等指标开展评估。

依据：《关于开展环境污染强制责任保险试点工作的指导意见》。

6.4 赔偿

6.4.1 名词解释

6.4.1.1 赔偿责任触发

答案：投保单位在保险合同有效期内因污染环境造成损害的，受到损害的第三者、政府以及其他有关单位自知道或者应当知道受到损害之日起的法定有效期内向投保单位提起赔偿请求。

依据：《关于开展环境污染强制责任保险试点工作的指导意见》。

6.4.2 单项选择题

6.4.2.1 承保机构对投保企业给第三者造成的损害，依照法律的规定或者合同的约定，可以直接向该（　　）赔偿保险金。

A. 第三者 　　　　　　　　B. 承保机构

C. 污染企业 　　　　　　　D. 公益机构

答案：A

依据：《关于开展环境污染强制责任保险试点工作的指导意见》。

6.4.2.2 保险公司、投保单位可以委托从事（　　）出具损害评估或专家意见，作为赔偿保险金的重要参考依据。

A．生态环境部门　　　　　　　　B．环境损害鉴定评估的机构或专家

C．承保机构　　　　　　　　　　D．以上均不对

答案： B

依据：《甘肃省环境污染强制责任保险试点工作实施方案》。

6.4.3　多项选择题

6.4.3.1　赔偿责任的免除条款，具体包括（　　）。

A．因战争或者地震、火山爆发、海啸等不可抗拒的自然灾害导致的损害，依法可以免除投保单位赔偿责任的

B．投保单位构成污染环境犯罪被追究刑事责任，其犯罪行为引发环境污染造成损害的

C．投保单位故意采取通过暗管、渗井、渗坑、灌注等逃避监管的方式违法排放污染物直接导致损害的

D．法律法规规定的不予赔偿的其他情形

答案： ABCD

依据：《关于开展环境污染强制责任保险试点工作的指导意见》（环发〔2013〕10 号）。

6.4.3.2　一个完整的环境污染责任保险实施过程包括（　　）等环节。

A．赔偿责任触发　　　　　　　　B．报案与索赔请求

C．事故勘察　　　　　　　　　　D．保费核定与赔付

答案： ABCD

依据：《关于开展环境污染强制责任保险试点工作的指导意见》（环发〔2013〕10 号）。

6.4.4　判断题

6.4.4.1　发生污染事故的企业、相关保险公司、环保部门应根据国家有关法规，公开污染事故的有关信息。

答案： √

依据：《关于开展环境污染强制责任保险试点工作的指导意见》（环发〔2013〕10 号）。

6.4.4.2　环保部门要通过监测、执法等手段，为保险的责任认定工作提供支持。

答案： √

依据：《关于开展环境污染强制责任保险试点工作的指导意见》（环发〔2013〕10号）。

6.4.4.3 保险公司要加强对理赔工作的管理。赔付过程要保证公开透明和信息的通畅，受害人可以通过环保部门和保险公司获取赔偿信息等。

答案：√

依据：《关于开展环境污染强制责任保险试点工作的指导意见》（环发〔2013〕10号）。

6.4.4.4 生态环境保护督察、行政检查和执法中指出发生生态环境损害，或者环境污染事故发生后，投保企业应当及时通知环保部门，被通知部门应当按照法律规定和合同约定，及时进行现场查勘、定损和责任认定，并履行赔偿义务。

答案：×

依据：根据《甘肃省环境污染强制责任保险试点工作实施方案》，投保企业应当及时通知承保机构，承保机构应当按照法律规定和合同约定，及时进行现场查勘、定损和责任认定，并履行赔偿义务。

6.4.4.5 承保机构对投保企业给第三者造成的损害，依照法律的规定或者合同的约定，可以直接向该第三者赔偿保险金。

答案：√

依据：《关于开展环境污染强制责任保险试点工作的指导意见》（环发〔2013〕10号）。

6.4.5 填空题

6.4.5.1 环保部门与保险监管部门应建立环境事故勘查与责任认定机制。在发生环境事故后，企业应及时（　　）相关承保的保险公司，允许保险公司对环境事故现场进行勘查。

答案：通报

依据：《关于开展环境污染强制责任保险试点工作的指导意见》（环发〔2013〕10号）。

6.4.5.2 已被环境民事公益诉讼、环境侵权民事诉讼生效判决认定的事实，可以直接作为（　　）。

答案：理赔依据

依据：《关于开展环境污染强制责任保险试点工作的指导意见》（环发〔2013〕10号）。

6.4.6 简答题

6.4.6.1 2013年，环境保护部与保监会印发《关于开展环境污染强制责任保险试点工作的指导意见》，通过约束手段与激励措施，完善促进企业投保的保障措施。其中，对于应当投保而未及时投保的企业，环保部门可采取的约束手段有哪些？

答案：一是将企业是否投保与建设项目环境影响评价文件审批、排污许可证核发、清洁生产审核等制度执行紧密结合。二是暂停受理企业的环境保护专项资金、重金属污染防治专项资金等相关专项资金的申请。三是将该企业未按规定投保的信息及时提供银行业金融机构，为其客户评级、信贷准入退出和管理提供重要依据。

依据：《关于开展环境污染强制责任保险试点工作的指导意见》。